新知
文库

111

XINZHI

Bund fürs Leben:
Warum Bakterien unsere
Freunde sind

Title of the original German editon:
Author: Hanno Charisius, Richard Friebe
Title: Bund fürs Leben: Warum Bakterien unsere Freunde sind
© Carl Hanser Verlag München 2014

Chinese language edition arranged through
HERCULES Business & Culture GmbH, Germany

# 细 菌

我们的生命共同体

［德］汉诺·夏里修斯
里夏德·弗里贝 著

许嫚红 译

生活·讀書·新知 三联书店

Simplified Chinese Copyright © 2020 by SDX Joint Publishing Company.
All Rights Reserved.

本作品简体中文版权由生活·读书·新知三联书店所有。
未经许可，不得翻印。

图书在版编目（CIP）数据

细菌：我们的生命共同体／（德）汉诺·夏里修斯（Hanno Charisius），（德）里夏德·弗里贝（Richard Friebe）著；许嫚红译．—北京：生活·读书·新知三联书店，2020.4（2022.3 重印）
（新知文库）
ISBN 978-7-108-06463-9

Ⅰ.①细… Ⅱ.①汉…②里…③许… Ⅲ.①细菌–普及读物 Ⅳ.① Q939.1-49

中国版本图书馆 CIP 数据核字（2019）第 010548 号

| 特邀编辑 | 李　欣 |
| 责任编辑 | 徐国强 |
| 装帧设计 | 陆智昌　康　健 |
| 责任校对 | 安进平　曹忠苓 |
| 责任印制 | 卢　岳 |

出版发行　生活·讀書·新知 三联书店
　　　　　（北京市东城区美术馆东街 22 号 100010）
网　　址　www.sdxjpc.com
图　　字　01-2018-6782
经　　销　新华书店
印　　刷　三河市天润建兴印务有限公司
版　　次　2020 年 4 月北京第 1 版
　　　　　2022 年 3 月北京第 2 次印刷
开　　本　635 毫米 × 965 毫米　1/16　印张 21
字　　数　253 千字
印　　数　10,001-12,000 册
定　　价　48.00 元

（印装查询：01064002715；邮购查询：01084010542）

新知文库

# 出版说明

在今天三联书店的前身——生活书店、读书出版社和新知书店的出版史上，介绍新知识和新观念的图书曾占有很大比重。熟悉三联的读者也都会记得，20世纪80年代后期，我们曾以"新知文库"的名义，出版过一批译介西方现代人文社会科学知识的图书。今年是生活·读书·新知三联书店恢复独立建制20周年，我们再次推出"新知文库"，正是为了接续这一传统。

近半个世纪以来，无论在自然科学方面，还是在人文社会科学方面，知识都在以前所未有的速度更新。涉及自然环境、社会文化等领域的新发现、新探索和新成果层出不穷，并以同样前所未有的深度和广度影响人类的社会和生活。了解这种知识成果的内容，思考其与我们生活的关系，固然是明了社会变迁趋势的必需，但更为重要的，乃是通过知识演进的背景和过程，领悟和体会隐藏其中的理性精神和科学规律。

"新知文库"拟选编一些介绍人文社会科学和自然科学新知识及其如何被发现和传播的图书，陆续出版。希望读者能在愉悦的阅读中获取新知，开阔视野，启迪思维，激发好奇心和想象力。

生活·讀書·新知 三联书店
2006年3月

# 目 录

引 言     1

## 第一部分 微观人类
第一章 人类超级生物体     13
第二章 "我们"国度人探索     23
第三章 肠道同居宿舍     37
第四章 远古之敌，陈年老友     46
第五章 动物农庄     54
第六章 微生物学简史     64
第七章 寻找失落的细菌     78
第八章 微生物之爱     88

## 第二部分 自我对抗的人类
第九章 抗生素：一场生态浩劫     97
第十章 如果扑热息痛成了毒药     110
第十一章 两种出生方式和关于人工剖宫的那些事儿     121

## 第三部分　消毒的疾病

 第十二章　免疫系统的学校　　　　　　　　　　133

 第十三章　肥胖症、糖尿病及微生物的影响　　　149

 第十四章　肚子的感觉：细菌如何影响我们的心理　168

 第十五章　微生物是助长还是抑制了肿瘤？　　　181

 第十六章　用杆菌取代β阻断剂？　　　　　　　194

 第十七章　生病的肠道　　　　　　　　　　　　205

## 第四部分　微生物疗法

 第十八章　喝酸奶延年益寿　　　　　　　　　　221

 第十九章　为健康捐赠的十亿　　　　　　　　　244

 第二十章　细菌策略：为个人微生物群量身打造的医疗　260

## 第五部分　向钱进

 第二十一章　清洗、净化、修复、收费　　　　　275

 第二十二章　有效微生物：拯救世界的80种微生物　288

 第二十三章　肠道有限公司　　　　　　　　　　298

 结　语　　　　　　　　　　　　　　　　　　310

# 引　言

> 肠道微生物对食物的依赖，使得人体得以调整体内的菌群：促进有益微生物增生，取代有害微生物。
>
> ——埃黎耶·梅契尼可夫（Ilja Metschnikow），1908

细菌是我们的敌人，是疾病的始作俑者，也是腐臭气味的源头。凡细菌所及之处，就是不干净的，而不干净就是不好的。"抗菌"（Antibackteriell）是少数几个以"anti"为前缀、听来却带有正面意义的单词之一。长久以来，人们利用抗菌物质或抗生素抑制细菌，并获得了前所未有的成效。抗生素在"二战"期间首度被用来治疗急性感染的患者，拯救了无数人的性命，因而成为今日最常见的处方药。我们拼命清洁消毒，只为彻底消灭所有细菌。

即便如此，比起过往只靠清水和肥皂维持卫生的年代，现在的人们却丝毫没有比那时候更健康。随着我们向细菌全面宣战，层出不穷的疾病和健康问题也陆续涌现，像是糖尿病、病态性肥胖、过敏、自免疫病……各种病症不约而同蔓延开来，难道这些现象只是偶然？或者是人类成功战胜细菌必须一并承担的风险与副作用？我们和那些存在于我们身上及体内，或是弥漫在生活周遭的微生物已经和平共处长达数千甚至好几百万年了，这种长期以来平稳的共生状态为何会突然成为一种困扰？我们因此生病了吗？在大部分的时候，与其说细菌是我们的敌人，不如说它更像是我们的朋友，难道不是吗？

在这本书里，我们试图为这个问题找出答案。

## 不用动刀的移植手术

对现在的患者来说，在互联网上搜索来的知识几乎与家庭医生的说法同样重要。从2012年到2013年，患有慢性肠炎的人们接二连三地访问格拉本斯特音乐协会的主页。为了筹措建造排演厅的资金，基姆湖当地积极的音乐家们发起"捐助演奏用椅"的活动，只要民众捐出50欧元，便可为排演厅添购一张椅子供协会使用。

然而，对长期受慢性肠炎折磨的患者来说，这项活动毫无诱人之处。

一般来说，会通过网络搜索"粪便捐赠"[①]相关信息的人通常是有肠胃不适、腹泻，或是发烧以及食物过敏等困扰，不过有时也会有遭受其他病痛纠缠的患者，像是免疫力不足，甚至是心脏病患者关注这项活动的进展与动态。所谓粪便捐赠就是凭借他人肠内健康的菌群来减缓肠疾患者的病情，甚至使之完全康复，医学上将这种从肠道到肠道的转移称为"粪便细菌移植术"。这种治疗方式所根据的基本原理是：与患有肠道疾病的患者相比，健康的人所排出的粪便或排泄物里，通常住着较健康的菌群，如果能将健康的菌群成功移植并让其存活在生病的肠道里，那么理论上生病的肠道应该能重新恢复健康。

这种做法就好比把整支足球队的球员全部汰换掉。以2013年上

---

① 德文 Stuhlspenden 这个词同时有"粪便捐赠"和"椅子捐赠"两种意思，作者在这里利用双关语来带出后续内容。——译者注

半赛季的汉堡队为例，我们可以从多特蒙德或拜仁慕尼黑足球俱乐部中，精选出11位体能状态良好、与队友合作无间，而且能完美执行教练战术的球员，让他们取代汉堡队里面那些体力不济、不具团队精神且不听从教练指示的家伙上场比赛。①

直到数年前，医学界几乎还找不到能接受粪便捐赠和粪便细菌移植术这项新式疗法的医生，不过到了现在，大概就只剩下各大药厂还坚决抵抗，毕竟这些天然产品对药品的销售业绩带来了莫大的冲击。此外，在各种科学或医学杂志中，我们也越来越常见到关于这种新式疗法的研究报告或文章。

## 短短数年间的转变

久负盛名的《德国医师杂志》在2013年2月15日出版的刊号中有这么一篇报道：一群乌尔姆的内科医师首度在德国境内的专业出版刊物中叙述了一则"以粪便移植治疗由艰难梭菌（*Clostridium difficile*）引起的难治性结肠炎"的案例。②

结肠炎即大肠炎，难治性则是指大肠发炎的现象在接受治疗后仍旧一再重演，而其中艰难梭菌正是让这种慢性疾病变得棘手的主要祸首，粪便移植我们先前已经简略提过了。

即使身为医学门外汉，我们也能轻易从这八页充斥着专业术语和口吻的报告里，嗅出案例中73岁高龄的女性患者在历经无数次投以各种新型抗生素的疗程后，对这种前所未有治疗方式始终抱持

---

① 拜仁慕尼黑队与多特蒙德队为德国足坛的传统强队，汉堡队近年来则较为萎靡不振；2013年赛季中，拜仁慕尼黑和多特蒙德分居德甲联赛的冠、亚军，汉堡队则徘徊降级边缘，故作者用其来比喻好细菌和坏细菌。——译者注
② Kleger et al.: Stuhltransplantation bei therapierefraktärer Clostridium-difficile-assoziierter Kolitis. *Deutsches Ärzteblatt*, Bd. 110, S. 108, 2013.

着怀疑的态度。通常这名患者从腹痛一路到腹泻的症状只能获得短时间的减缓，用不了多久，同样的噩梦就会再度上演，而且每况愈下。我们不难想象医生是多么束手无策：在给予最好的医疗照顾并投以新型药物后，患者病况获得改善，而检验报告也证实梭菌属（*Clostridium*）细菌已被全数歼灭。然而数周后，病原体重整旗鼓、卷土重来，声势甚至更胜以往；这位女性患者当然就得再次重返医院接受治疗。

"这类患者通常疑虑甚多，这不但严重影响到他们日常生活的质量，也使他们在精神上承受了极大压力。好比说，每当接受了一份邀约，他们总担心在出席某种场合时是否会吃掉不该吃的食物。"全程参与上述案例的乌尔姆大学附属医院内科主任索伊弗莱（Thomas Seufferlein）指出。

让我们长话短说。那位73岁的患者在接受新式治疗法后就恢复了健康，根据她自己的说法则"仿佛获得重生"。从某种程度上说，事实的确如此，因为她肠道里的微生物全是新的。通常，成千上万的菌群会跟着食物被我们一起吞进肚里，并且提供身体所需的养分，不过除非经由偶然间排出体外的气体，一般人无法察觉自己到底摄取了哪些养分。完成肠道清洁后，这位女士再次服用了抗生素，紧接着医生通过结肠镜将她15岁侄女所提供的排泄物植入她的肠道里。她很快便恢复了健康。索伊弗莱指出，根据基因分析的结果，她体内现存的细菌组合的确和粪便捐赠者的一致，而那些旧有的坏细菌组合再也没有回来。这与过往的治疗结果非常不同，就连艰难梭菌也彻底销声匿迹。

后来索伊弗莱和我们分享，直到2013年11月为止，他和同事又陆续以新式疗法治疗了八位患者，其中有七位在首次接受治疗就选择了粪便细菌移植术，而第八位则是在第二个疗程才尝试了新疗法。"所有人的复原状况都相当良好",这位教授这么告诉我们。据索伊弗莱所知,在德国大约有20个由内科医生组成的团队采取类似的方式治疗这类肠道炎,首次尝试便获得成功的比例达九成左右。那篇《德国医师杂志》的报道在医学界引发不少正面回响,甚至连患者的"接受度都出乎意料地高"。

换作是数年前,医学界和患者肯定不会是这种反应,那时的专业杂志根本不可能刊出粪便捐赠和粪便细菌移植的文章。但是形势在短时间内发生了逆转,有些医生也开始尝试用粪便细菌移植术治疗其他病症,像是Ⅱ型糖尿病和代谢综合征①,同样大大改善了这些病症的生理学数值。②

上述诸多案例一次又一次地指出了一个致命性的盲点:长期以来,我们之所以忽视身体里某个掌控我们健康、决定我们是否遭受疾病侵扰的部分,不单是因为这个部分总制造出令人不悦的气味,更是由于我们对此一无所知。

## 未知的国度

"最后一个尚未被全面透析的研究对象。""不计其数的稀有生物终其一生'活在'那片不见天日的黑暗中,依靠为数不多的食物为生。""这里有无数值得我们进一步探究的奥秘,或许不单出于纯

---

① 医学上所称的代谢综合征系指同时有大量腹部脂肪、高血压、脂肪代谢不良和糖尿病前期症状等问题出现,这类综合征会增加梗塞形成的概率,脑卒中和心力衰竭的风险也会随之升高,严重者甚至不得不面临癌症或阿尔茨海默病的威胁。不过代谢综合征是否应该被视为一种疾病,向来是个备受争议的问题,批评者们指出这是医疗机构基于商业考虑所创造出来的一种疾病。

② Vrieze et al.: Transfer of intestinal microbiota from lean donors increases insulin sensitivity in individuals with metabolic syndrome. *Gastroenterology* 2012;143:913–916 e7.

粹的好奇，更有可能因为它就值得我们这么做。"

过去几年里，我们经常可以从报刊读到以上述字句作为开头的报道，这里指的当然是被许多人视为"最后一块处女地"的深海海底，也是地球上最后一个未经探索的事物，最后一块未知的国度。如今，无论从火地群岛一路到纽芬兰岛，或是从比热戈斯群岛到加拉帕戈斯群岛，没有谷歌地球和旅游套餐行程到不了的地方，相形之下，这块隐匿的瑰宝之地成为探索灵魂所剩无几的活跃之境。事实上，这段开头也能套用到研究另一个领域的文章或书籍里，这个领域同样藏身在肉眼不可见的深处，全境亦是伸手不见五指。不过这地方并非遥不可及，每个人体内其实都存在这么一块无人知晓、全然未经探索的处女地，里头住着难以计数的生物。直到不久前，才终于有位科学家有幸瞥见了它们之中微乎其微的一小撮，一般人就更不用说了，而这地方就是人称"肠道"的秘境。

这个地方充满各种活跃的生命，对承载着它们的人体来说至关重要，它们手握人类的生杀大权，更是决定病痛的关键因素。

微生物可以说是我们的第二基因组。

## 人类体内的塞伦盖蒂不该丧命

微生物是维系生命不可或缺的关键要素，长久以来我们对微生物的认知却错得离谱。只因为数以千计的好细菌中潜伏了少数病原菌，我们就利用灭菌剂和抗生素大举扑杀。越来越多的医师和科学家都认为这简直是疯狂的行为，科尔特（Roberto Kolter）也是其中一员，这名哈佛大学教授对微生物界的贡献就好比研究行为科学的格日梅克[①]之于东非塞伦盖蒂大草原的大型动物群。

格日梅克这位传奇动物摄影师说话时总带着简洁有力的鼻音，科尔特的英文则会伴着亲切的危地马拉口音。不过，如同格日梅克投身为非洲野生动物捍卫生存空间，科尔特也竭尽全力为微生物发声。"在过去一个世纪里，人们无凭无据地将细菌和危险画上等号，我想告诉世人事实并非如此，细菌对我们是有益处的。"他认为人体与寄居其中或表面的共生菌组成了一个维持着微妙平衡的生态系统，这个系统会说话、奔跑和进食，也懂得爱与阅读；当这个系统的平衡受到侵扰，我们就会生病。抗生素这类杀菌药物之所以被视为"生态灾难"，主要是因为它们在消灭病原体的同时，也一并摧毁了其他的益菌，这么一来，我们的某个部分也会跟着死去。

科学家习惯将不属于病原体的细菌称作"共生菌"，若不考虑皮肤病学的观点，这些共生菌就像是寄居的共食者，与我们同桌用餐，却又不会真正打扰我们，不过也不会提供任何反馈。然而，有一点是明确的：出现在肠道的大量细菌几乎不可能完全无害或者无益，势必或多或少会对人体造成影响。细菌会在代谢过程中分解养分，从中制造出其他物质供给其他细菌利用，或是以各种可能的方式发挥效用，这些物质也可能影响肠道细胞或穿过肠壁进入血液，遍及身体的各个角落，进到肺部接受重组，如此这般不停运转。

## 1000亿个工作伙伴

保守估计，寄居在人体内的生物体约有1000亿个，大多集中在

---

[①] 格日梅克（Bernhard Grzimek），德国知名动物学家，曾拍摄纪录片《塞伦盖蒂不该丧命》（*Serengeti darf nicht sterben*），记录东非塞伦盖蒂大草原每年著名的动物大迁徙，该片于1959年获得奥斯卡最佳纪录长片奖。——译者注

消化道，这一数量几乎是人体细胞的十倍，甚至还要更多。科学家分析了全球不同人种的肠道菌，截至目前，他们发现其中约有330万种基因会对人体产生影响，相形之下，人类的遗传基因总共也才不过两万种。没有人知道每个人身上到底带有多少种微生物及其变异株，可能有上百种，也可能高达数千种，一般估算的数值在1000到1400种，不过实际数量可能更可观。它们彼此互动的模式就和任何一个群落生境里的生物一样，为了争夺空间和粮食相互竞争，或为了获取食物而共同合作。此外，它们同样会受到所处环境条件的限制，当原有的生态平衡受到干扰，它们会感受到压力，并且找回原有的平衡（如果做不到，就会有新的平衡出现）；当然，它们也得抵抗毒物，好在自然灾害中存活下来。

正当雨林和果园遭受严重破坏、老虎和兰花也逐渐绝迹之际，身为人类的我们似乎还是一贯地耸耸肩轻松以对，反正超市的货架上还是摆满了琳琅满目的商品，事实上，生态浩劫已经在我们体内横行肆虐，生物种类也急遽减少，我们能否察觉到这种危机就是另一个问题了。

那些因为感染艰难梭菌而引起肠道发炎的患者想必一定能够感受到其中的迫切性。他们疼痛不已，腹泻不止，全身上下都不对劲。他们的肠道失去了原有的秩序，细菌多样性也低于正常值，甚至少了很多健康肠道应该具备的典型菌种。

不过，有些时候就算肠道的运作有些不对劲，甚至是完全失控，人们也不见得能察觉异状。"错误的"肠道菌可能在我们浑然不觉的情况下酿成大祸，比方说，肠道菌可能一声不响地引起发炎或是影响激素系统和代谢作用的运作，而且不只肠道，身体的各个角落也都是它们的攻击范围，连带引起肿瘤、心脏病，甚至是抑郁症发作。这些全是错误的、不好的细菌。

## 微生物的力量：从肠道到心理，再到肿瘤

那么好的细菌呢？好的细菌协助人类突破重重关卡，对人体的健康来说，拥有好细菌就跟维持正确的饮食习惯和规律运动同等重要。

细菌细胞及其基因对人类的生活、健康，以及人体细胞与基因同样是不可或缺的重要角色，此外，益菌对人体的影响也不小于那些我们吃进肚里、同时喂养细菌的养分。因此，无论是针对癌症、心脏病、肠道炎、心理疾病还是其他任何健康问题，如果我们想知道摄入不同食物会分别带来什么后果，唯一可行但其实成效有限的办法就是将食物磨成粉状，然后送进化学实验室里加以分析；如果我们想知道食物的作用，那么就得将在肠内的共食者一并纳入考虑；如果我们想了解某种疾病以及它的运作机制，那么就不能将患者体内及身上的细菌排除在外。假使有人对上述建议一概置之不理，那么他很快就会再次走进死胡同；就像那些耗费数十年医治胃溃疡却徒劳无功的医生，直到最后才发现一切都是细菌惹的祸，或是像那些眼睁睁看着结肠炎患者一再受到艰难梭菌折磨却束手无策的内科医生，直到他们终于尝试全面撤换肠菌组合。

要是我们能区分好的和坏的微生物，同时在不造成伤害的前提下将坏的剔除，只留下好的让它们续存，势必对人体健康会有更多的帮助。到目前为止，我们已能区分出其中一些，相信在不久的未来我们将掌握更多，本书会详细介绍这些进展。

而粪便细菌移植术仅是诸多选项当中的一种。

# 第一部分

## 微观人类

# 第一章
# 人类超级生物体

> 每个人的诞生都代表着一个人和10亿细菌共生的开始,这是由双方共同组成的生命联盟。

一道拉得长长的凄厉尖叫。这道尖锐喊叫的本质,可能就连大文豪海明威或圣埃克苏佩里都无法以笔墨形容,换作村上春树应该也拿它无可奈何。我们所知道的大概就是:这声尖叫几乎从脑门一路贯穿到了脚底,一波又一波的超高音频不断袭来,首当其冲的那名男子看来有些仓皇失措。他一手抓着白得发亮的棉花轻拭女友的额头,另一只手则紧握着她的手,试着要对上她的目光,然后他转头困惑地望着助产人员。他的女友则瞪大了双眼凝视着远方,目光大致落在产房里白色墙壁和奶油色天花板的交界处。

刚喘了口气,下一波阵痛随即袭来,又是一道撼天动地、如玻璃般清亮却令人毛骨悚然的凄厉喊叫。子宫颈张得很开,已经可以见到小小的头颅了。助产人员不断催促着女人继续用力、用力、再用力。没错!没错!就是这样……接下来的一切就发生在转瞬间:小小的头颅滑过了子宫颈,助产人员以熟练的口吻和手法从旁协助女子,持续鼓舞着她。胎儿小巧的身躯就这么从女子的体内被带了出来,呱呱坠地那一刻,胎儿便成了婴儿。切断脐带、擦干身体后,看来没什么大碍的宝宝就可以送回妈妈身边了。周遭顿时静了下来,刚当上爸爸的男子默默流下了眼泪，母亲的视线则落在婴儿小小的头颅上，眼里闪烁着耀眼光芒。恭喜他们！

像这样平凡但顺利的生产过程，只要亲眼见过一次，就绝对忘不了，对医院的实习生来说便是如此，本书作者之一就是其中的一员。亲自迎接新生儿到来的父母亲当然更不可能忘记，尽管许多人声称自己当时情绪过度紧绷、激动不已，以至于后来只留下了模糊的印象。

产房里一阵热闹喧腾，护理人员们则细心地清理善后。一个全新的生命正式向世界报到。

与此同时，一旁也有了其他动静，静悄悄地，一点儿也不卫生，而且非常不正式，但同样生气蓬勃。

曾经参与过生产过程的人，一定都会对下列的场景留下了深刻印象：产房里一尘不染，医护人员用的是洁白干净的棉花，全室更是弥漫着一股与其他科室截然不同的氛围。胎儿必须自己想办法通过母亲的阴道，众所皆知，女性的阴道有各式各样的微生物活跃其中，绝大多数是乳酸菌。母体挤压下腹部的过程中，通常肠内也会有东西跟着从肛门排出，落在胎儿必须通过的地方；直肠可以说是地球上最适合微生物生存的空间，里头住着大量丰富的微生物，胎儿不但被这些微生物包覆着，也会把微生物吃下肚子，然后在股沟的地方转入小直肠，另外，小巧的指甲下方也藏了东西跟着一起移动。随着胎儿的出生，种类繁多且不计其数的微生物也有了新的宿主，尽管清洗或擦拭新生儿会除去一些微生物，但是用不了多久，微生物的数量便会翻倍增长。母亲将新生儿抱在怀里时，皮肤上的细菌会转移到婴儿身上；当她哺乳时，会有更多的细菌经由乳头进入婴儿嘴里。如果有人觉得这真是恶心，不但不卫生，还可能危害新生儿，甚至因此大病一场的话，那么可就错得离谱了。

## 细菌们，生日快乐！

人们总希望新生命能健康快乐、长久地活在世界上，然而出生当天——也就是每个人的第一个或是第零个生日，视个人的算法而定——却不单单只是一段生命的起点，这天同时也是我们生命共同体的生日，一段结盟的开端，直到死亡那天才会瓦解分离。一切是如此理所当然，安静低调又不引人注意。最初，这段关系波动不已且变化多端，慢慢地才逐渐平稳下来。进入稳定期后，人类和微生物彼此磨合，互利共生。在漫长的一生中，随着个人成长状况、生活环境或是饮食习惯的改变，作为宿主的人体或多或少会发生变化，但绝大多数的盟友仍会与我们携手共进，直到生命的终点。

为了生存，微生物群系（Mikrobiom），也就是寄生在人类体内和身体表层所有微生物的统称，和它们的宿主自始至终都保持着理想的友好关系。

一般认为，"微生物群系"一词是由获得诺贝尔奖的知名细菌学研究者，同时也是分子生物学家的莱德贝格[①]在公元2000年左右所创造的，至少当代微生物学权威戈登[②]在其专论中是这么认为的。[③]"第二基因组"一词的出现则和人类首次完成基因组测序差不多同时，它是由数百万个尚待进一步研究的微生物基因组成的。实际上，像这样的基因组不止一个，我们通常将一整群细菌的集合称作"微生

---

[①] 莱德贝格（Joshua Lederberg），美国分子生物学家，因发现细菌遗传物质和基因重组现象而获得1958年诺贝尔生理学或医学奖。——译者注
[②] 戈登（Jeffrey Gordon），美国微生物学家，是人类寄生微生物，尤其是肠道寄生物跨学科研究的先驱。——译者注
[③] Hooper und Gordon: Commensal host-bacterial relationships in the gut. *Science*, Bd. 292, S. 1115, 2001.

物相"（Mikrobiota），也有人使用"肠内菌群"（Darmflora）这个听来颇富诗意但稍嫌过时的叫法，尽管肠子里并没有长出任何植物。

过去几个世纪以来，人们慢慢意识到，细菌、真菌或是病毒，并非只是一群在生命旅途中搭了我们便车的家伙，或是赖在37摄氏度人体内取暖的寄生食客。事实上，它们在许多令人意想不到的地方帮了我们不少大忙。直到最近几年，我们才发现这些寄生者不仅是让我们获益良多的好伙伴，一个人的生、老、病、死，健康无碍还是病痛缠身，都与它们息息相关。

自诞生之日起，我们就和上千种、总数约数千亿个微生物共同生活在一起。

如同生活中许多寻常的小事，除非我们察觉到不对劲或怀疑少了些什么，否则不会意识到那些平日被视为理所当然的小细节竟是如此重要。要是少了这些共生的伙伴，我们的麻烦可就大了。首先，我们就再也无法好好消化平日丰富多样的饮食，我们的皮肤也可能不再具有保护的作用，更糟的是，这么一来，我们几乎等于对所有微生物门户大开，其中当然也包含了让人生病的危险病毒。

举例来说，想要避免有害的链球菌（Streptokokken）攻击，最好的办法就是拥有好的链球菌，因为好的链球菌能快速有效地阻挡同属的致病菌种。这就像是一套运作健全的生态系统：当某个群落生境已被既有物种盘踞，对于任何想要入侵的新物种来说都是一件相当不容易的事，除非新物种所挟有的强大优势足以压制早已站稳地盘的竞争对手。

## 由生物性的"我们"做主

我们对自己生而为人的认知大多建立在个体性的基础上，每个人都是独特且与众不同的。无论男女,人人都有他或她专属的特质,像是性格、天赋、能力、无可取代的眼神、声调和基因。不过这并不表示每个个体都只有自己孤零零一个人,即便是纽芬兰岛上离群索居、性情乖僻的隐士也绝非全然孤独,因为在他体内、生活周遭,甚至皮肤上都覆盖着满满的微生物。

不仅如此,我们和这些微生物的联系极为紧密,若以心理学、社会学、人类学的判断准则来界定,双方往来的融洽程度可以说不分你我。附着在皮肤上的细菌就和皮肤细胞一样,具有保护皮肤的作用;另外,跟肠道里分泌的酶比起来,肠内菌有时更能有效分解食物,而分布在女性阴道的细菌或许不像精子和卵细胞能生生不息、繁衍后代,但这些细菌亦有所贡献,更不用说它们是让女性幸免于尿道感染的守护者。

从社会学的角度来看,每个人基本上都是一个"超级生物体",也就是一个由众多单一生物体所构筑起来的群体。这些单一生物体各自有其个体性,也各有所好与所求,但也同时与其他生物体持续进行交换、沟通或相互牵制,进而成就一个看似完整且多数时候维持稳定运作的大整体。这个大整体可以是喜剧角色马尔参的辛迪①,也可以是来自克尔彭的舒马赫②或是来自波鸿的流行歌手赫伯特③。就目前所知,单是人类这个范畴里就有整整70亿个这样的超级生物体,这还不包括其他各形各色的动物,因为它们也跟人类一样,并非纯然无菌,而是有大量微生物寄居其中、附着其上。当然植物也

---

① 马尔参的辛迪(Cindy aus Marzahn),德国相当受欢迎的独角喜剧角色,由女演员伊尔卡·贝森(Ilka Bessin)扮演诠释,自2000年开始活跃于舞台表演及电视节目中。——译者注
② 即广为人知的车神舒马赫(Michael Schumacher)。——译者注
③ 赫伯特·格勒内迈尔(Herbert Grönemeyer),德国当代首屈一指的流行歌手。——译者注

不例外，它们从叶片、根部、树皮到果实全都被这些不但无害，反而益处多多的微生物层层包覆，甚至连影响葡萄酒风味的风土人文条件也要归功于葡萄串上的微生物。①

生物学家更发现有些生物实际上是一个由多种生物密切合作、互利共生的社群整体，珊瑚便是一例，生物学家为这种生物创造了"共生功能体"的概念。套用瑞士文学家弗里施的话来说，人类出现于共生功能体的形态。②

用社会民主党党员的话说，就是：由"我们"做主。③

这种共生功能体或超级生物体的存在形式并不意味着平均化或是去个体化；相反地，每个"我们"都是独一无二的。

## 每个微生物群系都是独一无二的

每个人都有自己的专属指纹、独特的口音或腔调、他人无法复制的生命历练和举世无双的基因组合（即便是同卵双胞胎也会有些许差异），同样道理，微生物指纹也是因人而异的。

我们找不到如出一辙的两个人，寄生在人体身上的微生物群系也不可能完全一致。

就我们目前所知，这种寄居关系不但稳定，而且具有抵抗外侵的能力，也是我们出版本书的原因之一。不过，这些关系同时也是

---

① Bokulich et al.: Microbial biogeography of wine grapes is conditioned by cultivar, vintage, and climate. *PNAS* 2013 doi: 10.1073/pnas.1317377110.
② 弗里施（Max Frisch）在1979年出版了《人类出现于全新世》（*Der Mensch erscheint im Holozän*）一书，此处原文"Auch der Mensch erscheint inzwischen als Holobiont"即套用了弗里施书名的格式。——译者注
③ 由"我们"做主是社会民主党于2013年德国总理大选期间采用的竞选口号。——译者注

变动的，比起让单一基因或"基因们"发生变异，我们倒是能轻易改变微生物的寄居模式。比方说，一名来自都会区的5岁孩子到乡村度假3个星期后，身上的微生物指纹必然会发生明显变化；又或者受到细菌感染的患者服用大量抗生素消灭病原体，体内的菌群也会彻底改头换面，而这样的结果或许是患者所期望的，至少这么做赶走了坏细菌。

当然，抗生素同时也会消灭部分益菌，值得庆幸的是，通常这些盟友还会回来（见第九章）。对我们有帮助的正是微生物群系的这种恢复能力，否则抗生素或居家使用的清洁剂将造成更多难以修补的伤害；然而，也正是同一种能力使得我们利用微生物进行治疗时面临重重困境。要用对健康有益的好细菌取代既有的坏细菌并非易事，这就跟把足球名将巴拉克①从德国国家队淘汰掉同样吃力，因此，21世纪的医学研究无不迫切寻求有效方法，希望一方面增强健康微生物群系的抵抗能力，以便针对不同的医疗需求提供更多益菌，另一方面则能消灭误入歧途、受邪恶力量控制的微生物群系。

## 你的微生物地址是……？

我们该从何得知一个人是否居住在某个特定的城市里呢？看他的证件？调阅他的户籍资料？或者注意他用什么字眼儿指称自己（如马尔参的辛迪），又怎么标示一块黑胶唱片（如4360波鸿）？②对那些称不上恶劣，但在国税局官员看来摆明就不怀好意的家伙来

---

① 巴拉克（Michael Ballack）德国国家足球队原队长，2010年南非世界杯前夕因伤无法参赛，改由他人暂代队长，之后逐渐远离球队核心，并与球队有所龃龉，2011年卸任队长职务，并退出国家队。——译者注
② 德国流行歌手格勒迈尔于1984年所发行的专辑"4360 Bochum"直接以其成长的都市"波鸿"命名，4360 为当地的邮政编码。——译者注

说，无从验证的居住事实成了他们最佳的挡箭牌，因为他们大可把户籍登记在避税港，却在莱门、凯尔彭或波鸿等地方快活度日。就算通过基因检测，我们仍旧无法得知那些名人是否尽了居住在户籍地的义务，不过细菌基因却会泄露他们的行踪。

凡是我们曾经停留的地方都会在微生物群系里留下印记，海德堡欧洲分子生物实验室的勃尔克（Peer Bork）是率先开始研究这项主题的学者之一，根据他的说法，只要分析肠道菌的基因便能准确得知一个人是否长期在海德堡生活。一名前往海德堡采访勃尔克的记者才在当地停留短短数日，他的细菌基因分析结果就显示了这个内卡河畔小镇的印记。

人类的微生物群系虽然稳定，却是持续变动的。它们身上刻画着各种印记，有些会跟着它们一辈子（先天既有的种类），有些则只会停留几个星期（居住在海德堡），还有一些经过数日就会销声匿迹（到海德堡旅行）。

人类微生物群系是一个独立的个体，同时也涵盖许多大小不一的群体，像是"从海德堡来的人"或是"养狗当宠物的人"，当然也可能有人"住在法国"。勃尔克和他的同事试图将这些群体按照国家分类，而他们所根据的判断准则便是让细菌得以抵抗抗生素的基因。每个国家似乎都有一套典型的抵抗力基因模块。

那么细菌是从哪里来的呢？从饮食中、我们接触到的每个表层、每一双握过的手、每一片亲吻过的唇，或者，就这样飘散在空气里。听来似乎不怎么诱人，不过，这里首先声明，它们并不会伤害我们，遗憾的是：这个星球原本就覆盖着一层薄薄的排泄物，凡是居住在柏林的腓特烈斯海恩区的人一定都懂，说得明白点，那里有太多狗了。在希腊，只要绕行某个小岛一圈，浓郁的山羊粪便味就会跟人纠缠好几个星期，挥之不去。要是有人认为那些撒在农田里的粪肥或许有些气味，但也不至于臭气冲天，那可就大错特错了。细菌和它们的孢子会弥漫在我们呼吸的空气中，其中有不少会选择降落在超级生物体人类身上，可能只是短暂停留，也可能会永久定居。

## 来自母亲的第一份生日礼物

我们似乎把前面提到的那位产妇和她的新生儿搁在一旁太久了，让我们将目光转回本章一开头迎来新生儿的小家庭。刚当上父亲的男子将坐在轮椅上的妻儿推回了恢复室，喝过奶的婴儿被送回了母亲怀里。她的乳头分泌了少许汁液，不过看起来不怎么像是乳汁，这些最先流出来的清澈液体所携带的物质似乎让新生儿在生产过程中获得的细菌更容易在消化道找到藏身的地方。紧随其后的才是所谓初乳，也是增强婴儿防御系统的主要功臣。

一直要到第二天或第三天，产妇才会分泌出真正的母乳，给婴儿提供必需的热量和水分。此外，我们在阴道里发现的大量乳酸菌并非偶然，事实上，直到新生儿接受哺乳之前，它们掌控了主要的局势。随着人类开始喂食，乳酸菌的数量才会逐渐减少，不过它们会持续协助其他益菌在人体存活，而新生儿体内的第一批益生菌，也就是肠道益菌，就是从母亲身上获得的。

之后，新生儿就得靠自己了——在接下来的几个月里，他将用嘴巴探索这个世界。幼儿的身体甚至可能削弱自己的免疫系统来支持细菌生长，至少在老鼠身上我们发现了这样的现象。[1] 这么一来，

---

[1] Elahi et al.: Immunosuppressive CD71+ erythroid cells compromise neona-tal host defence against infection. *Nature*, 2013 doi:10.1038/nature12675.

微生物可以轻易地在新宿主身上定居下来。频繁的细菌感染也会随之而来,不过这本来就是让微生物大举进驻得要付出的代价。

出生第二天前后,新生儿的肠内便会出现一堆杂乱的混合微生物,这些微生物跟他刚出生时体内所携带的菌种明显不同,不过和那些可能紧紧依附同一个宿主长达82年之久的微生物比起来,两者的差异就没那么大了。

其他像是皮肤表层、耳道和口腔内部等地方也会陆续涌入各式各样的新访客。

人非孤岛,英格兰诗人多恩[1]如此写道,但每个人还都是一颗包罗万象的星球,从头(胳肢窝)到脚(指甲)广纳万千生态系统。因此,我们将派遣一支探索队前往下一章。

---

[1] 多恩(John Donne),英格兰诗人,《人非孤岛》(*No Man is an Island*)为其名作。——译者注

## 第二章
# "我们"国度大探索

> 每个人都是一颗星球,给微生物提供了不计其数、丰富多样的生存环境:双眼犹如两潭湖泊,指甲仿佛沙漠,肚脐则成了绿洲,还有大草原和湿地。无论哪个部位,微生物都很喜欢!

本书作者之一在自家墙上挂了一幅洪堡[①]年轻时的画像,这张老旧的印刷品是他在柏林花了5欧元从一个在卡尔·马克思大道[②]流连的家伙那儿买来的。画像上有些刮痕,时间留下的痕迹显而易见。除了这张画像,房子里摆的全是家庭照片。不过为什么对洪堡情有独钟呢?对一名写作题材涵盖各种不同科学领域的作家来说,洪堡有着与众不同的意义。尚在求学期间的洪堡就已经接受了完整的科学和人文教育,他不但成为一名多产的研究学者,更有着与生俱来的演讲天赋。对他而言,谈论科学必须一并将文化、社会发展和政治情势纳入考虑,同时,他也积极为社会弱势群体发声,更挺身而出,反对奴隶制度。他是率先针对全球化现象进行研究分析的学者之一,也是最早提出精良可靠的科学必须经过一而再、再而三

---

[①] 洪堡(Alexander von Humboldt),著名普鲁士科学家,研究跨越多个领域,享有"哥伦布第二""科学王子""新亚里士多德"等美誉,著名小说、电影《丈量世界》(*Die Vermessung der Welt*)即以洪堡为主角。——译者注

[②] 卡尔·马克思大道,贯穿德国柏林市中心的大道,民主德国政府在20世纪50年代将其作为战后重建的社会主义样板大道进行建造,故以马克思命名,具有一定的历史意义。——译者注

准确地测量和比对才有可能实现的学者之一,而他自己也严格遵守这项原则。

不过,关于寄生在人类肠道、皮肤上和口腔里的细菌,洪堡可就一无所知了。既然如此,为什么要在这里提到他?从某种程度上说,他为人体和人类体内的生态系统研究奠定了重要的基础,因为作为第一个研究地球生态系统的学者,洪堡曾观察了植被在不同气候区、高度和纬度的差异,并且将其中的规律性记录下来。

现今的科学家也做了类似的研究,只不过跟洪堡不一样的是,他们并没有投入南非"生物相"①的研究,而是关注人类的"微生物相"。这个生态系统里有干燥荒漠,偶有洪水来犯,跟我们的指甲很像;水气丰沛的雨林则近似阴道或肛门,润泽的大草原形同腋窝,而水晶般剔透的湖泊仿佛人类双眸,种类繁多的绿洲像是肚脐,山林如发梢,而暗黑洞穴就是耳朵、鼻子和喉咙。此外,还有一片不见天日、空气稀薄的深海海底,珍贵稀有的生物便藏身其中,就和我们的肠道没什么两样。

洪堡曾形容自己会"锲而不舍地紧咬同一个研究对象不放……直到通盘了解为止"。若以此为标准,那么我们目前对人体微生物的生物地理学认知就还处于摸索阶段,不过洪堡在亲访南美洲雨林和众多高山侧翼前,也曾就观察得来的非科学证据做出缺乏系统性的描述。跟当时他所处的境况一样,人体生态系统中也有些地区已得到科学家较为深入的探索,有些则乏人问津,其中有个地区的物种和变异株(以及基因)丰富多样,加上数量惊人的生物,几乎跟亚马孙河没什么两样,让研究人员快喘不过气来。相对来说,其他

---

① 生物相(Biota)指的是一个生态系统里所有生物的总和,同理,微生物相便是一个生态系统里所有微生物的总和。换言之,人类的微生物相就是人体内外所有微生物的总和,肠内有肠道微生物相,在皮肤上的就叫皮肤微生物相,以此类推。

地方的生态多样性和个体数量显然就单调稀疏许多，不过或许我们应该观察得更仔细一些。

## 指甲测试

为了证实彩绘过的短指甲是最不利于微生物生存的地方，世界知名的研究机构耶鲁大学进行了一项实验。[①] 不过卡茨（David Katz）在实验室得到的结果并未带来太大的惊喜，因为指甲的环境几乎和欧倍德卖场[②]的水泥地停车场没什么两样，也许有几块随便种的草皮散落四处。指甲油的成分全是有毒物质，主要是甲醛和邻苯二甲酸酯，不但有碍人体健康，也不利微生物生存。若要作为微生物的生存环境，经过修剪和磨亮的指甲前端当然比涂了指甲油来得好，但还是比不上长长的指甲，因为里面不但潮湿，还藏了不少污垢，它们是细菌和霉菌最佳的食物来源。

没有涂上指甲油的角蛋白层是光滑、干燥的，能隔离水和细屑，通常在表层也能发现一些微生物，不过躲在指甲底下的数量会多上好几倍。对皮肤来说，这里是典型的酸性环境，至于微生物是如何在这样的条件下维持一定平衡，同时不受伤害地安然生存，这点我们至今仍旧无法得知。人们之所以察觉它们的存在是因为双手感染了曲菌属（*Aspergillus*）、孢菌属（*Acremonium*）等霉菌或是念珠菌属（*Candida*）这类的酵母菌。指甲霉菌感染的范围相当广泛，受到感染的指甲表面会失去光泽，变得粗糙，甲床也容易发炎，还可能引发其他疾病。大多数霉菌其实很正常，并不具备破坏力，甚至

---

① 更多关于耶鲁大学所进行的手指甲实验，请参见：http://health.ninemsn.com.au/whatsgoodforyou/ theshow/694617/what-really-lives-under-the-nails-we-chew。
② 欧倍德公司（OBI），德国跨国大型连锁建材装饰零售卖场。——译者注

可能对人体有益。美国国家卫生研究院的芬德莉（Keisha Findley）和她的同事找来了一批健康且没有明显病征的受试者，在未给予任何刺激的情况下，研究人员在每个受试者的脚趾甲上发现了各式各样的霉菌。他们在后来的研究报告指出："生理属性和地形……通过不同方式影响这些……微生物群落。"简单来说，意思大概是：不管你的指甲是薄是厚，穿着纯棉或是合成纤维布料做的袜子，一天洗两次脚还是偶尔想到才洗，这些无害的微生物都还是过着快活的日子，而且不管哪一种都一样。①

寄生于指甲的细菌主要附着在表层和底层，其中人们比较了解的有假单胞菌属（*Pseudomonas*）和葡萄球菌属（*Staphylococcus*），另外还有多数人闻所未闻的不动杆菌属（*Acinetobacter*）。这些细菌以菌膜（Biofilm）联盟的形式相互合作，因而得以在某种程度上抵御杀菌剂或抗生素的攻击。作为细菌的藏身处之一，指甲除了能隔离肥皂和杀菌剂，最重要的功能或许就在于：无论好细菌还是坏细菌，直到它们转往下个去处或移居到另一个宿主身上之前，指甲都是绝佳的中继站。

人工指甲可以说是超大型的细菌弹射器，不过直到现在，这项人工产品似乎还没有任何值得一提的正面效益。一开始人们还期待它能带来比指甲油更好的抗菌效果，然而，最后证实人工指甲也不过就是从指甲油衍生而出的新型产品。这只塑料贴片的抗菌效果显然不比表层的涂料，与人体贴合的黏结处更形成了大量全新、狭小且遮蔽性甚佳的生物栖息地。护士佩戴的人工指甲已被证实是致命

---

① Findley et al.: Topographic diversity of fungal and bacterial communities in human skin. *Nature*, Bd. 498, S. 367, 2013.

性细菌转移到儿童身上的最佳跳板。[1] 因此,下次将新生的小侄子交到阿姨手上之前,记得先好好检查一下她的手指头。

## 蚊子磁铁

只要轻轻一跃,微生物就能从指甲跳到皮肤上。附着于皮肤表层的微生物种类有一部分跟指甲上的一模一样,这些各异其趣的种类从个体、生活方式、年龄到所谓的"地形学"都不一样。每个人的皮肤上各有专属于他的菌群,就和我们的指纹一样,只不过这种微生物印记可能发生改变,在不同的身体部位也会呈现出不同的样貌。住在手肘上的菌群跟那些待在鼻尖上或是脚底板下的并不相同,手肘跟脚底板也各有自己的独特气味,而人体表层所散发出的气味绝大多数都是微生物所造成的。

容易出油的皮肤较不利于样态繁多的生物生存,比方说脸部;相对地,像臂膀和大腿这样的干燥部位,微生物的种类就相当丰富。[2] 此外,奥地利的研究也发现,跟素颜的路人比起来,有化妆习惯的人皮肤上会有较高程度的生物多样性。[3] 我们曾在本章开头分享了作者之一的生活趣事,而现在我们可以继续这个故事。假设世界上真有一份名为"蚊子磁铁"的工作职位,想必我们两人一定能拿下这份好差事,因为一旦这个人在蚊子王国里坐下来,四周立

---

[1] Moolenaar et al.: A prolonged outbreak of Pseudomonas aeruginosa in a neonatal intensive care unit: did staff fingernails play a role in disease transmission? *Infection Control and Hospital Epidemiology*, Bd. 21, S. 80, 2000.

[2] Costello et al.: Bacterial Community Variation in Human Body Habitats Across Space and Time. *Science*, Bd. 326, S. 1694, 2009.

[3] Staudinger et al.: Molecular analysis of the prevalent microbiota of human male and female forehead skin compared to forearm skin and the influence of make-up. *Journal of Applied Microbiology*, Bd. 110, S. 1381, 2011.

即笼罩在一片风雨欲来的静谧中,然后下个瞬间,所有的吸血鬼便会一涌而起向他迎面扑来。

为什么有些人特别容易招引蚊子,而有些人却连蚊子都避之唯恐不及?关于这个问题各家理论自有其见解,有些研究认为是体香剂爱好者的"甜美鲜血"招来了这些不速之客,而有些则强调皮肤上的丁酸才是真正的诱因。这当中也有经过具体实验得出的结论,荷兰瓦赫宁恩大学的菲尔胡斯特(Niels Verhulst)和德国布伦瑞克工业大学的舒尔茨(Stefen Schulz)以及葛恩哈根(Ulrike Groenhagen)一同合作,研究人类皮肤上的细菌种类和数量多寡是否会影响个人对疟疾感染源冈比亚疟蚊(*Anopheles gambiae*)的吸引力。[①]结果相当明确:皮肤表层细菌种类丰富或甚至有细菌变异株的人,比较不容易受到这些可怕六脚小怪兽的青睐;相反地,有大量细菌寄生且多样性程度偏低的皮肤则会让疟蚊爱不释手。至于那位身为"蚊子磁铁"的共同作者听闻这项结果时,心里会有何感想,在这儿就不多说了。不过,德国啤酒花园里的蚊子是否会跟远在热带地区的表亲做出同样的选择,我们倒是无法得知。菲尔胡斯特声称他会设法找出这个问题的答案,但真正让他感到"高度兴趣"的其实是"用细菌制成的防蚊剂"。我们可以在生物反应器中制作防蚊剂,然后跟防晒油或体香膏混合在一起,这么一来,曾经风行一时的 Bac 体香膏广告流行语"我的 Bac 就是你的 Bac"[②]就有了一层全新的意义。

---

[①] Verhulst et al.: Differential Attraction of Malaria Mosquitoes to Volatile Blends Produced by Human Skin Bacteria. *PLoS ONE*, Bd. 5, S. e15829, 2010.
Verhulst et al.: Composition of Human Skin Microbiota Affects Attractiveness to Malaria Mosquitoes. *PLoS ONE*, Bd. 6, S. e28991, 2011.

[②] Bac 是从1952年开始在德国贩卖的老牌体香膏,有趣的是,这个品牌名称是取自一种名为 Bactericid 43 的杀菌物质,作者此处正是取其双关之意。——译者注

如果有人想凭借增加皮肤上的细菌种类来降低被蚊子叮咬的概率，那么成为轮式曲棍球队的一员或许是可行的办法，美国尤金市奥瑞冈大学的梅多（James Meadow）经由实验得到的结果支持了这项假设。[1] 轮式曲棍球是一种有大量身体接触且排汗量极大的运动，梅多挑选了翡翠城、硅谷以及华盛顿特区女子轮式曲棍球队的女孩为研究对象。分析结果显示，同一支队伍的女孩会交换彼此身上的微生物，这使得她们的皮肤拥有相似度极高的生物栖地。比赛进行时，她们也会和其他队伍的女孩交换大量细菌，至于受试者是否因此得以维持程度较高的菌种多样性而不易被蚊虫叮咬，则有待进一步厘清。倒是有一点或许值得好好研究：同独来独往或偏好一个人运动的人相比，参与团队运动或是与他人有大量身体接触的人是否会有较多样的皮肤菌群，因此就平均值来说比较健康？同样道理，养狗的人从宠物身上获得的不只有爱，还有细菌，这使得爱狗人士的微生物多样性从皮肤到肠道一路呈现直线上升，而且他们似乎没有因此染上疾病。[2]

## 看看肚脐

我们可以将杜恩[3]视为洪堡正统的后继者之一，这位任教于美国北卡罗来纳州立大学的教授出版了不少科普著作，他早年曾研究

---

[1] Meadow et al.: Significant changes in the skin microbiome mediated by the sport of roller derby. *PeerJ*, Bd. 1, S. E53, 2013.
[2] Song et al.: Cohabiting family members share microbiota with one another and with their dogs. *ELife*, Bd. 2, S. E00458, 2013.
[3] 杜恩（Rob Dunn），北卡罗来纳州立大学生物学系教授，科普作家中的后起之秀，首部著作《众生万物》（*Every Living Thing*）即荣获美国国家户外图书奖，《我们的身体，想念野蛮的自然》（*The Wild Life of Our Bodies*）一书则有中文版。——译者注

过雨林生态，后来则转向探索和雨林相近的生态环境，比方说肚脐。杜恩之所以将两者相提并论，并不是因为肚脐的湿气更重，也不是因为它在六块肌或啤酒肚的包围下更加闷臭，而是因为两者的生态形式相当类似。举例来说，两者的多样性程度都相当惊人，有些肚脐里还藏着前所未见的物种，这一点跟亚马孙河流域也很像，只要一次大规模的砍伐，就足以将这些仅在特定环境条件生存的稀有物种全面消灭。除此之外，当然也有势力范围庞大且通常数量不容小觑的种类，在原始森林中我们称这类物种具有绝对优势。杜恩和他的学生展开"肚脐多样性计划"来探索这个位于人体中央的部位，而在当时，绝对优势还是一个属于原生林生态学的概念。他们用棉花棒从自愿受试者的肚脐上采样，然后送进实验室培养，通过 Your Wild Life（www.yourwildlife.org）这个网站我们可以追踪这项实验的最新进展。进一步分析培养结果后，杜恩在博客中写道："肚脐里似乎也存在着绝对优势。"[①] 原来，几乎在每个肚脐里都可以发现属于杆菌（*Bacillus*）的梭菌属和微球菌属（*Micrococcus*），数量刚好都是一打，而古菌（*Archaea*）并不在绝对优势之列，直到美国微生物学家乌斯[②]发现它们其实是独立的生命根源，甚至可能是我们最最最原始的祖先。在众多受试者中，杜恩只在一个人身上发现古菌的踪迹，显然这家伙已经好几百年没好好清洗自己的肚脐了。

后来，杜恩和其他皮肤生态学家不再只是"绕着肚脐打转"（这是杜恩自己的说法），而是将触角扩展至另一个领域——胳肢窝。或许他们会在那里发现更多重的面貌，毕竟此区域的影响变因更加

---

[①] 关于肚脐里形形色色、多到令人目不暇接的菌种，可见杜恩的博客文章：blogs.scientificamerican.com/guest-blog/2012/11/07/after-two-years-scientists-still-cant-solve-belly-button-mystery-continue-navel-gazing/。

[②] 乌斯（Carl Woese），美国微生物学家和生物物理学家，也是首位提出"古菌"概念，并为之定名划域的科学家。——译者注

多元：用肥皂洗、用pH值为5.5的施巴（Sebamed）洗，或是完全不洗？刮了腋毛或是没刮腋毛？有没有使用体香剂？选择了法国凌仕（Axe）身体喷雾或涂抹了德国世家（Dr.Hauschka）鼠尾草香味的身体乳液？

除了指甲、肚脐和腋下，人的皮肤还有许多不同区域的生存环境值得好好探索，像是头皮、脚底、膝盖、蓄了胡子或是光溜溜的下巴，以及耳朵，光是从这些地方采集到的样本当中，研究人员就发现了前所未见的细菌种类。[1] 这些新发现不只令人感到好奇，对长期遭受耳道感染困扰的人来说，这些细菌更是值得关注，因为我们或许能从中找出有效保护耳道免于感染的微生物。

美国登顿市北得州大学的董群峰也在眼睛里发现微生物的踪迹[2]，这里的细菌似乎有固定的活动空间，不会随着澎湃汹涌的泪水四处奔流。采样时所施的力道不同，就会采集到不同的微生物的组合，像是变形菌门（*Proteobacteria*）这类菌种活动的区域大概是在较深层的结膜，而属厚壁菌门（*Firmicutes*）的细菌则停留在表层。董群峰还发现了一套普遍的规律：所有受试者都有一组"核心微生物群系"，其中密度最高的菌种占有绝对优势，而有些微生物则只出现在某些受试者身上。

## 让我们谈谈性吧！

我们就不绕远路了。接下来登场的是性器官，说得明白点，就

---

[1] Liu et al.: The Otologic Microbiome. A Study of the Bacterial Microbiota in a Pediatric Patient With Chronic Serous Otitis Media Using 16SrRNA Gene-Based Pyrosequencing. *Archives of Otolaryngology–Head & Neck Surgery*, Bd. 137, S. 664, 2011.

[2] Dong et al.: Diversity of Bacteria at Healthy Human Conjunctiva. *Investigative Ophthalmology & Visual Science*, Bd. 52, S. 5408, 2011.

是阴道和阴茎。阴道是每个人初次与微生物接触的地方（见第一章和第十一章），经由剖腹产来到这个世界的人则不在此限。在那里，早就有各式惊喜等着迎接我们，比方说，一般认为丰富的微生物多样性就是一种健康的征兆，甚至能减少被蚊虫叮咬的概率，不过在阴道里可不是这么一回事。根据人体微生物群系计划的研究结果，阴道微生物群落的多样性程度是人体全身上下最低的。[①] 我们可大致将它们分为五种"型"，其中四种由乳杆菌属（乳酸菌）主导，最后一种则明显和其他群落不同，而这一群也正是容易引发细菌性感染的罪魁祸首。[②] 乳酸菌的主要功能便是确保阴道长期处于低 pH 值状态，通过制造乳酸菌让环境持续呈酸性。正常情况下，阴道内的 pH 值会维持在4.5左右，这个 pH 值能保护阴道不受细菌和其他外来者侵害；换句话说，健康的阴道其实是严峻的生存环境，寄生在人体全身上下的微生物几乎都敬而远之，只有少数的细菌群落能够在这里存活下来。

跟阴道比起来，我们对龟头的认识更是少之又少，这里的活动空间也更小一点儿，不过它所提供的生存条件跟周遭环境倒是差异不大。

虽然割除龟头上的包皮会导致细菌多样性降低，但这样做的好处是使人不易感染艾滋病毒（HIV），不过二者之间并不存在必然的因果关系，因为割除包皮实际上只是将容易受到病毒入侵的结构去除。另外，精液里也存在着大量的细菌，其中有好细菌，当然也有不那么好的，上海的研究团队则在生育力偏低的男子身上发现厌

---

[①] The Human Microbiome Project Consortium: Structure, function and diversity of the healthy human microbiome. *Nature*, Bd. 486, S. 207, 2012.

[②] Srinivasan et al.: Temporal Variability of Human Vaginal Bacteria and Relationship with Bacterial Vaginosis. *PLoS One*, Bd. 5, S. E10197, 2010.

氧球菌属（*Anaerococcus*）的细菌。①

我们在属于酸性环境的阴道里也发现了通常只存在于碱性精液中的细菌，这些活跃在环境pH值介于7到8的细菌很有可能原本就在偏弱碱性的区域活动，后来才趁着射精顺势一起进入阴道里。有些细菌在极酸或极碱的环境下都能适应良好，男女性器官各自分别处于pH值的两个极端自然有其道理，这也是两性之间永无宁日战争的一部分。随着精液射入阴道，原本呈酸性的环境会受到碱性物质的影响而发生小小波动。一项针对中国女性所做的研究发现，跟完全没有采取性行为防护措施的女性相比，长期使用避孕套的女性阴道会有较多的益菌。②

## 口腔里的战场

人的嘴巴里也住着不少细菌，这项认知主要是由牙医、牙科技师或牙医助理等专业人士灌输给我们的，而这些工作大多还挺不赖的。绝大多数的口腔微生物都是无害、甚至是有益的，就连致龋菌对牙齿也不具破坏性。不过这些细菌所制造出来的酸性物质可就一点都不简单了，只要将蛀牙洞里和健康口腔的细菌进行比较，马上就能看出其中的明显差异。③

口腔细菌是人类通过显微镜观察到的第一种微生物（见第六

---

① Hou et al.: Microbiota of the seminal fluid from healthy and infertile men. *Fertility and Sterility*, Bd. 100, S. 1261, 2013.
② Ma et al.: Consistent Condom Use Increases the Colonization of Lactobacillus crispatus in the Vagina. *PLoS One*, Bd. 8, S. e70716, 2013. Online abrufbar unter: plosone.org/article/info:doi/10.1371/journal.pone.0070716#authcontrib.
③ Belda-Ferre et al.: The oral metagenome in health and disease. *ISME Journal*, Bd. 6, S. 45, 2012.

章）[1]，这不仅使口腔成为人类微生物学的起点，也是胃肠消化道的开端，更是每个人出生之际首批进驻细菌的必经之地。

分析完健康的口腔微生物群系之后，我们得知微生物会随着宿主的口腔状态、居住地和生活方式而展现不同的多样面貌，不过某些具有绝对优势的菌种几乎在每个人身上都能发现。链球菌属通常不被视为益菌，因为它们可能导致扁桃腺或脑膜发炎，然而大量分布在口腔里的链球菌属不但无害，甚至可以说是有益的。挪威的科学家奥斯（Jørn Aas）和他来自奥斯陆的同事在研究报告中指出，孪生菌属（Gemella）细菌实际上要比它的名字听起来的感觉还要厉害得多。[2] 在这个只有三名受试者的研究里，奥斯和同事总共清点了大约500种不同的细菌，并发现其中两名受试者身上有75%的种类完全相同。事实上，口腔提供了相当多元的生存环境以符合各种寄生需求，像是一望无际的唾液汪洋，或是舌头、牙齿、牙龈以及上颚等形形色色的表面，所有生存在此的微生物最终会形成密切合作的共生社群，也就是所谓的"菌膜"，这层防护墙不但让它们得以抵御外来的入侵攻击，更能将抗生素这类毒物彻底阻绝在外。

## 接吻、咬伤、妨碍

口腔犹如一扇来者不拒的大门，无论吃的、喝的，还有空气甚至是爱情，都夹带着大量细菌前来凑热闹，各路人马在此聚首，上

---

[1] 17世纪末，列文虎克（Antoni van Leeuwenhoek）从自己的牙齿上刮下碎屑作为样本，成为史上第一个通过显微镜观察到细菌的人。有趣的是，这副样本同时也可分析一个人的基因，微生物学家戴维·雷曼（David Relman）在1999年证实，寄生在人身上的微生物群系不但比当时人们已知的要多，也比我们能够在实验室里培养的还多。

[2] Aas et al.: Defining the normal bacterial flora of the oral cavity. *Journal of Clinical Microbiology*, Bd. 43, S. 5721, 2005.

演一出又一出的精彩戏码，这里有争得你死我活的分子大战，也有不分你我的携手合作。比方说，口腔里可能充满了噬菌体这种专门感染细菌的病毒，而细菌则会以CRISPRs作为响应。这串听来清脆响亮的字母其实是"成簇的规律间隔的短回文重复序列"（clustered regularly-interspaced short palindromic repeats）的缩写，指细菌的防御机制，比如链球菌属的CRISPRs就很明显地因人而异。

不仅如此，宿主的性激素似乎也加入了这场混战。不少女性一定都有过在排卵期间牙龈发炎的痛苦经验，类似情况也常在青春期或怀孕期间发生，这可能是因为女性类固醇[①]一方面激发了发炎媒介物质，另一方面也提供了良好的成长条件给导致牙龈发炎的细菌，其中有些特定受刺激的细菌经过代谢，再生后会为性激素的制造所用。

近年来有越来越多研究发现，口腔健康对人的整体健康具有关键性的影响，牙龈慢性发炎或牙根感染患者通常也会有心脏和血管方面的疾病，甚至罹癌概率也会偏高。相反地，一篇在2013年秋天发表的研究报告明确指出，如果能有效抑止口腔发炎，血管壁的病态肿胀也会跟着停止。[②] 我们应该厘清的或许是慢性发炎对身体造成的负担，研究人员甚至在同一个人的口腔里和他血管钙化的沉淀物中发现同样的细菌。就连阿尔茨海默病都和口腔细菌脱不了关系，根据某项先驱性研究的结果，健康的人身上不容易出现梭杆菌门（*Fusobacteria*）细菌，而阿尔茨海默病患者身上则经常可以看到普雷沃菌属（*Prevotella*）细菌。不过参与上述研究的学者也指出，这

---

① 性激素在结构上是一种类固醇。——译者注
② Desvarieux et al.: Changes in clinical and microbiological periodontal profiles relate to progression of carotid intima-media thickness: the oral infections and vascular disease epidemiology study. *Journal of the American Heart Association*, Bd. 2, S. E000254, 2013.

项结论必须经过更大型的研究进一步验证，以确保目前的发现并非只是偶然。[1]

这项研究结果可能会让那些长期忽视口腔卫生的人紧张得连吞好几口口水，这么一来，我们会通过同样有大量微生物寄生的食道，来到胃部。由于胃部会分泌胃酸，所以过去人们认为微生物无法在其中生存，不过后来证实，胃里不但有名为幽门螺杆菌（*Helicobacter pylori*）的细菌常驻（见第七章），更有丰富多样的抗酸性细菌，其中有些我们已经在口腔见过，另外还有一些盘踞在连接胃部的小肠里。关于这一点，我们在下一章会有更详尽的介绍。

---

[1] Cockburn et al.: High throughput DNA sequencing to detect differences in the subgingival plaque microbiome in elderly subjects with and without dementia. *Investigative Genetics*, Bd. 3, S. 19, 2012.

# 第三章
# 肠道同居宿舍

长久以来，人们习惯将8米长的肠道想象成一根输送管，里头满载着奔流不息的杂混物质。事实上，这道长长的管子里自有一套运作的秩序，每个参与其中的成员各安其位、各司其职。对肠道主人来说，这套分工系统比什么都重要。

初来乍到的新移民不免遭遇诸多难题，想在肠道博得一席之地的细菌也无一例外，必须历经重重关卡的考验。它们抵达的第一站是一台研磨的机器，接着还必须经过酸浴的洗礼，然后才会进入一道漆黑的真空隧道。来到隧道的其实不只它们，还有其他各式各样的微生物一起把这条通道挤得水泄不通。尽管不时会有养分送进隧道里，不过要如何身处于奔涌不息的洪流中却不被一并带走就又是另一项严峻的挑战。

这些片段听起来有如全新的霍比特人冒险旅程，不过对一个踏上人体之旅的正常细菌来说，每一阶段都是它必经的路程。这趟通过人体中段的漫漫长途不但有8米长，而且还蜿蜒盘绕。

值得留意的是：虽然肠道属于人体内部器官，但肠道细菌并不因此就位于肠道以外人体内的其他地方。尽管消化道从头到尾都是一片漆黑，它还是像指尖上的皮肤一样，设下了一道对外的屏障。我们可以将整个消化道想象成一根贯穿身体的水管，虽然整体看来，这幅景象并不怎么赏心悦目，却清晰得一目了然。

在前一章的末段我们已经针对上消化道进行了详尽的探索，接下来，我们要将目光转移到一个除非医生放入长长的内视镜，否则将终年不见天日的地方。

与胃部有些稀疏的寄生群落相比，小肠前端的微生物数量明显攀升，这个区段是十二指肠，因为它的长度大概等同于外科医生十二根手指的宽度。每毫升的肠道内容物大约含有1000个微生物，由于刚离开胃部的食糜大多仍呈稀泥或水状，使得这些微生物必须通过无数湍流和漩涡的考验，其中更有不少会在翻搅的洪流中被磨成碎屑，而这股持续向下推进的动力同时也是维系肠道动态平衡的一部分。

## 盲肠：细菌避难所

这段往下运送的过程有时也会受到干扰，像是腹泻会导致流动速度过快，此时，这套生态系统便需要一段时间恢复原来的运作模式。要是恢复期拖得太久，细菌便会趁机迅速繁衍，过量的养分供给也可能造成同样的后果，这么一来，疾病发生的概率也会跟着提高。此外，反刍动物从饲料中摄取过多的能量来源或是纤维素不足时，也会引发类似问题，像是谷类中的淀粉质可能促使乳酸菌呈爆炸性增长，而乳酸菌所分泌的酸性物质会连带改变肠道环境，这种形式的酸中毒甚至会让牛丧命。根据某些推论，人类若是摄取过多糖分会导致乳酸菌数量急遽攀升，听来似乎可信，不过我们也必须考虑到，绝大多数的糖分在进入大肠与大量细菌发生化学作用之前，早就被人体，尤其是小肠给吸收光了。

一路行经小肠、空肠以及回肠的肠道内容物每往前推进一厘米，微生物的密度便会随之增长。此时每毫升的内容物约有高达10亿的微生物活跃其中。这一路对它们而言仿佛置身天堂，除了有源源不绝的养分，竞争对手也还未成气候。细菌能处理人体酶无法再行分解的物质，并制造对人体有益的养分作为寄宿的反馈，比如经细菌合成的维生素 $B_{12}$ 就会随着其他养分还有矿物质一起被肠细胞吸收。不过就算没有细菌的协助，肠道还是能够从未完全消化的食糜中吸收具有营养价值的物质，像是脂肪、蛋白质、盐分、维生素或是糖这类简单的碳水化合物。为了增加物质交换的面积，肠道表面有被称为绒毛的凸起，如果试着把覆满绒毛的肠道摊平，整个肠道的表面积几乎就跟一个网球场一般大，大约是人体皮肤总面积的一百倍。毫无疑问，这里最吃力的一份差事绝对是肠细胞的更新，它们更新的速度飞快，平均每一天半就会更新一次。

细菌在前往大肠的途中还会经过盲肠和阑尾。阑尾一旦发炎，必须立即割除，否则后果不堪设想。阑尾基本上是演化过程中残留下来的多余部分，通常只会带来麻烦，可痛快去之且无须担心引发后遗症。不过也有其他研究将阑尾视为某种形式的贮槽[1]，可作为微生物的安全庇护所，使它们不致遭受人体免疫系统的攻击，等到大病痊愈，它们就可以重新回到肠道生活。

## 第二个大脑

抵达大肠后，肠道内容物的流速会逐渐趋缓，形成涡流的概率也随之下降，细菌的密度则会再次往上攀升。大肠是世界上细菌最多的地方，绝大多数细菌都依靠氧气维生，不过活跃于此的细菌种

---

[1] Bollinger et al.: Biofilms in the large bowel suggest an apparent function of the human vermiform appendix. *Journal of Theoretical Biology*, Bd. 249, S. 826, 2007.

类倒是因人而异；一般来说，起码超过1000种。[①] 然而，所谓多样性也只是一种相对的说法，若以细菌分类来看，这里的属和科其实不比人体其他部位来得多，不过其下所属的细菌种和门则多到数不清，像是厚壁菌门和拟杆菌属（*Bacteroides*）这两大类细菌和它们的各式变异株便主宰了整个肠道。通常我们习惯以"种"来谈论细菌，但是这么做却容易造成误解，因为许多被归于同种的细菌实际上还是存在极大差异，比方说，生存在胃部的幽门螺杆菌据推测就有好几千种不同的变异株，而这些通常都被归在同一门。

　　大肠在消化道扮演类似回收站的角色，无论微生物是否曾出手相助，所有尚未被身体加以利用的养分都会来到大肠。寄居在此处的细菌会大举向那些无法被消化的剩余物进攻，一点一滴地蚕食鲸吞，直到再也吃不下为止；与此同时，它们也会制造身体所需的重要养分。细菌摄取的植物纤维素越多，大肠内的细菌种类就会更多样，最后剩余下来的废物，像是不易消化的纤维素、坏死的大肠细胞、细菌尸体及先前被滚滚洪流搅碎的细菌，全部会经由直肠和肛门离开消化道。

　　肠道的末端则是唯一能够按照个人意愿控制的部分，而这是有原因的：经过长期演化，我们不会随处或随时任意便溺，只在时机合宜之际才排出体内的废弃物。

　　肠道几乎是一个自主运作的消化器官，它的一举一动全都依靠满布神经的肌肉层，因此人们也把肠道称为腹脑。肠道可以通过神经的传导路径以及传导物质和掌管思考的大脑沟通联系，也能独立完成判断决策。腹脑之所以属于自主神经系统的一部分，就和我们

---

[①] Dethlefsen et al.: The pervasive effects of an antibiotic on the human gut microbiota, as revealed by deep 16S rRNA sequencing. *PLoS Biology*, Bd. 6, S. e280, 2008.

能自主控制排泄的道理一样，否则我们就得在消化过程中不断重复向大脑确认每个环节，比方说，是否该将胃里的东西送往小肠？又或者是否该让大肠里那团黏糊糊的东西再往前推进一些呢？

## 秩序占了微生物一大半的生活重心

总的来说，人体相当井然有序。事实上，几乎所有生物都是如此，无论是礁石旁的小海马，窗台上的罗勒盆栽，还是一个小小的酵母菌，个个都有其条理。它们的心脏、叶绿素和细胞核，从主动脉弓到细胞壁，林林总总的器官全都位于身体中适宜的位置，每个器官里的每个构造也都各有专属之处。生命自会界定分际，一切都得照规矩来。

除了一团混乱的肠道，那里只有湍流不息的稀糊烂泥、咕噜作响的漩涡，有时还会冒出泡泡来。肠道肌肉的持续蠕动则让这一切静不下来，简直乱到天翻地覆。如果只看那些随着人体废弃物一泄而出的细菌细胞——就算其中大多数是对人体有益的，实在让人无法相信肚子里装着一个有条不紊的世界。看来，人身体上的细菌组织和其他生命体截然不同，就像是一锅冒着泡泡的原汁汤头。

或许我们只需要再看得仔细一点。

作为对照组，我们可以先观察另一个生理构造与肠道相似、同样装有液态内容物的长管状系统：血管。血管里同样是奔流不息的急湍与漩涡，速度甚至更快更猛烈，随着心脏的跳动压缩，水、红细胞、各种白细胞、养分、矿物质、传导物质及废弃物分别被送往身体的每个角落。

不过我们知道这些阵阵鲜红的狂野风暴并不是真正的混乱，事实上，红细胞会携带氧气或二氧化碳前往需要这两种气体的地方，养分也会按照不同目的和需求被送达各个构造，然后就此落脚，结束载浮载沉的漂流之旅；废弃物和毒物则会火速被带往妥善安置之处，通常是肝和肾，而免疫细胞会准确无误地侦测到脚拇趾的伤口，并通过发炎和放纵的细菌来避免感染。所有必须衔接起来的对口，全都接上了，这之中负责调度派遣的通常是特殊的结构和分子，它们指出谁该往哪个方向去，或是直接逮住正好需要的有生力量。

令人意想不到的是，我们身上的细菌并没有类似的配套机制，而是让一切以随机的方式运行：养分A正好碰上了细菌B，细菌B便将养分A改造为信使B，大致是这样的模式；又或者，如果养分A和细菌B擦身而过，那么上述情节就不会发生。这听来实在不怎么有效率，毕竟经过数百万年的演化，理应有一套更有效率的机制，但事实并非如此，真是不可思议。

不论从哪个角度来看，现行的运作机制绝对不是最好的。如果我们真的重视肠道菌群的正确性，那么就得建立一套机制避免益菌随着每次腹泻大量流失，因为危机无所不在，一旦消化道受到感染，肠道便会失去原有秩序，乱得一塌糊涂。杀菌剂或天然抗生素（近来则多属药用）对肠道菌是有杀伤力的，要是每次拉肚子都折损一堆肠道益菌，那么我们就得成天面临腹痛、便秘、溃疡或是各种身体不适的威胁。

但是我们从实际经验中得知，尽管一路浮浮沉沉，肠道菌并不是任由食糜将它翻来搅去，面对暗藏其中的湍流或危险时，它们可不会直接举白旗投降。举例来说，大量抗生素或许会在第一时间让肠道内容物里的细菌数量大幅减少，不过当抗生素的药效褪去，局势很快就会恢复到用药前的状态，这里指的不单是细菌的数量，还有较具优势的菌种及其变异株。

经过仔细的测量和计算，结果显示肠内并没有新的菌种进驻，反倒是原有的族群更加壮大——除非我们持续使用强效抗生素对付它们。躲进盲肠末端的阑尾或许能让细菌逃过一劫，但是肠内也不无其他庇护可能，像是1745年由一位身兼解剖学家的日耳曼医生首度在肠道黏膜发现的管状凹陷，后来人们便依据他的名字替这些隐窝命名[①]，也就是俗称的利贝昆氏腺（Lieberkühn-Krypten）。在这些深约0.4毫米的隐窝基底会有肠道干细胞持续增殖新组织，使得肠道上皮可以迅速修复再生。另外，在这些凹陷底部也有细菌活跃其中，看起来就像为组织再生出了一份力。

我们至今仍然无法透析完整的肠道菌相，不过可以肯定的是，肠道这个空间有其独有的生物地理分布。在肠道前端和末端发现两种截然不同的细菌群落或许尚在意料之中，但我们并没有预期在同一横切面上观察到一种以上的菌群。此外，上皮表层的微生物和寄生在上皮隐窝里的也很不一样，还有那些和肠道内容物搅和在一起的，而最后这一种也是我们截至目前最熟悉的，道理很简单，因为观察样本容易取得。

至于通过观察粪便样本得到的研究结果是否可靠？长期以来，这个问题引发了不少热议与讨论，"有越来越多人认为，我们至少应该思考粪便菌相和肠壁菌相的差异性。"德国石勒苏益格－荷尔斯泰因大学附属医院细菌多源基因组学研究小组的主持人奥特（Stephan Ott）表示。他认为组织样本的可信度远高于排泄物，因为粪便的"外观每天看起来都不一样"。不过有时即使是研究也必须面对现实，毕竟和组织切片比起来，粪便样本的取得的确更容易，成本也相对低廉，同时没有任何危险性，但要取得组织切片可就不

---

[①] Lieberkühn: De fabrica et actione villorum intestinorum tenuium（1745），另有电子书：https://archive.hshsl.umaryland.edu/handle/10713/3443。

一定了——当然，我们假设粪便采样的过程是干净卫生的。人们只能研究有能力取得的东西，要是有足够的志愿者能够为少数一两个计划捐出自己肠壁的一小部分作为研究之用，想必科学家们会为此感到兴奋不已。

## 肠道黑盒子

有限的样本数正是相关研究现阶段所面临的瓶颈，少了研究样本，肠道无异于迷雾重重的神秘国度。多数的肠道居民早已习惯了无氧生活，一旦接触到空气就会死亡。这意味着无论样本取得的来源为何，研究团队必须确保全程无氧，这同时也是各种为应对研究需求而生的肠道仿真器必须克服的一大难题。肠道仿真器主要的功能在于给研究人员提供一个可调节的系统，以便他们培育并观察消化道菌群，不过成功案例至今仍屈指可数。像是奥特利用了目前最成熟的人造肠道研究抗生素和益生菌对细菌的影响，他将不同捐赠者的粪便样本放进仿真器加以培养，然后投以大量药物。"这已经是目前最趋近实际状况的一种方式了，"奥特表示，"但至今仍然没有任何系统能够百分之百地重现肠道的环境。"

或许我们可以这么解释：没有任何仿真器系统可以完全复制肠道的秩序，更不用说要让这套秩序有效作用在研究成果上。肠道组织和肠内微生物生存的空间很有可能比目前所知的还要复杂许多，而我们刚刚展开这次探索之旅，也许其中存在更多的洞穴和储室，可以让细菌躲藏，微生物和身体细胞也能在这些地方碰面，又或者，还有更多我们无从得知的功能和作用。

还有很多有趣的系统等着我们进一步探索，我们并不清楚它们是否按照某种秩序运作，如果有，又会是怎样的一套体系？为此，有人提出了"黑盒子"这个概念,虽然肠道是一根管子,不是一个盒子,可即使在最刚开始的时候,一切看来明明都还非常清晰,肠道的运作体系对我们而言,仍像一道经典谜题。这也是下一章的主题。

第四章

# 远古之敌，陈年老友

400万年的演化让人类和微生物紧紧相系，从最初的相互对抗到后来的密切合作，从彼此竞争到无可分离。

从小我们就从各式广告、医生叔叔那里，以及电视上播放的医学或消费者节目中学到一件事：细菌是我们的敌人。然而，本书将通过论述让人们的这种想法有所改观。

细菌并非敌人，这是再合理不过的事，只要做个简单的思想实验，我们就不难理解为何如此：试着想象一下，在好几百万年的演化过程中，远古人类和细菌祖先之间到底发生了什么事？

一开始是什么样的状况呢？二者是敌是友？是和平共处的邻居，还是对彼此视而不见？又或者这些不请自来、白吃白喝的食客尽管没有带来麻烦，却也没帮上什么忙？

当然，这个问题跟卫生有关，值得我们再多想一下。让我们先假设：人类和寄生的细菌的祖先从一开始就已经存在很久了。

## 保护和利用

在成为朋友或敌人、伙伴或竞争对手之前，二者必须先碰上对方，而且二者必须有某种交集，因为缺乏共通点就像是平行线，连架都吵不起来。一般认为,我们各自的祖先在一开始很可能是对立的竞争关系,或者也可称为敌对关系。

我们可以假设最先和细菌产生联系的远祖是一种由数百个细胞聚集而成的、基本上与肠道无异且通体透明的原始动物[①],它犹如一台在吞吐间进行消化作用的小型机械。这个肠道的远祖可能是从单细胞藻类身上摄取养分,进食过程中连带也把细菌一并吞进肠道,然后这些细菌可能被消化吸收,或是原封不动地被送出来。

随着时间的流逝,或许有某个细菌变异株觉得待在那里特别自在,于是定居下来。确定落脚处的它们不但能获得完善的保护,同时也能和作为宿主的原肠动物一起分享食物。

接下来就是一连串典型的演化过程:历经好几代的演化,细菌终于能够灵活运用肠道内容物,这对细菌来说真是天大的好消息,不过这么一来却苦了肠道先生,因为它能分得的养分已远远不如以往。按照演化必然的结果,那些让细菌乖乖听话不捣蛋的原肠动物,当然拥有最佳的存活和繁殖机会,其中最厉害的原肠动物甚至还懂得利用细菌,比方说细菌能将肠道无法消化的物质转化为有用的东西,并从中制造原肠动物需要的养分。直到今天细菌还都会这么做,像是它们用难以消化的植物纤维制造的短链脂肪酸,便足以供应动物身体大约10%的能源需求。

---

① 原肠的祖先只是一团会吸收养分、排放废弃物的细胞群,后来这些细胞群逐渐向内迁移,形成一个凹陷,看起来就像是一只单边开口的囊袋。随着演化的进行,这些囊袋最终才发展为肠道的基本形态,也就是今天我们所拥有的肠道———条有入口和出口的管状物。至于细菌是从什么时候开始出现在肠道内,没有人知道,不过显然早在演化初期两者就进行了首度接触。

## 爱你的宿主像爱你自己

对当时的原肠来说，这样的模式还算得上是一笔划算的交易；住在里头的细菌也过得挺不赖，不但有免费运送到府的养分，还有得以维持生计的生存空间。不过这些细菌的亲戚倒是只顾着搜刮原肠内的资源，虽然能换得饱餐一顿，却居无定所，也没有自动送上门的补给，因为它们总是让宿主饿肚子。

这是一种施与受的关系：细菌分解原肠无法凭一己之力处理的物质，以此换取食物和寄宿处。渐渐地，越来越多的细菌闻风而至，就连霉菌、病毒，还有其他单细胞生物也都凑了过来。众人之力提供了丰厚充足的能源，成就了一代又一代更加茁壮完整的腔肠动物。与此同时，负责消化的内凹也不断往深处延伸，已经消化的与尚未消化的养分持续从唯一的洞口送进来，直到有一天原肠似乎再也吃不消了。看来必须要有另一个洞口。如果我们将胚胎形成的过程疯狂快进，那么这个人类远古祖先所拥有的第二个洞口就是后来被称作口腔的部位。对我们的消化道来说，这是相当关键性的转折，它自此成为一条有两端开口的管道，接下来的好几百万年，消化道也就只是不断琢磨一些枝微末节的伎俩而已。

有了这条贯穿体内的肠道，动物变得更加茁壮，它们的身体也得以藏匿更多的单细胞生物。或许它们也是在这个时期发展出形同监督单位的免疫系统，好在嚣张莽撞的寄生食客乘机扩大势力之前及时做好防备。这条消化软管的前端一路向上展延到长出牙齿的口腔，然后沿着咽喉、胃、肠道和肛门顺势而下，它所行经的路径越长，提供给细菌生存的空间也越宽广。此时细菌进行生物化学交换的对象也不再仅限于宿主，也包括了邻近的微生物。

更多的细菌意味着菌群拥有更多的能力、更多由新特质所造就的突变、更多可用的资源、更多一人无福消受却有益群体的营养成分，以及许多诸如此类说也说不完的好处。

生命更完整了，或者说，变得更复杂了。这条消化大道上的细菌多样性程度越高，免疫系统的运作就必须更加细腻，它必须不断学习如何妥善分配有限的防御能力，不能一味地消灭异己，否则不但会造成大量伤亡，储备好的战斗力也会消耗殆尽，甚至连益菌也可能被一并驱逐出境。

## 代价、愉悦、寄宿处

知道人类和微生物如何一路相互扶持、携手走过漫长岁月后，就不难理解为什么我们之间会有这么多共通性。人类细胞最重要的一部分向来是由基因所控制的，细菌的细胞也是如此，这些基因大多是遗传物质，它们承载着人类从单细胞生物一路演化至今从未有过丝毫改变的基本功能，因此也被称作持家基因（Haushaltsgene）。对那些想要厘清基础遗传或细胞生物机制的科学家来说，由于人类和微生物的相似性甚高，这些基因也成了他们积极探索的对象。

回首这段同甘共苦的历程，就能发现将我们同微生物紧密相连的不只是基因和代谢路径。我们可以暂且将这段关系称为友谊，多年的情谊，而这段友好关系的起点则是恒久——再也没有比它更合适的重量级字眼儿了。我们一同走过有欢笑，也有泪水的岁月，当然也免不了产生摩擦或起争执，不过就是少不了对方，因为我们从一开始就在一起了。

"70岁会是多么怪异",西蒙与加芬克尔[1]在歌曲里这样描述两名坐在公园长椅上的"老友"。[2]能够一起变老简直不可思议,如果人类和细菌有机会一起坐在公园的长凳上,也能这么说,只不过二者已经携手走过大约70亿个年头了。

不过真要把肠道菌视作"老友"的话,倒不能太天真烂漫地看待这段关系。友谊是建立在双方互惠的基础之上,总是只有单方面提供协助,没有获得任何反馈,这样的友谊不会长久。

我们和肠道菌的友谊是一纸有施有得的契约,如果没有它们,我们就没有好日子过,反之亦然,肠道菌的生活同样少不了我们,双方在这段关系里各取所需:好几十亿的细菌每个都想大快朵颐,大肆繁衍后代,人类则是想从饮食中获取营养,当然也要传宗接代,除非个人有意抗拒。

人类不但给细菌提供安全上的保障及长期的栖身之所,甚至连三餐温饱都照顾得相当周到,这些付出可是一点都不少。就公平互惠的原则来看,人类确实可以好好期待细菌带来的反馈:比如,在消化过程中出力帮忙,运送人类无法自己制造的物质,或是协助抵抗外来的细菌,等等。这里谈的当然不是道德哲学意义上的公平,而是生物学上的,一旦双方的互惠失去了平衡,其中一方就会变得衰弱,最终可能再也无法繁衍后代或难以延续生命。从起跑点开始,人类漫长的演化马拉松之途当然就有细菌一路相随,只要人体发生突变,就可能导致原本和平共处的细菌群落相互争食。趁乱获得更多能量的人类看似占了便宜,不过饿肚子的细菌也可能因此停止制

---

[1] 西蒙与加芬克尔是著名美国民谣摇滚音乐二重唱组合,由保罗·西蒙(Paul Simon)与阿特·加芬克尔(Art Garfunkel)组成,被视为20世纪60年代社会变革的反文化偶像,同期的音乐家还有披头士及鲍勃·迪伦。——译者注
[2] 这首歌的名字即为《老友》(*Old Friends*)。——译者注

造某种人体需要的维生素,这对双方来说显然都是损失。演化的下一步是如何应对的呢?

或许是按照下面这个公式进行的:没有维生素就没有生命力,没有生命力也就无法顺利繁衍,因此,一开始让菌群陷入养分争夺战的基因最终无法在这场达尔文式的战斗里存活下来。然而,在一片茫茫菌海中,或许正好有某个族群碰上了某个细菌变异株,强化了它们利用养分的效能,让它们在宿主饱餐之余,仍有足够的养分补给,进而在这场粮食争夺战中与宿主抗衡。这么一来,双方都能得利(或者至少都没有损失),人类和细菌之间原本就错综复杂的互动也因此变得更加纷扰难解。

## 牙膏——演化策动者

人类和细菌的共同演化就是这样一小步、一小步缓缓地往前迈进,只是这个过程极其复杂,充满了各种困惑和骚动,有战争,也有和平,掺杂了各式混乱、互动和响应。细菌之间当然也会彼此竞争或合作,它们和寄生在人类身上的霉菌或是其他的单细胞生物也有类似的互动往来。

这个共同的演化之所以持续不断地进行,而且可以说是在超高速地进行,是因为全新的食物和其他食物碎屑——从药物到牙膏——会带来迥异于以往的新型变异株,而人类和各种菌群必须每日都消化掉这些,才能维持原有的平衡。

这种持续波动的状态也保有着某种稳定的平衡,让所有参与其中的成员得以生存,也因此,设法维系这个平衡就成了一项日复一日、永不止息的任务。

自然界的每种共生形式都是一纸由施者和受者双方签订的合

约，在给予和索取之间，两者都会小心谨慎地留意是否达成平衡。现实中当然免不了会发生其中一方过分索求的情况，至少从人类的角度看来是如此，但是被奴役的一方也并非毫无所获，比如得到保护、食物或繁衍的可能。两者之间的关系是共生还是剥削，得看我们从哪个角度加以定义。

  自然界中合作最紧密的是细菌和真核生物，它们之间是共生关系[①]，从最初的相互疏离，发展为密不可分的盟友，任何一方失去了对方都无法继续生存。这里指的当然是真核生物、线粒体及叶绿体之间长达约15亿年的密切合作，不过只有植物是如此，否则我们也全都会变成小绿人，而且也不需要肠道和任何关于肠道菌的书籍了。

  线粒体和叶绿体同为"内共生体"（Endosymbiont），是细菌的后裔，不过人们早已不再关心它们最初从何而来。它们是存在于细胞中的合作伙伴，而且也只能存在于细胞里，随着细胞繁衍不断递增延续。线粒体和叶绿体这两种细胞器有专属自己的遗传物质，但这些物质和细菌仍保有高度相似性，它们主要为自己所寄生的细胞运输或处理能量。乍听之下像是一套完美的奴隶制度，事实上这是一项从远古时期就存在的互惠协定：线粒体的辛勤劳动为它换来了保护、营养和繁殖的保证，而这一点人类老早就知道了。

  同样的道理，我们也能进一步思考并扪心自问：那些看来单方面向人类进贡的生物，像是苹果树、锦鲤、肉猪、马匹、玫瑰花丛和节瓜，真的是被我们给利用了吗？从演化论的角度来看，也就是从健康状态和繁衍可能性这两个层面来判断，究竟是谁从谁那里得

---

[①] 细菌并没有细胞核，古菌（早期被称为古细菌）也没有，两者皆属于原核生物，而拥有细胞核的植物、真菌和动物则被称作真核生物。

到了更多的好处呢？人类从饲育或栽种的动植物那里获得营养，因而得以繁衍并养育后代，那么这些动物和植物又得到什么作为报酬呢？是保护、食物和繁衍的可能。①

这样的说法或许有些夸张：所有细菌及其基因都是我们的一部分，就像我们的基因、心脏和肾脏一样都属于我们。为了继续努力活下去，我们和寄生在我们身上的细菌彼此较劲儿、一同突变演进，就像携手共进的原肠伴侣一样。

这是历久弥新的情谊，也是纠缠多年的竞争，不管怎样都是一段长久的相互作用。

不过，我们直到最近才得知这些细菌的存在，而且我们无论在人性、个体性还是健康状况方面，都深受它们影响。当然，我们同样也会影响它们，也正开始着手了解该如何与它们互动，才能让它们的潜能发挥最大功效，为人类带来最佳利益。

另外，有越来越多证据显示，几乎所有高等生物都和微生物维持着类似的结盟关系，最佳实例在整个动物界俯拾皆是，我们在下一章将有更详尽的介绍。

---

① 人类有许多方法从动物身上获取资源，其中也包含了屠杀，这一点使得利用动物这项议题长期备受争议。本书作者亦认同人们必须从道德层面对此议题进行讨论，然而若是继续深究，将使本书走向偏离原有主轴。我们在这里主要试图从演化生物学的视角来思考人类和动物相互对立的关系，比方说，一只圈养的野猪不用担心遭受野兽攻击，也不愁没饭吃，因此一口气就能生下好多只小猪仔，而其中的一部分小猪又会再繁衍出成群子孙。仔细想想，在野生的自然环境中根本不可能发生这种由人类主导的演化优势。

## 第五章
# 动物农庄

我们一直到很久以后才慢慢得知，寄生在人体身上的微生物和人类之间存在着相当紧密的合作关系，不过在动物界，这项对生命活动至关重要的互助模式早就不是新闻了，甚至到了今天，还是有各形各色、不可思议的结盟形式持续浮现。

事实上，只要我们全面废除核能发电厂，停止往地下岩层灌注二氧化碳，不再开车，并取消排污交易，还来得及应对温室效应及其连带引起的气候变迁等问题。除了设法获取更多再生能源和推行其他可行的节约措施，我们仍亟须改善排污状况，比如凭借改变全球牛的肠道细菌，让它们不再排放出甲烷这种比二氧化碳破坏力更强的温室气体，便能有效减少对环境的伤害。如果能将这套方法推广给所有住在栅栏里和稀树草原上的反刍动物，那当然再好也不过。

尽管科学家们正如火如荼进行相关研究，不过短时间内要在农场上见到这种对环境友善的牛，甚至在超市里购买它们产出的牛奶，似乎不太可能。单就这个主题其实足以另辟章节深入探讨，甚至能够成书，不过在这里我们关注的重点将限定在反刍动物的消化道微生物对气候造成的影响，并以此为例证明微生物不仅在人体内扮演举足轻重的角色，几乎所有动物也都与微生物牵连甚深。

自然界中还尚未发现过任何无菌动物，也就是身上或体内从未有微生物寄生的动物。"我认为所有多细胞生物的生命都建立在宿主与细菌的互动关系上,"英国基尔大学生物中心的弗劳恩（Sebastian Fraune）说,"据我所知,从未有研究资料指出任何一种身上或体内毫无细菌寄居的真核生物。"从水里的鳗鱼到树上的夏蝉,无一不被微生物全面进驻。肠内完全无菌的牛要吃下一口牧草,便会立即倒地身亡；误食药店前整车抗生素的马匹也极有可能马上将先前吃进肚里的牧草或燕麦全数吐出来[①],就连白蚁一旦没了肠道细菌也会马上瘫软暴毙。

我们在其他动物身上倒是没有见到如此剧烈的反应,比方说用于研究肠道菌群的实验室老鼠,它们的肠道被清理得一干二净,以便研究人员植入不同菌种并观察后续变化。老鼠们虽然存活了下来,不过比起拥有正常肠道菌群的同类,状态明显差了一截,免疫系统、代谢状况和其他生理机能显然都受到了影响。

## 全面进驻

这听起来也蛮合理的：微生物层层包围了我们四周。微生物早在大约50亿年前就存在了,那时首度出现具有原始肠管的动物；后来无论是真核生物的初次登场,还是在单细胞生物在演化进程中迈向多细胞的第一步,微生物都不曾缺席,而这至少是20亿年前的事了。一些高等动物不可或缺的细胞构造,像是线粒体和叶绿体,最初也是以共生形式依附在早期细胞上的细菌（见第四章）。加州大学伯克利分校的妮科尔·金[②]和同事在2012年甚至发现多细胞生物

---

[①] 尽管如此,美国等地的畜牧业者还是持续在牛和其他牲畜的饲料里添加"较低剂量"的抗生素以刺激动物生长,详见第九章。
[②] 妮科尔·金（Nicole King）：美国生物学家,主要研究多细胞生物的演化,2005年曾获麦克阿瑟奖。——译者注

的形成和细菌有关，在他们的实验中，细菌刺激了单细胞动物进行分裂，却不与彼此真正分离。①

我们都知道，现今的植物必须持续和生活在土壤里的细菌或霉菌等微生物进行交换作用，才得以繁茂生长，而其中最为人熟知、同时也是最重要的当属豆科植物的根瘤菌（*Rhizobium*），它们能将从空气中吸取的氮转化为植物和动物所需的养分。

由此，我们得以窥知动物和微生物之间的合作不但密切而且相当普遍。为了避免自己的肉身受到伤害，高等动物发展出了一些技巧，让它们得以将危险因子隔离在外。比如皮肤或肠道上皮几乎能挡下大多数的外来威胁，就算侥幸穿过这几道铜墙铁壁，后面也还有吞噬细胞和抗体严阵以待。然而，无论是皮肤、口腔、耳朵、鼻子、肠道、阴茎、阴道、肚脐、指甲还是头发，没有任何人或动物能够让这些部位全都保持在无菌状态，唯一可行的办法就是：只给不与坏细菌为伍的无害微生物放行；当然，我们更欢迎那些不只没有危险性，甚至对健康有益的微生物。像这样亲密融洽的相容共存并不是由任何浪漫玄妙的力量所推动才达到自然和谐，而是历经好几十亿年演化的结果：一个敏感、易受干扰的动态平衡。

就连水螅这样简单的多细胞生物，里里外外无一处不是各形各色满满的细菌大军②，最新的研究数据指出，水螅的身上和体内有150种到250种不等的细菌变异株③，其中有5种到10种占了绝大

---

① Alegado et al.: A bacterial sulfonolipid triggers multicellular development in the closest living relatives of animals. *eLife* Oktober 2012, online abrufbar unter: elife.elifesciences.org/content/1/e00013.

② Fraune und Bosch: Long-term maintenance of species-specific bacterial microbiota in the basal metazoan Hydra. *PNAS*, Bd. 104, S. 13146, 2007.

③ 这里的"细菌变异株"指的是基因序列中相异的型别至少占3%，生物学家称之为"可操作性分类单元"（Operationale Taxono-mische Units），简称"OTUs"，因为对这些专家来说，光是以"种"进行区分根本不足以标示各形各色的细菌。

多数。不过它们可不是随机抓来一些细菌就展开密切的同居生活，事实上，根据多年来的研究，人们发现，每种腔肠动物都有它自己独特且几乎是由固定班底所组成的混合菌群。比如水螅就自有一套遴选同居室友的机制：先前介绍过的弗劳恩和他在基尔大学生物中心的同事在不同种类的水螅身上发现了相当特殊的迷你蛋白质，这些蛋白质对某些微生物来说形同毒药，而有些则完全不受影响。[1]

## 内建的太阳能发电厂和制糖厂

这些相对来说没那么复杂、只由两层袋状结构和一些触手组成的动物一般都能挑选出符合自己需求的微生物，不过同属腔肠动物的珊瑚却打破了这种合作模式，它们利用只有显微镜可见的藻类作为活体太阳能板，通过藻类行光合作用制造糖类，以此取代流质养分供应给自己的细胞。寄生在珊瑚身上和体内的细菌种类，根据粗略估计可能超过1000种，而且其中有不少菌种对珊瑚情有独钟，再也没在其他地方或物种身上出现过。这些细菌的功能在于将氮转换为对这些刺胞动物有益的物质、输送糖分，并且隔绝其他外来的有害细菌。

正是类似这样并非偶然相聚的微生物层保护着两栖动物、鱼类、毛虫、巨蜥和鲸的皮肤。有些海底线虫会放任硫细菌在它们身上生长，最终被这些细菌完全吞噬；也有线虫会将硫细菌养在体内，然后在演化过程中逐渐废除身上原有的孔洞，因为它们从共生关系

---

[1] Franzenburg et al.: Distinct antimicrobial peptide expression determines host species-specific bacterial associations. *PNAS* 2013, Bd. 110, E3730–8. doi: 10.1073/pnas.1304960110.

中便能摄取足够的养分,而且含硫分子体积极小,可以穿透皮肤进入线虫体内。

有了微生物帮忙,动物不仅可以利用光能,更能反过来制造光能。夏威夷短尾乌贼(*Euprymna scolopes*)自幼便附着有费氏弧菌[1],在萤光素(Luciferin)或萤光素酶(Luciferase)这类物质的协助下,微生物就能发光。乌贼以氨基酸和糖喂养自己身上的微生物,然后在月亮升起时点亮这些微生物的光芒,这么一来,那些在海底深处虎视眈眈的猎食者就无法看到这些小型头足纲动物——月光映照下的乌贼甚至比月光还要耀眼。

牛胃里寄居着无数细菌、霉菌和其他微生物,仅一滴胃部内容物所含有的单一生物就比全球人口总数的十倍还多。这些微生物会分解植物性物质和纤维素,牛胃里的酶反而能置身事外,完全没有参与。白蚁的肠道也是如此,人类的也不例外,只是人不只以牧草或木头为生。

与其他研究肠道微生物的领域一样:人们早就知道在里头钻来溜去的都是些什么东西。1843年,匈牙利医生格鲁比[2]在牛胃里发现了单细胞动物,同年,他也追踪到了人类最容易感染、有时甚至可能致命的念珠菌,但是我们现在才正要开始了解它们的传播途径。举例来说,人们一直到了1998年[3]才终于搞清楚微生物会将纤维素分解成一种相当重要的能量来源,也就是短链脂肪酸。

---

[1] 原文使用了没有正式中文译名的旧称 Aliivibrio fischeri,译文采用其同物异名的"费氏弧菌"(Vibrio fischeri)。——译者注
[2] 格鲁比(David Gruby),匈牙利医生,研究微生物学与医用真菌学的先驱。——译者注
[3] Annison und Bryden: Perspectives on ruminant nutrition and metabolism I. Metabolism in the rumen. *Nutrition Research Reviews*, Bd. 11, S. 173, 1998.

## 瘤胃是一种征兆

长期以来，我们其实不那么确定反刍动物的同居室友都做了些什么、怎么运作、是否协助宿主的消化作用，或只是单纯吸收养分。但我们知道甲烷是古菌制造的，这种与细菌相近的原始微生物能让细菌和单细胞生物所产生的氢变得更有价值。正因如此，将一头牛改造为环境友善动物的重点并不在于牛本身，而是在于人们必须设法找出那些产氢较少的细菌，或是其他减缓氢对气候造成伤害的办法，比方说我们可以直接以氢为动力燃料。生物学家们在实验室里反复思索各种可行的办法，俄亥俄州立大学的实验室就是一例，那里的生物反应器正隆隆作响地不停翻搅胃部内容物（在德文里，反复思索［ruminieren］和隆隆作响［rumoren］这两个动词的词根都是［rumen］，而 rumen 在拉丁文里是"喉咙"的意思，也可解释为瘤胃）。[1]

牛不只一天要被挤两次奶，还要插胃管进行脱氢，光是想象就让人不敢恭维。

白蚁则是另一种能提高纤维素和木聚糖这类固定植物分子原有价值的动物，目前在德国境内仅有少数几种已知的族群，然而在热带和亚热带则有大约2600种不同的刺白蚁属（*Holotermes*）、大白蚁属（*Macrotermes*）、古白蚁属（*Zootermopsis*）等白蚁，数量之庞大使得这些地区几乎见不到一片凋零的草叶或是干枯的木块，没有一块木头是完整而毫发无伤的：光是在南加州，白蚁每年所造成的损害估计就超过10亿美元。这些昆虫的肠子里也藏了成千上万的微生物，远比全世界的白蚁窝还要多，不过人类至今仍然尚未厘清

---

[1] 瘤胃即反刍动物的第一个胃，一般也是最大的一个胃。——译者注

这类节肢动物的生化反应究竟是如何运作的，倒是在它们身上发现100多种的微生物，其中有些和人类肠道益生菌拟杆菌属有亲属关系，但也有些和梅毒病原菌相当类似。正是这些微生物将氢和二氧化碳从伤害环境的甲烷转换为乙酸，不但可给白蚁提供养分，同时也是所有动物取得碳的首要来源。

## 犹如《布莱梅乐队》

2013年9月，学界发现了乙酸为细菌带来的好处。[①] 根据帕萨迪纳加州理工大学利德贝特（Jared Leadbetter）和同事的研究结果，我们可以进一步探讨白蚁是否能被视为 δ - 变形菌（Deltaproteobakterien）的宿主。这种当时还无人知晓的变形菌虽然生存在白蚁的肠道里，却不是随意驻留，而是附着在单细胞微生物的表层上，而这些微生物包办了白蚁体内绝大部分的制氢工程，换句话说，δ - 变形菌等于是直接坐在产氢源头的边上。此外，这项研究结果也显示，无论是人类还是昆虫，微生物在肠道内的一举一动看来并非一团混乱（见第三章），所有参与运转的角色，宿主和寄生者、房东和房客、原料生产者、运送者、物流公司和终端制造厂反而像是依循着一套繁复多重、井然有序且和谐一致的系统，它们共同构成了一张营养网络，或者说是营养的金字塔。参与其中的各式人马或按字母排序，或依彼此的体态一个接着一个层层迭起，和格林童话《布莱梅乐队》中的四个动物没什么两样。正是通过这种互助合作的模式，所有成员得以衣食无虞，不但有安身立命的处

---

[①] Rosenthal et al.: Localizing transcripts to single cells suggests an important role of uncultured deltaproteobacteria in the termitegut hydrogen economy. *PNAS* 2013, Bd. 110, S. 16163 doi: 10.1073/pnas.1307876110.

所，更能将不受欢迎的来客拒之门外。

有些实验室当然也尝试打造模拟白蚁肠道的生物反应器，企图生产可驱动汽车的乙醚。

我们的确可以将必需品外包给微生物制造，这一点已经有足够的事例佐证，另一种算是白蚁远亲的社会性昆虫更是早就证实了这一点。无论是切叶蚁、牛或是白蚁，都是以纤维素作为主要的营养来源，只不过消化过程中需要的微生物大多不住在它们肠道内。切叶蚁切碎的叶屑会由霉菌分解，这些霉菌被饲育在一个跟小型北海道南瓜差不多大的洞穴里，切叶蚁身上的细菌会供给其需要的氮，其他细菌则会负责将有害微生物阻挡在外，否则霉菌园就会像疏于除草的黄瓜田，淹没在重重交缠的繁缕[①]里。蚂蚁并不纯粹是单方面利用微生物，和细菌为获得食物、保障和繁衍的可能而支付报酬一样，霉菌也有其反馈，只不过多数还是以为饲主提供养分为主。

## 新种崛起

科学界几乎每个星期都有新的案例让人从更多不同方面认识动物和微生物之间的互利共生，以及经由这种合作模式所激发出的火花与能量。随着逐日累积的知识，各种假设和揣测也不免纷沓而至，养分的制造和细菌的防御是其中最受关注的两个主题，另一个同样备受瞩目的焦点是从未让人看清的演化机制：新种的形成和物种的分类。新的物种是如何形成？而旧物种的变异株——不论叫作种族还是种类，还是副属种——又是如何不被无所不在的性冲动牵着鼻

---

① 繁缕（Vogelmiere）：繁缕亦称为鹅儿肠，不过这个名称和消化器官应该没什么关系。若以本章和前一章所探讨内容的相互关系来看，鹅儿肠并非单纯的杂草，举例来说，它们能有效保护葡萄园的土壤不被冲刷或干枯，同时也是具有营养价值的菜叶和药草。

子走，才不至于让所有分出异种的可能性一再化为乌有？这些问题从达尔文时期至今仍是演化生物学家试图解开的谜。当然不时会有风暴将母燕雀带到偏远荒僻的孤岛上，母鸟在全然陌生的新环境里再也不会有机会和同族或近似的族群交配，因此有繁殖出新种的可能。不过有许多物种即使没有和所属族群在生活地域上长期隔离，还是可能分裂为两种无法相互交配的族群，形成新种。

与这种情况相反的是另一种少了相配的性器、交配时间或性诱剂的微生物，它们形成新种的过程显然快了许多。

演化即是适应环境，意思是：在细胞核进行交配繁衍的生物发生变异，而这些变异之中有少量有利于生物在特定环境中存活下来。体内发生变异的生物就能争取到更多繁衍后代的机会，随之改变的基因和特征则会大量扩散开来，这些过程会历经很长、非常长的一段时间。假设这个多细胞生物和细菌之间存在互利共生的关系，那么我们就必须将细菌一并纳入，视为这个生命的一部分，这便是由生物学家罗森贝格[①]所提出的全功能体假说（Holobionten-Hypothese）。

细菌、它的基因，以及这些基因的作用和影响力都能以惊人的速度变换，有时用不到一个钟头就能完成一次因突变而发生的世代交替。我们甚至不用苦等有利的变异发生，只要环顾四周，便不难发现到处是源源不绝的细菌等着我们直接取用，这种通过人工方式在短时间内发生变化的微生物，就能够让那些基因几乎无异的动物经由细菌基因的变异，成为两种无法和彼此交配的族群。

我们可以有这样华丽的论述。不过在自然界要上哪儿去找支持

---

[①] 罗森贝格（Eugene Rosenberg），美国环境微生物学专家，美国微生物学会重要成员。——译者注

这个假说的证据呢？

事实上，学名金小蜂（*Nasonia*）[1]的姬蜂为此提供了有力的证据。研究人员在无菌环境下培养同属金小蜂科的不同种幼虫，并让它们的肠道维持无菌状态，长大后不同种的蜂群不但能杂交，还能顺利繁衍出健康的后代。然而如果让幼虫原有的肠道菌群自然生长，成虫虽然还是能够杂交，却无法产下健康的幼蜂；用专业术语来说：细菌群落的差异成为维持生殖隔离的力量。

德国演化生物学家迈尔[2]之所以在科学史上留名，主要是因为他确立了生物种的概念。按照迈尔的想法，只要动物或植物能够自然地进行交配，并繁衍出同样具有繁衍能力的下一代，就可以被归为同种。这时，我们就不禁要质疑，为何微生物学家喜欢使用外行无法理解的OTUs[3]为细菌分类呢？虽然细菌有时也会彼此交换遗传物质，但事实上它们只需通过分裂来繁衍下一代。迈尔有一次接受本书作者之一的访谈时便直言不讳地指出，细菌根本毫无分类可谈；迈尔还采取一种诡异的说法驳斥金小蜂所提供的证据：虽然细菌显然会衍生出新的种类，不过并不能算是真正的菌种。

迈尔在生物学史上备受尊崇，我们将会在下一章介绍生物学某个分支的历史和迈尔的同事。

---

[1] Brucker und Bordenstein: The hologenomic basis of speciation: gut bacteria cause hybrid lethality in the genus Nasonia. *Science*, Bd. 341, S. 667, 2013.

[2] 迈尔（Ernst Mayr）著作等身，一生获奖无数，是20世纪极为重要的演化生物学家，1942年出版《动物学家的系统分类学与物种起源观点》（*Systematics and the Origin of Species from the Viewpoint of a Zoologist*）一书，整合达尔文的演化论与孟德尔的遗传学，确立演化论的现代综合理论。——译者注

[3] 关于"细菌变异株"的定义请参照56页注释③。

第五章 动物农庄

第六章

# 微生物学简史

起初，细菌在人们的眼中只是奇特的小动物，后来成了人人喊打的过街老鼠。今日，它们摇身一变，成为拯救世界的英雄。

显微镜问世以前，可想而知，人们并不知道细小、极小、显微小的生物世界是热闹又充满生命力的。

17世纪70年代，荷兰代尔夫特的列文虎克在闲暇之余通过自制的放大镜观察世界。这是一台前所未有的仪器。列文虎克是市政府的公职人员，据说也从事布料买卖，为了精确判断货物质量，这名科学自学者便设计出一种镜片结构。

列文虎克因此成为历史记载中材料科学的始祖，更被人视为"微生物学之父"，他不只用显微镜观察斜纹软尼布和帆布，池塘里的水和嘴里的牙垢也是他观察的对象。他所磨制的镜片中，最好的能将物体放大整整五百倍，加上他过人的好眼力，轻易就能观察到一整群单细胞生物或大型细菌，并且将它们描绘下来。[1]

1676年，他将自己汇总的观察结果寄给伦敦皇家学会，报告中还穿插着各式手绘图。此举使一波又一波想要先睹为快的人潮涌进代尔夫特，在目睹那一切之前，没有人愿意相信列文虎克所

---

[1] Meyer: Geheimnisse des Antoni van Leeuwenhoek. Pabst Science Publishers, Lenerich 1998.

声称的"人类肉眼无法企及之处存在一个充满生命力的小宇宙"竟然会是事实。只要透过这些代尔夫特的镜片瞧上几眼,再不信邪的怀疑论者也会马上心服口服,据说连俄国沙皇都曾亲自到访,和普通老百姓一样乖乖遵守了这位布商"仅限眼观,请勿碰触"的规矩。

一个崭新的世界就此崛起,而列文虎克嘴里活生生的蛀牙菌也就此成了微生物学界首度在人身上发现的微生物族群。在此同时,另一名显微镜先锋英格兰人胡克[①]则观察到植物是由细胞所构成的,成为第一个以"细胞生命"这个在当时仍显突兀的主题发表论文的学者。

早在数百甚至数千年前,人们就知道水里、皮肤上、咳嗽的飞沫中、动物或人类的排泄物里存在着某种肉眼看不见但极度活跃且充满力量的东西。

大约在公元前2800年,巴基斯坦的印度河一带就有厕所的存在了,北大西洋的奥克尼岛也发现年代相近的类似遗迹,想必当时是出于卫生需求才建造了这些厕所。麻风病患者被隔离并且切断与外界所有联系的记录不仅见于《圣经》,人们并不知道碰触粪便或某些患者之所以会危害健康,其实都是那些微乎其微的小生物搞的鬼,就连《圣经》都没有告诉我们这一点。

列文虎克的重要发现正是本书所要探讨和介绍的主题:寄居在我们体内和身上的微生物。然而,没有人想到那些在放大镜下被发现的"微小生物"竟是对人体健康有重要影响的同伴,更是引起疾病的始作俑者,毕竟它们实在是太小了。

---

[①] 胡克(Robert Hooke),英格兰物理学家、发明家,组装全世界第一架显微镜,观察并绘制众多的微小生物,1665年出版《微物图解》(*Micrographia*)一书,后来力挺较晚改进显微镜的列文虎克加入伦敦皇家学会。——译者注

有些疾病则是会传染的，至于为什么会是这样？详细原因我们仍不清楚。

## 以毒攻毒

随着时代演进，人们身体不适的症状——如今被称作感染性疾病——并没有减缓，越多的人挤在狭小空间时，发生的频率就越高。《圣经》教导我们将患者隔离或避免与之接触，这种残酷的方法却不见得有效。

自中古世纪以来，伊斯兰世界在许多领域都采用了更为领先创新的治疗方式，无论是学院派的医术还是民间疗法皆是如此。奥斯曼帝国早已普遍使用西方人的人痘接种术来对抗天花，"人痘"这个词在德文里大概等同于"脓疱"（Pickelung）的意思，也就是从病情尚未恶化的患者身上取出腐化的脓液，涂抹于另一个健康的人被划开的皮肤上。18世纪初，英格兰驻奥斯曼帝国大使的夫人蒙塔古夫人[①]，在伊斯兰堡亲眼见证了这项疗法，确信其中疗效的她让自己的孩子也去接种，回到伦敦后更致力于推广这套预防接种的方法。

事实上，这套预防感染的措施真正的发源地还要再往东移，创始的年代也更为久远，大约于公元前1500年就有人在印度施行这项技术了。根据一位名为霍尔威尔[②]的医生在18世纪下半叶所留下的记录，天花和其他疾病皆起因于微生物的说法也是源于印度。1776

---

[①] 蒙塔古夫人（Lady Mary Wortley Montagu），英格兰诗人，其书信记录了旅居奥斯曼帝国的见闻，挑战了当时普遍轻视女性的态度，她最著名的事迹为引进预防接种至英格兰。——译者注
[②] 霍尔威尔（John Zephania Holwell），英格兰外科医生、东印度公司成员，第一个研究印度学的欧洲人。——译者注

年，在列文虎克致函伦敦的一百年后，霍尔威尔也写了一封信到伦敦皇家内科医学院，信里头提到"大量在空气中飘浮却无法捉摸的微生物"是引发流行性疾病，"尤其是天花"的主因。

与此同时，人们也发现中国清朝的文献对于这项技术有更加详尽的说明。目前可以确知最早的记录是一份1549年的文献，比起上述几份都还要来得久远。根据这份文献，这项技术很可能早在10世纪就普遍存在于中国了；此外，伏尔泰也曾在1733年记述，北高加索的居民开始使用"接种"这项技术的"年代已不可考"。

无论在印度、中国或是土耳其，这项技术在执行上都遵循一个共同的重要原则：仅从病情尚未恶化的患者身上取得脓液植入健康者皮肤底下。这个关键因素将决定这项技术会为接种者带来致命疾病或是让他终身免于感染天花，然而当时的人们并不知道若是稍有不慎，可能造成如此天差地别的两种结果。他们只是从两名病毒携带者中选择危险性较低的取得脓液，注射少量这种脓液到健康者局部的皮肤组织里。在大多数案例中，几乎没有发生特别严重的副作用，免疫系统也顺利建立终身受用的防御机制。

自幼便拥有过人美貌的蒙塔古夫人在26岁那年染上天花病毒，虽然活了下来，却也留下不少疤痕，不过这一切仍得归功于被引入中欧的人痘接种术。这项技术拯救了无数人的性命，也为不少妇女保住了姣好面容，但这并不表示这种疗法毫无风险。接种者约有3%的死亡率，许多人则会持续发病好几周，这些威胁直到詹纳[①]发明疫苗后才有了被消除的可能。

---

[①] 詹纳（Edward Jenner），英格兰医生，第一个以科学方法证实接种疫苗可以有效预防感染天花的人，被尊为"免疫学之父"，疫苗（vaccine）一字即为其所创，前缀取自拉丁文的"牛"（vacca）。——译者注

## 全是挤奶女工的功劳

先前我们把人痘接种技术理解为德文的"脓疱",那么疫苗接种在德文里大概可以译作"牛痘"(Rinderung)。事实上,詹纳也只是改变了取得疫苗的途径:他没有使用人类的天花制作疫苗,而是采用了一般来说不会传染给人类的牛痘。我们现在知道牛痘病毒和天花病毒非常相似,足以让人类的免疫系统做好预防病毒感染的准备。詹纳对于病毒和抗体其实一无所知,他只知道挤奶女工的手上经常出现小型肿块,而这些肿块使得她们免疫于天花。①

因此,比微小的细菌还要小得多的病毒便成为现代医学首度成功制服的微生物,不过人们却是在浑然不觉的情况下赢得了这场战争。

人类自数百甚至数千年以前便懂得利用微生物,像是以细菌制作酸奶和腌渍品、混入茶叶制成康普茶②,或是利用酵母菌制作啤酒和其他酒品,但人们并不知道这一切都是无数微小生物辛勤劳动的结果。

每每提及细菌或是病毒,人们总是直觉认定不会有什么好消息,让人容易产生负面联想的主因很可能是微生物学史直至近年才逐渐转向积极寻找、挖掘微生物的正面特质。这股趋势从天花开始,接着是结核和霍乱,后来则有莱姆病和各种以 HxNy 编号为名的流感病毒,直至今日仍尚未停下脚步。人们习惯把细菌与病毒和疾病画上等号,这么想并没有错,但对这些微生物认识得越多,你就越会发现这其实是一体两面的问题,毕竟在医学微生物学领域,我们

---

① 挤奶女工手上或臂膀上的小型肿块便是牛痘病毒所造成的溃疡。
② 康普茶(Kombucha),是一种采用特殊酵母、糖与茶叶共同酿造而成的气泡式发酵茶,对健康很有帮助。——译者注

细菌:我们的生命共同体

对微生物破坏力的关注的确远远超过它们所带来的效益。

## 酿成大病的小家伙

有一部分的西方科学家后来接受了源自于印度的观点，认为"大量看不见又摸不着的小动物"可能带来疾病。不过促使意大利科学家巴锡同意这种看法的并不是某种人类的疾病，而是小虫子的，还是那些足以影响当时经济情势的小虫子：染上某种稀有疾病的蚕。一旦这些小虫的身体裹上了一层白色粉末，它们就会死去，这种情况从19世纪初开始遍及法国和意大利的养蚕场，造成了重大损失。

巴锡[①]花了整整25年才发现引发这场灾难的幕后黑手其实是一种生物，而且这种疾病是会传染的。[②]他因此建议养蚕场加强卫生管理，并且随时留意蚕的状况，以便实时隔离染病的虫，减少它们与健康的蚕接触的机会。这些改善措施后来奏效，巴锡也因此声名大噪。

然而巴锡并不知道真正的病源其实是一种霉菌，而包覆蚕身上的白色粉末实际上是成千上万个孢子，但他确定这种疾病并非自然界偶发的意外，而是一种普遍的现象，所有植物、动物和人类都无法幸免。同时，他也大胆揣测，许多疾病都是微小生物经由各种传染途径所引起的。

---

① 巴锡（Agostino Bassi），意大利昆虫学家，第一位提出微生物是致病原因的科学家。——译者注
② Bassi: Del Mal del Segno, Calcinaccio o Moscardino, 1835, online（ital.）unter http://biochimica.bio.uniroma1.it/bassiff.htm.

第六章 微生物学简史

或许有人会想，总该轮到科赫[①]和巴斯德[②]登场了吧！现在还不是时候，请诸位再耐心等等，因为我们要先介绍对这两位大名鼎鼎的人物产生深远影响的思想家和师长。科赫的老师是亨勒[③]，亨勒一方面在柏林跟随知名学者、动物学创始人米勒[④]学习医学，做出了许多解剖学的重大发现；另一方面，他也支持巴锡的论点，并在1840年撰写的《关于瘴气和传染》一文中以此为基础为传染病建立了史上第一套具有完整科学论据的"细菌理论"。

## 名叫科赫的乡下医生

大约在同一时期，维也纳医生塞麦尔维斯[⑤]得出一个相当有用的结论，他呼吁医生从解剖室移动到产房前应该先洗净双手并且更衣，否则可能将产褥热传染给别人。这项举动发挥了效用，产房里的死亡率减少了约三分之二，不过当时人们认为这种形同如厕守则的规定有亵渎神圣医职之嫌，使得这位空有创新想法的医生陷入处处碰壁、一职难求的窘境。

让我们将故事场景从维也纳西城搬到位于现今波兰波森省一个名为沃斯坦恩的偏僻乡村小镇。19世纪70年代有个名为科赫的医生在此行医，这名年轻的医生曾在哥廷根拜亨勒为师，并且承袭了亨

---

[①] 科赫（Robert Koch），德国医生、微生物学家，1905年获得诺贝尔生理学或医学奖，被尊为"现代细菌学之父"。——译者注
[②] 巴斯德（Louis Pasteur），法国微生物学家、化学家，微生物学的奠基人，被尊为"微生物学之父"。——译者注
[③] 亨勒（Jakob Henle），德国解剖学家、病理学家、医生。——译者注
[④] 米勒（Johannes Müller），德国生理学家、海洋生物学家和解剖学家，被尊为"实验生理学之父"。——译者注
[⑤] 塞麦尔维斯（Ignaz Semmelweis），匈牙利裔医生，在维也纳担任产科医生时，提出医生接生前应先洗手的理论，被视为推行消毒方法的先驱，但此方法不为当世所接受，塞麦尔维斯终生抑郁不得志，最后逝世于精神病院。——译者注

勒的观点，认为微生物是传染疾病的罪魁祸首。这种看法在当时已在很大程度上被人们接纳，不过科赫利用工作之余的闲暇时间在自己的诊所里为此找到了证据。他以一丝不苟的精神研究炭疽病，将长条状的细菌从受到感染的动物血液里分离出来并且加以描述，然后利用营养液培养这些细菌，再将它们重新植入实验动物的体内使其发病。

科赫在1876年发表的论文《炭疽病病因学——以炭疽杆菌发展史为本》被视为微生物学史上关键性的转折点。这不仅是第一篇以严谨的科学研究证明微生物确实给动物和人类带来疾病的专业报告，同时也全面革新了这个领域的研究方法，比如给细菌染色和剖析细菌的特殊技巧、微生物的显微摄影、细菌的隔离，以及使用不同的营养液加以培养。与此同时，植物学家科恩①也开始着手将细菌的种类和族群按照系统分类，并在1875年首创芽孢杆菌属（*Bacillus*）这个属名，因此被后人视为"细菌学之父"。

## 芬妮的配方与彼得里的热卖品

在那之后，微生物学界展现了与过往截然不同的全新气象：科赫和巴斯德分别在柏林与巴黎设立了自己的机构，科赫发现了结核杆菌和霍乱的病原菌，巴斯德则利用病原菌活体发展出抑制炭疽病和狂犬病的疫苗；几年后，美国人沙门和史密斯发现不活化疫苗同样能用于免疫接种。萨克森医生黑塞②的太太芬妮③发现胶凝剂琼

---

① 科恩（Ferdinand Cohn），德国植物学家、博物学家，致力于细菌研究与分类，奠定了现代细菌的命名方式与细菌学的基础。——译者注
② 黑塞（Walther Hesse），德国医生、微生物学家。——译者注
③ 芬妮·黑塞（Fanny Hesse），德国医生黑塞之妻，因发现可用琼脂培养细菌而闻名。——译者注

脂菜相当适合用来培养细菌，科赫的助手彼得里①则发明了每个实验室至今都不可或缺的培养皿，这些以彼得里的名字命名的实验器材一开始是用玻璃制作的，现在则改用其他人造材料制成。1882—1884年，乌克兰人梅契尼可夫②先后在海星和脊椎动物体内发现吞噬细菌和非己物质的细胞，同时期的埃尔利希③则描述了抗体在免疫系统中所发挥的功能，他们两人不但都发现了免疫系统中重要的组成分子，同时也是有史以来首度直接观察到微生物和动物身体或人体实际互动往来的幸运儿。

尽管英国医生罗伯茨④早在1874年便指出某些培养的霉菌具有杀菌的功能，人们却一直到将近70年后才利用培养出来的青霉素（Penicillin，或可音译为盘尼西林）和链霉素（Streptomycin）制造出首批抗生素。不久，人们将那些无法用微过滤器从液体中筛出的病原菌定义为"病毒"，然而病毒真正的模样却直到1925年才经由紫外线显微镜的镜头向世人披露。

直到科赫为止，微生物学史主要着重于探讨微生物在人类世界中所扮演的角色：在列文虎克的时代，这些肉眼看不见的小生物虽然迷人，却因为太过微小而在人们的日常生活中显得微不足道，到了19世纪末，风光不再的它们成了人类誓言抵抗的敌军、加害者、疾病的祸根以及掠夺者。这场人菌大战同时吸引了不少研究者注意，其中柏林的埃尔利希在1912年发现撒尔佛散（Salvarsan，砷凡纳明）

---

① 彼得里（Richard Petri），德国微生物学家，因1887年设计出培养细菌所用的培养皿而闻名，此器具也以其名命名为"彼得里皿"（Petri dish）。——译者注
② 梅契尼可夫（Ilja Metschnikow），俄国微生物学家与免疫学家，因发现乳酸菌对人体的益处，而被尊为"乳酸菌之父"，1908年获诺贝尔生理学或医学奖。——译者注
③ 埃尔利希（Paul Ehrlich），德国细菌学家、免疫学家，1908年与梅契尼可夫共获诺贝尔生理学或医学奖。——译者注
④ 罗伯茨（William Roberts），英国医生，1874年发现细菌之间存在着拮抗作用，但未受时人重视。——译者注

能有效医治梅毒这种传染病。至此，除了少数被用来制作啤酒、葡萄酒和酸菜的菌体，其他微生物一概被视为洪水猛兽。事实上，人们的认知到今天还是没有太大改变：细菌就是不健康的，就算无菌不见得一定是好事，但至少是安全的；也因此，"抗菌"仍旧是当今肥皂和各式清洁剂的最大卖点。

## 好细菌？

不久，科学家们便察觉到细菌和其他微生物也可能是有用的。维诺格拉斯基[①]在1890年发现自然界中的氮循环，连带揭露了土壤细菌对天然氮肥的重要性，他更从研究中找到能够从铁盐、硫化氢或氨获取能量的细菌。此外，梅契尼可夫也在1907年大胆推测，随着食物进入人体肠道的细菌应该是健康而且是有益于延长生命的（详细内容请见本书第十八章），一年后，他便因免疫研究上的重大发现而获得诺贝尔奖。

很快地，研究者就发现微生物最大的好处其实在于相当适合作为研究对象和工具：微生物不但细小、廉价、容易取得，而且是操控方便、繁衍快速的实验品，所有和生物学有关的问题都能通过微生物进行更加深入的研究，像是性、代谢作用、生态学、变态和多样性，以及基因学等。

1900年前后，贝杰林克[②]就已经推断，比起植物或动物，细菌和霉菌更适合拿来研究遗传法则。他在列文虎克的故乡代尔夫特创立了微生物学的荷兰学派，并且以生物化学法研究微生物的生

---

[①] 维诺格拉斯基（Sergei Winogradsky），俄国微生物学家、生态学家和土壤学家。——译者注
[②] 贝杰林克（Martinus Beijerinck），荷兰微生物学家、植物学家。——译者注

命历程、酶的作用和遗传法则。1936年，加州的科学家以红霉菌（*Neurospora*）进行杂交试验，绘制出人类历史上的第一份染色体图谱。几年后，感染细菌的病毒，也就是所谓的噬菌体，成就了分子遗传学，而划时代的高点当然是沃森、克里克[1]和罗莎琳德·富兰克林[2]在1953年解开了DNA结构之谜。在这之后，为了进一步了解基因的组成以及如何调节基因，细菌及其遗传物质成为莫诺、雅各布[3]和其他许多基因学家持续研究的对象。

随着时序演进，微生物逐渐退出了研究主流。天花在1979年被正式宣告彻底绝迹，而早在成功消灭天花的十年前，时任美国公共卫生局局长、同时也是美国当时地位最崇高的医生斯图尔德[4]便公开宣告，人们再也不用为传染病感到苦恼了（It's time to close the book on infectious disease...）。从贝杰林克的年代开始，在将近100年的时间里，人们将微生物视为万恶病源，同时也是最佳的实验对象，然而到了现在，单是如此已经无法满足时代的需求了。真核生物，也就是细胞具有细胞核的生物，取代了微生物跃上新时代的研究舞台，单细胞已然成为过去式，此刻当道的是多细胞，尤其是人类细胞。就连因研究微生物而声名大噪的著名学者，像是DNA专家沃森，都转而投入多细胞的相关研究，以期成功对抗诸如癌症等疾病。几乎每个20世纪90年代的德国微生物学和基因学教授都一再强调，

---

[1] 美国分子生物学家沃森（James Watson）和英国生物学家克里克（Francis Crick）在1953年共同发现脱氧核糖核酸（DNA）的双螺旋结构，二人也因此于1962年获得诺贝尔生理学或医学奖。——译者注
[2] 罗莎琳德·富兰克林（Rosalind Franklin），英国物理化学家、晶体学家，其拍摄的DNA晶体衍射图片及相关数据，是解出DNA结构的关键线索。——译者注
[3] 莫诺（Jacques Monod，1910—1976）和雅各布（François Jacob）两位法国生物学家共同发现了蛋白质对转录作用的影响，两人于1965年获得诺贝尔生理学或医学奖。——译者注
[4] 斯图尔德（William H. Steward），美国小儿科医师、流行病学家，1965年至1969年任美国公共卫生局局长。——译者注

细菌研究已逐渐式微,致力于培养"更高阶"的细菌才是现时趋势。人类基因组的完整序列则在千年之交被成功破解,主要功臣当属文特尔。[1]

## 第二基因组

然而,已解码的基因至今进展有限,只有寥寥可数的几种具体治疗方法。

尽管多少受到真核生物和多细胞研究热潮的影响,仍有一些微生物学家持续研究细菌,并发展出新的研究方法,也因此带来新的契机。美国微生物学家乌斯在1980年前后和同事一起为原核生物的研究开创了革命性的全新局面,他们发现细胞的某种运作功能含有可用来解释微生物亲缘关系的遗传物质,也就是被称作16S核糖体RNA(16S-rRNA)的遗传物质。这种物质不但在蛋白质合成的过程中扮演着催化剂的角色,比起通过显微镜观察,也为科学家提供了更精确的分类标准。另外,穆利斯[2]在20世纪80年代发明了聚合酶链反应(Polymerase-Kettenreaktion)的技术,使得遗传物质可以被大量复制,不但减少许多研究工作上的不便,而且让专家学者终于突破先前的困境,首次取得大量样本进一步研究那些无法在培养皿中培育的细菌,也就是细菌的遗传物质;换句话说,此前的微生物学家所能研究的对象仅限于能够在培养皿中生长繁殖的细菌,那些需要其他环境条件才有办法分裂或繁衍的细菌则几乎没有人知道它们的存在。然而绝大多数的口腔、胃部和肠道细菌均属于后者,后

---

[1] 文特尔(Craig Venter),美国生物学家。——译者注
[2] 穆利斯(Kary Mullis),美国生化学家,1993年诺贝尔化学奖得主。——译者注

第六章 微生物学简史

来也证实，这当中有许多细菌必须依靠其他细菌维生，无法独立生存。

类似这样的"培养与分离技术"后来还有原位杂交法（In-situ-Hybridisierung）、末端限制性片段长度多态性分析法（T-RFLP）或焦磷酸测序法（Pyrosequencing）等不同研究方法，为微生物学和真核细胞研究开辟了全新的道路。

经过多年苦心研究，乌斯借助这些新式研究方法得出以下结论：基本上，直到当时仍被视为细菌的领域其实是由细菌和古菌[①]两大族群所组成的，因为它们两者间16S核糖体RNA的差异甚至比细菌和真核生物之间还要大。这名一丝不苟的研究者在2012年以84岁高龄辞世，他彻底革新了生物分类系统，却无缘获得诺贝尔奖，但穆利斯办到了，这实在是科学史上的一大讽刺。穆利斯之所以能发现让遗传物质扩增的方法很可能是毒品带给他的灵感，而且将这套理论实际运用到研究领域的其实另有他人。

不过就实际应用的效果而言，这些崭新的研究方法却只带来了不尽如人意的结果，像是那些转为医疗之用的人类基因组研究结果，这使得人们又将研究重心移回细菌身上。1995年，文特尔以流感嗜血杆菌（*Haemophilus influenzae*）的基因序列展开他身为基因学家的研究生涯，这同时也是史上第一组完整的基因组序列。文特尔后来将全部心力都投注于钻研细菌、细菌基因以及这些基因的功能上，因为他认为人之所以为人的关键因素并不在于人类基因，而是深藏在细菌无穷尽的基因组里，这些细菌可能散布在土壤、水或是空气中，从对抗疾病到面对粮食和能源甚至是垃圾问题，都和细

---

[①] Woese et al.: Towards a natural system of organisms: Proposal for the do-mains Archaea, Bacteria, and Eucarya. *PNAS*, Bd. 87, S. 4576, 1990.

菌脱不了关系。

事实上，当代对微生物的研究只能算是一个开端，因为直至近期我们才逐渐意识到它们是统领万物的生物，也因此，在土壤、空气和水以外，微生物另一个生存空间也日益受到学界瞩目：人类自己——皮肤、身体的孔洞，尤其是消化道，也就是人类的第二基因组。

列文虎克第一次通过他的超级镜片看见"微生物"——当然也包含了细菌——将近三百五十年后，我们才终于了解这些"微生物"真正的意义就在于，它们和人类以及周遭环境错综复杂的关系。

微生物可以促进人体健康，也能带来疾病，这种利害兼具的二元论不但是微生物本身就与生俱来的，也是人类对它们的认知，因此也是相关研究的核心主轴。这就如同分处天秤两端的善与恶，有时单个细菌本身就兼具这两种特质。关于这一点，我们在下一章将有更详尽的介绍。

## 第七章
# 寻找失落的细菌

> 成功对抗病菌固然值得欣喜，但至今为止，我们可能也忽略了病菌所做的贡献。终有一日，我们会为将细菌赶尽杀绝而懊悔不已。

有时，人们踏上漫长的旅程，只是为了再见老友一面。纽约大学的多明格斯－贝洛（Maria Gloria Dominguez-Bello）教授就这么做了，她在数年前回到了自己的出生地委内瑞拉，却没有直接拜访仍然居住在当地的亲朋好友，而是先到了位于西南方奥里诺科河岸边的一片森林。她希望能再次见到人类最古老的盟友。

在这个远离都市尘嚣，没有超级市场、医院、自来水和电力等现代化事物的原始角落，这位生物学家试图寻找几乎未受污染的肠道菌群。原本生活在这个区域的瓜西波族人（Guahibo）以狩猎和采集为生，直到20世纪70年代才迁至政府为他们建造的房屋，他们至今仍以米、木薯根和鱼类为主要食物，偶尔也会猎食野生动物。尽管他们依旧过着近乎与世隔绝的生活，摄入糖、培根、酸奶或类似的食物也逐渐成为他们饮食习惯的一部分，这些工业化所带来的影响是多明格斯－贝洛所不希望看见的，不过早在她首度拜访瓜西波族人之前，他们的生活就已经发生变化了；当然，跟住在加拉加斯或纽约的人们相比，他们的生活明显尚未受到工业产品的主宰。在收集部落居民的细菌之前，这位对全球微生物群系了如指掌的生物学家必须向捐赠者说明她正在寻找的东西到底是什么，毕竟一位来自都会区的女性突然到访，而且想带走当地人排泄物的样本，显然不符合常理。此外，研究团队之所以不想再往森林更深处前进，则是出于另一个颇为实际的原因：要让那些过着更原始生活的族群同意捐赠自己的粪便作为研究之用，显然困难颇多。

或许可以这么想：多明格斯-贝洛和她的研究团队想找到尚未受到西方生活方式沾染的人类原始微生物，他们想知道自从现代生活提供了无菌饮食、抗生素和剖宫产的可能性之后，我们失去了什么。因此，这支研究团队不但采集了亚马孙盆地的样本，甚至远赴东南非马拉维的村落。"这些样本好比黄金。"这位生物学家如此说道，即便她知道这些样本不足以解答她所有的疑惑。

大概从工业革命开始，我们和细菌之间的关系就受到严重破坏，尤其在匈牙利医生塞麦尔维斯证实保持卫生能有效避免致命的传染性疾病之后，城市变得更干净，人们不再像一千多年前那样和牲畜住在一起，水中加入氯以达到灭菌效果，粮食不断增加，清洁剂和杀菌剂也相继问世。

20世纪中期开始，抗生素加剧了人类和微生物之间的紧绷关系，迫使细菌最终弃人类而远去，由此带来的各种问题陆续衍生而出：如果细菌已经和我们共存了这么长的时间，它们消失之后，我们会发生什么变化呢？一开始寄生在我们身上的细菌又是什么样子呢？它们做了些什么？或者我们应该将那些仅存的细菌收集起来，将它们圈养在专属微生物的动物园里，一旦证实它们是有用的，我们就能重新将它们或其中一部分放回人体里？

## 文明的细菌荒

为了重新找回远古的盟友,像多明格斯－贝洛这样的科学家们都无可避免地要绕行过大半个地球,比如到亚马孙雨林、非洲大草原,还有孟加拉国的贫民窟,不过无论到了哪里,他们发现的微生物多样性都远比美国人的粪便样本要来得丰富。另外,根据现有的分析结果,工业化国家居民身上的细菌也会随着所在地人口数的多寡而有不同的能力表现,某些细菌专门处理肉类和糖,几乎可以看作快餐的爱好者,而位于马拉维、孟加拉国和委内瑞拉的细菌则擅长将田野果实中复杂的碳水化合物分解为促进人体代谢的小分子,研究团队甚至还在这些区域发现了前所未见的细菌,想必它们已经彻底从工业化国家的居民身上消失得一干二净了。在欧美生活方式的影响下,菌种的数目已减少了将近四分之一,有时甚至高达一半。包含多明格斯－贝洛在内,有越来越多科学家认为肠道的多样性能保护宿主免于患上过敏、哮喘和糖尿病这类典型的文明疾病。如果将人类视为独立的生态系统,上述主张听起来就相当可信,这么一来,日益缩减的菌种多样性便成为一种警示信号。一般来说,土壤里藏纳的微生物种类越丰富,其中的生态系统会越稳定;相反地,要是土壤里的多样性程度偏低,病害的侵袭会明显地更为严重和剧烈,比如某座森林里的树木病害,甚至会让整个生态系统有倾覆的可能。

在所有绝迹的菌种里,有一种特别引人注目,这种菌的细胞体呈螺旋状,因此被称为螺杆菌,加上这种菌最先是在幽门,也就是胃部与肠道相接处被发现,所以学名上又多了"幽门"这个种加名。通常每两个人就会有一个人的胃里藏有幽门螺杆菌,不过这个比例在富裕国家会降到大约每四个人中才有一人带有这种菌,有些研究更发现,这类菌种出现在儿童身上的比例甚至会降到每六名儿童只有一人带菌。你一定会说，那真是太好了！因为幽门螺杆菌是导致严重胃疾的主要病因，大约有四分之三的胃溃疡都得算在它的账上，而几乎所有的溃疡都发生在连接胃部的十二指肠。另外，约有60%的胃癌也该归咎于它，世界卫生组织自1994年起将幽门螺杆菌列为一级致癌物，同样被归在这个级别的还有石棉、甲醛以及放射性元素锶，像这样卑劣的反派角色实在不值得为它落泪。

遗憾的是，事情可没那么简单。

1875年前后，两名分别来自法国①和德国的解剖学家在胃液里发现了幽门螺杆菌，并且将它和"穿孔性胃溃疡的产生"②联系在一起。然而，由于这种菌无法在实验室里加以培养，没过多久，人们就忘了它的存在。接下来的上百年间，过多的胃酸和压力等生理因素被人们视为引发胃溃疡的主要原因，直到马歇尔和沃伦③这两位澳大利亚学者重新将幽门螺杆菌定义为真正的病因。

不过他们提出的假说并未受到学界的支持，因为当时的主流观点仍认为不可能有细菌能在酸度甚高的胃酸里存活下来。直到1985年，马歇尔把自己当作实验对象，吞下满满一试管的幽门螺杆菌后，才让人再也无法驳斥这项假说的正确性。

一般来说，溃疡的潜伏期很长，从一开始经由不干净的食物或饮水受到感染到真正发病的这段时间可以长达三十年，甚至五十年之久，马歇尔的胃部却在一周之内就发炎了，并开始凭借抗生素控

---

① Letulle: Origine infectieuse de certains ulcères simples de l'estomac ou du duodénum. *Societe Medicale des Hopitaux de Paris*, Bd. 5, S. 360, 1888.
② Böttcher: Zur Genese des perforierten Magengeschwürs. *Dorpater Berichte*, Bd. 5, S. 148, 1874.
③ 澳大利亚微生物学者马歇尔（Barry Marshall）和病理学家沃伦（John Robin Warren）证明了幽门螺杆菌是胃溃疡的主要病因，沃伦还发明了一套简易的测试法来检测溃疡病人是否带有此菌。——译者注

制病情。或许是因为他吞下了过多的细菌才会如此快速地发病，不过真正的原因我们至今仍无法得知。2005年，马歇尔和沃伦获得诺贝尔生理学或医学奖。

自此，幽门螺杆菌的形象便彻底跌落谷底，只有少数科学家认为它其实是一种亟须挽救的威胁性细菌。

身兼医生与微生物学家的布莱泽（Martin Blaser）便是其中之一，他同时也是多明格斯－贝洛的同事和丈夫。布莱泽认为，总有一天我们会为了将幽门螺杆菌赶尽杀绝而感到后悔，因为他确信它们能调节人体重要的代谢和免疫功能，少了它们居中协调，这套历经好几百万年才成形的系统将会严重失调。

布莱泽跟妻子多明格斯－贝洛同样任职于纽约大学，从20世纪80年代中期开始便投入螺旋状微生物的相关研究，直至今日仍乐此不疲。他狭窄的研究室里有座书架，上面立着一块田纳西州的车牌，车牌号以螺杆菌的首个字母开头，架上另外还摆了一本介绍文艺复兴时期绘画的画册和一只标示了针灸穴位的人偶，墙上则挂了一幅病原体的基因图谱。他在1996年为科普杂志《科学美国人》（Scientific American）所撰写的一篇文章里指出，许多细菌感染都有潜伏期，幽门螺杆菌很可能只是其中之一，而且是我们有能力抵抗的。

## 有误的专业

上篇文章在《科学美国人》发表没多久后，布莱泽才发现根本不该将幽门螺杆菌恶魔化[①]，连他自己也无法解释当初怎么会有这么

---

① Blaser: Der Erreger des Magengeschwürs. *Spektrum der Wissenschaft*, 4/1996, S. 68.

石破天惊的想法。"当时我不停往来各大研讨会,因而听闻肠胃病学家之间流传的一种说法:只有死去的幽门螺杆菌才是好的幽门螺杆菌,因为它想杀死每个人,"他回忆道,"但我的直觉告诉我事实并非如此。"

一篇发表于1998年的论文也提出了与布莱泽相似的质疑[1],这篇由传染病学家发表的报告指出,患有胃溃疡或胃癌的人甚少出现胃灼热的症状,也就是医学上所称的胃食管反流,症状严重的话,甚至可能演变为食管癌;反过来,同一篇文章也指出,长期有胃灼热困扰的患者几乎不会发生胃溃疡。大约从半世纪前开始,也就是抗生素被广泛使用的初期,其实不难发现富裕国家的民众出现胃食管反流的比例要比胃溃疡来得多。幽门螺杆菌感染及因此引起的疾病主要发于贫穷国家,富裕国家则有越来越多的民众面临胃酸困扰,对布莱泽而言,情况看来就像是被错认的细菌也有好的一面。他发现那些较少接触抗生素的细菌,也就是那些他网开一面的细菌,似乎能避开胃灼热或食管癌的威胁。我们可以以幽门螺杆菌为例来观察人类和微生物之间的契约在不同前提之下是如何运作的,同时也能探讨为何"友谊"对这段关系来说是一个过于友善的字眼儿。

这种感染人体胃部的细菌就像个不过问和干涉他人事务的独行侠,它并非因为仁慈才在我们打嗝时降低胃酸,让我们不致因为恶心而呕吐;事实上,这一切都只是为了它自己。

附着在胃黏膜上的幽门螺杆菌为了避免受到胃液腐蚀,会制造炎症介质和细胞毒素保护自己,其中最重要的毒素却有个听来

---

[1] Richter et al.: Helicobacter pylori and Gastroesophageal Reflux Disease: The Bug May Not Be All Bad. *American Journal of Gastroenterology*, Bd. 93, S. 1800, 1998.

一点都不诗意的名称"细胞毒素相关抗原 A"（cytotoxin-associated antigen A，CagA）。这种毒素会伤害胃黏膜，使得胃黏膜无法正常分泌胃酸，同时还会引发一系列胃黏膜细胞的特殊变化，终而导致溃疡或恶性肿瘤形成。幽门螺杆菌之所以这么做，当然不是出于蓄意伤害，也不是因为对人类感到厌恶，而是为了在人类胃部这个特殊环境存活下来，这是最好也最有保障的技巧。

## 进阶的细菌疗法

布莱泽相信这些发现其实有另一层意义，他确信身为盟友的幽门螺杆菌之所以在年轻时期协助它的同伙，却在对方在年老之际将他逼到墙角，是因为这一切在演化上有其不可忽视的意义。"人类和所有生物都必须面对同一个根本问题：我们应该在何时死去？所有和人类一样会进行繁衍的物种必须确保，只有老者逝去，年轻一代才有生存的空间。在好几年前我就假设，人体菌群是我们体内生理时钟的一部分；如果我是上帝，而且想帮助某个像人类这样的物种，我会创造细菌，在人类年轻时从旁协助他繁衍后代，然后再杀死他。"

不过细菌是如何办到的？食管癌或胃癌通常是人到了一定年纪才会出现的症状，而细菌似乎会保护我们避免感染其中的一种，却又助长了另外一种。从演化方面来说，为了成功繁衍下一代，上述两种症状几乎不会发生在正值壮年期的年轻人身上。那么，年轻人身上的细菌同伙藏在哪里呢？布莱泽认为，幽门螺杆菌身负另一项调节的任务，他观察到人类幼童时期幽门螺杆菌的存在与否和哮喘的发作其实互有关联。对免疫系统来说，细菌就像个重要的训练伙伴，几乎所有的微生物都有类似的作用（见第十二章），在它们的大力相助下，青壮年期的人类不但健康、强壮，并且有能力抵御外来的侵害。

根据布莱泽的说法，要是没有微生物，人类的免疫系统就会起而反抗，更可能进一步引起哮喘、花粉症以及自身免疫病发作，这些病症甚至会影响尚处于青壮年时期的人类，而这期间——要是没有成功对症下药——就可能成为人类演化过程中最漫长的一段。

尽管承认细菌对人体有相当程度的帮助，布莱泽并没有忘记它们同时也是引发疾病的始作俑者，应该受到严厉管控。最合理的一种说法应该是：人们必须尝试利用细菌所带来的益处，同时避开它们可能带来的邪恶诅咒。为此，布莱泽进行了下列思想实验：我们必须有目的性地部署未成年人胃里的幽门螺杆菌，好将细菌所提供的益处利用得淋漓尽致，等到细菌完成工作，再以专门针对这类细菌、同时不伤害其他菌种的抗生素予以驱逐隔离。

幽门螺杆菌少说有上百甚至上千种不同的族群，每种族群与宿主之间的互动会有些许差异，导致癌症发生的程度也各有不同；另外，基因序列以及宿主体质属于亚洲、欧洲或非洲等变因也可能影响它们攻击人类细胞新陈代谢的强度——无论是通过已知[①]还是未知的模式。

假设幽门螺杆菌真的具有关键性的影响力，而不单只是一个靠着抗生素或其他现代生活方式就能加以消灭的菌种，那么未来利用它来治疗疾病的流程可能会是：医生先针对患者基因进行分析，之后再根据分析结果植入合适的幽门螺杆菌，如此一来，微生物的效益或许能发挥到最大，同时也能降低可能的风险。

---

① 比方说，幽门顺畅无阻的人会更容易增加体重，可能是因为幽门螺杆菌控制了胃口，而它显然是通过影响抑制食欲的激素——瘦素（Leptin），来达成这个目的，不管它到底从中拿了什么。

每当布莱泽这样的人对自然和人类的了解更深入一点，人类控制这套共生系统的可能性也会随之增加。我们必须认识到细菌先于我们存在，它们长久以来按照自己的需求成功地控制着我们，幽门螺杆菌只是众多案例之一。不过我们仍然无法确定这类细菌是否真的在我们的身上和体内扮演了如此关键的角色，或许像布莱泽这样的科学家误把属于其他未知细菌的特质加到了幽门螺杆菌身上，而这些细菌很可能因养分不足或遭受抗生素攻击，跟幽门螺杆菌一起被驱逐出人体的生态系统，就连布莱泽自己都认为不无这种可能。幽门螺杆菌是很容易观察到的菌种，因此我们能很快察觉它的消失，因为我们认识它，但是我们对于人体其他部位的掌握并不如胃部深入，只知道阴道、口腔、肠道和皮肤上都有大量微生物存在，如果这些地方突然少了一种或是整批具有重要功能的细菌，会发生什么事呢？或许我们完全不会察觉有异，却可能因此生病。

由此我们不难看出多明格斯－贝洛和同事所做的探索有多么重要，假设我们可以知道自己失去了哪些细菌，就能了解这些细菌在我们体内的功能。另外，科学家利用老鼠或人类作为研究对象，比较了拥有完整基因和基因带有缺陷——无论是从父母遗传得来或是经由遗传学家植入——的两种族群，试图凭借两者差异来解释基因的功能。类似的方法也能用来检验微生物的功能，人们想知道，假使有人失去某种先天就存在于人体的细菌，那么他和尚未失去这种细菌的人之间会有什么不同？

谁又能保证在委内瑞拉的森林或是非洲大草原一定能找到人类最原始的细菌混合物？科学家也在洞穴里发现八千年前古老的粪便化石，也尝试从中找寻细菌的足迹，然而这项研究仍以无法证实告终，而且和美国的居民比起来，这些细菌混合物其实更接近南美洲或非洲的居民。学者甚至还采集了蒂罗尔冰人奥茨[①]的粪便样本，不过冰人体内的细菌混合物看来就和热爱快餐的美国人没什么两样，只是种类少了一点。但我们不用因此就将整套理论视为无物，这些样本只是过于陈旧又未经清理，才丧失了应有的多样性和论证力，多明格斯－贝洛为此提出了解释："我想，分别比较那些在不同大陆独居的人们会更加有趣。"

若我们想借此探讨饮食习惯的改变，黑猩猩会是很好的例子，因为它们吃的东西和我们祖先在六万年前赖以为生的食物相当类似。但多明格斯－贝洛也指出，食物不过是其中一项影响因素，"因此我们无法解释，为何有些美国人身上的细菌种类比马拉维或美国的原住民还少了50%"。

目前仍尚待厘清的是：在众多文明病当中，有哪几种和微生物的消失有关？或者我们可以向布莱泽提问，哪几种常见疾病与此无关？布莱泽、多明格斯－贝洛，以及许多工作伙伴无不确信，拜访远方的老友能消弭并治疗这些疾病。如果你相信他们的说法，那么的确应该好好与老友取得联系，并且动身前去拜访他们，或许也带不上什么伴手礼，但多些尊重绝对是好的。

假如文化氛围允许，你应该给那些为老友留了张床的人一个深深的拥抱，除了感谢他们出手相助，更要感谢他们通过身体接触提供了有用的微生物。下一章会有更多篇幅讨论这个主题。

---

[①] 1991年，一群登山客在意大利与奥地利交界的奥茨塔尔地区发现一具露出冰层的人类遗体，这具遗体长久封存在冰层中，宛若木乃伊。现在大家叫他"冰人奥茨"，他正长眠于意大利的南蒂罗尔考古博物馆。——译者注

## 第八章
# 微生物之爱

为什么细菌越多的身体部位越吸引我们？就算有一堆细菌，为什么我们还是缠绵亲吻？简单来说，细菌到底魅力何在？

让我们一身脏地做爱吧！是德国流行朋克乐团施罗德兄弟的畅销金曲，他们是一群来自巴特甘德斯海姆的年轻人，不过要是你不认识他们，也不用感到难过。这首歌证明了流行文化和热门歌曲有时也是会暗藏着某些深刻的真理，总之，在这些歌曲里你几乎不可能听到消毒过的领口、闻起来还散发着刮胡泡香气的男性脸颊，或是全身包得紧紧在一尘不染的旅馆里约会这样的内容，反倒时常听到汗珠（拉格）①、身上飘着浓厚牛棚味的牛仔（玛吉·梅）②和玉米田中的床（那个乐团叫什么名字来着？）③；甚至还有名为"细菌年代"的乐团，都跟细菌脱不了干系。

音乐的话题到此为止。现在让我们想想，别人的身体为什么会

---

① 此处提及的《汗珠》是德国20世纪80年代知名摇滚歌手拉格（Klaus Lage）1984年所发行的专辑名称。——译者注
② 出自德国20世纪80年代知名流行歌手玛吉·梅（Maggie Mae）在1981年所发行的单曲 Rock "n" Roll Cowboy。——译者注
③ 《玉米田中的床》（Ein Bett im Kornfeld）是将美国乡村音乐二重唱贝拉米兄弟（Bellamy Brothers）的畅销歌曲 Let Your Love Flow 重新填词的德文版本，由德国乡村歌手德鲁兹（Jürgen Drews）于1976年翻唱。——译者注

这么吸引我们？让我们情不自禁要用鼻子、嘴唇、舌头或是双手去碰触这些部位？

- 嘴
- 耳垂和耳廓
- 脖子上的毛发
- 肚脐
- 脚指头
- 臀部
- 乳头
- 阴茎、阴道
- 甚至是——肛门

凡是我们深受其诱惑，喜欢轻咬、摸索、舔拭或是侵入的部分，一向是细菌窝在人体的最佳温床。我们或许可以问，为什么是这样？因为这些部位客观来说比较养眼？气味诱人？或者只是尝起来味道很好？这些猜测可能都不对，事实上，一切都只因为情人眼里出西施。

## 亲吻无法独力完成

另一个可能的解释是：我们之所以觉得这些部位可口诱人，是因为我们无法动摇或消灭数百万年来的演化结果，也就是不断争取新的微生物所带来的好处远胜于可能随之而来的麻烦和困扰。性冲动之所以在排卵日以外的日子仍然蠢蠢欲动，不仅是基于繁衍后代的需求，就演化上来说，也可能是为了获得细菌和其他微生物；这么一来，口交和肛交这些一般不被认定为繁衍后代的性行为便能在演化生物学找到合理解释。拿破仑在他远征埃及的途中可能曾在给约瑟芬的信里提道:"别再沐浴,我旋即归来。"这是由于他潜意识里想要沾染大量家乡细菌的关系。

难道成为青少年和成人之后,我们就是以这种方式取代了儿童时期像是沙坑、地板、宠物和所有可以往嘴里塞的东西等等这些输送细菌的媒介吗?因此才衍生出一夫多妻制这种倾向吗?

这些揣测乍听之下或许显得荒谬,其实不然,毕竟就算我们以这种方式获得了微生物,也不是随便从任何一个人身上取得的,而是从一个我们深受其吸引,无论有意识或无意识,一个我们会想象自己与他或她共同繁衍后代的人;从演化生物学的角度来看:这个对象就是我们认为"适应度"很高的那个人。

我们可以依循这个方向来解读荷兰两位心理学家夏曼恩·博格(Charmaine Borg)和德荣(Peter de Jong)的研究结果:当女性感到性兴奋时,恶心感会随之降低。[1] 性兴奋通常由潜在的性伴侣所激起,一个人——在这份研究报告中为女性——必须觉得另一个人有吸引力,否则是行不通的。我们可以将性兴奋视为一种能有效调节恶心感的生物反应:那些看来弱不禁风、体弱多病的人通常因为缺乏吸引力而不会被挑选为共同养育下一代的另一半,这类人引发厌恶感的比例比其他人来得高,与他人接触或交换微生物的可能性因而大幅减低。相反地,那些从演化生物学角度看来精力充沛、健康活跃的人几乎可谓魅力四射、人人争相接近的万人迷,他们身上的微生物当然也因此得以频繁汰换。

我们之所以喜爱或需要他人,想要拉近与其的距离,是因为我们也爱或是也需要其身上的细菌吗?

---

[1] Borg und de Jong: Feelings of Disgust and Disgust-Induced Avoidance Weaken following Induced Sexual Arousal in Women. *PLoS ONE*, Bd. 7, S. e44111, 2012.

"从好几年前，我就不断思考这些问题。"加州大学戴维斯校区的艾森（Jonathan Eisen）表示，他是全球备受瞩目的微生物群系研究者之一，不过他至今没有针对此主题进行任何实验，也从未发表过任何相关的文章。德国康斯坦茨大学的演化生物学家迈尔（Axel Meyer）同样对这些问题抱有浓厚兴趣，并从研究中发现"嗅觉敏锐度高的人"连基因都合拍，甚至他们未来的后代也一样，而这种现象很可能和相互吻合的微生物群系，也就是"微生物匹配"（microbe matching）有关。

然而，这些问题的答案并不是加以研究或深入调查就能找得到的。假设有个研究发现，相对于那些长期保持单身而较少与他人有亲密行为的人，性生活频繁的人比较健康，那么这项研究结果不但可能忽略了多姿多彩的社交生活也会带来类似影响，同时，他们也无法邀请那些因艾滋病而去世的人为这项研究填写问卷或接受必要的健康检查。

## 把你的果汁给我

"现阶段并没有太多关于经由性接触交换微生物群系的研究。"牛津大学专门研究接吻演化的乌洛达斯基（Rafael Wlodarski）表示。他甚至说得有些轻描淡写，毕竟除了少数几份令人惊艳的研究报告曾在伴侣的性器官上或里面找到相同的微生物，我们的确拿不出任何其他相关的数据或证据（见第二章）。2011年，两名利兹大学的心理学家提出了相对来说还算具体的假说：男女双方因接吻而交换彼此口水的过程中，男性会将自己体内巨细胞病毒（Zytomegalie-Virus）的特殊变异株"注入"女方体内。他这么做其实是有原因的，因为这么一来，眼前这名和他接吻的女性将来要是真的为他生下宝宝，她自然而然就会保护两人共同的孩子。要是感染的时间点再往后延，比方说在受孕的性行为过程中，胚胎的安危就可能受到严重威胁。①

不过关于这些问题的具体研究实在少之又少，几乎无迹可寻，或者我们也能试着从探讨其他问题的研究脉络和研究成果里头间接取得可用的信息，比如调查女性的恶心感和性兴奋之间有何关系的荷兰研究。②

微生物的交换不见得总是非得跟性或是共同行为扯上关系不可：几乎所有文化的社交行为都免不了有身体接触，像是握手、拥抱、亲吻、相互碰鼻、共同或一前一后享受温泉或桑拿。其他常见的举动还有：吃掉另一个人咬过的食物、喝下别人杯子里的饮料，或是在寒冷的冬日里紧紧挨着对方睡觉、用手从同一个锅子里抓东西吃、张嘴从公用的壶里接水喝，或是虱子从某人头上跳进另一张嘴里。

人类是社会性动物，频繁而规律的身体接触一向是人类生活的常态，在卫生年代露出曙光之前，人们并不会刻意使用皂类产品清洁自己。直到我们在几个世代以前发现，疾病会经由身体接触扩散传染，而微生物正是其中的罪魁祸首，人们的卫生习惯才逐渐获得改善。注重卫生让我们成功避免了某些传染疾病，而我们也从未质疑是否应然如此；然而与此同时，闻所未闻的疾病却连番登场，像

---

① Hendrie und Brewer: Kissing as an evolutionary adaptation to protect against Human Cytomegalovirus-like teratogenesis. *Medical Hypotheses*, Bd. 74, S. 222, 2010.
② 博格和德荣是心理学家，事实上他们在这项研究计划里所探讨的问题是：一般认为，人类的体味和体液通常会引起恶心感，而人们该如何在这样的认知前提下成功拥有"充满愉悦感的性爱"？最终他们从结论里得到了同预期相符的印证：女性的欲求不满在这个过程中扮演了决定性的关键因素，因为她们一般不易感到性兴奋。不过这份报告里并没有任何关于微生物交换的说明，这一点是我们自行延伸的解读。

是过敏、自身免疫病、慢性肠胃炎、自闭症，等等。

## 肌肤相亲

不常与人接触或是独处也许不单是心理上的不健康，甚至是生理的，这是因为微生物补给停摆的关系吗？参与团队运动而总是满身大汗的人之所以能在健康报告中获得突出的评价，不单是因为身体获得运动或与人共享的乐趣，更是因为他们身上的细菌也跟着一起运动，并且和彼此相互交换吗？按摩之所以让人感到舒服是因为按摩师的双手和前一位被按摩者的背部都带有细菌的关系吗？生菜色拉之所以健康或许不单是因为富含维生素和植物多酚，那些苗床、园丁和厨师留在上面、小到只有显微镜才看得到的嫁妆说不定也贡献了一己之力？

如同先前提过的，这些问题至今尚未有明确答案，不过研究数据指出，在乡村长大的人确实拥有较多样的肠道菌，几乎是合乎理想的标准数值[1]，曾经直接或间接和他们接触的人或许能从中获得一些好处。团队运动中大量的身体接触确实能促进微生物适度地交换，当然你也可能在公共淋浴间染上脚气，邻家猫咪经常漫步的苗床中，除了充满各种有益的微生物，很可能也潜藏了弓形虫病（Toxoplasmosis），而不安全的性行为则可能让人感染淋病，甚至艾滋病毒。至于肮脏的性爱，放声高唱就足够了，倘若真的值得放手一试，在这个全球都无法幸免于传染病的年代，你所需要的运气绝对要比以往多得多。

---

[1] Lozupone et al.: Diversity, stability and resilience of the human gut micro-biota. *Nature*, Bd. 489, S. 220, 2012.

# 第二部分

## 自我对抗的人类

第九章

# 抗生素：一场生态浩劫

> 它们能杀死细菌，而且相当有效，这就是抗生素。不过它们也让肠道自此永无宁日，超重不过是众多后果之一。

据估计，全球每年喂给猪、牛、鸡等牲禽畜的抗生素用量约有1万吨，这些抗生素并不是用来治疗病痛，而是为了让它们快速增加体重。然而，没有人知道为何数量会如此惊人，就连人类每年都吞下近1300吨的抗生素。[①] 有超重问题的人口与日俱增，探究其因，或许不只是因为人们吃得太多、食物的热量过高，抑或运动量不足，而是那些用来消灭微生物的药物所造成的。

1948年，美国正试图从战后残破不堪的局势中重新振作，也就是在这个时期，医疗界首度使用抗生素成功拯救了许多受伤士兵的生命，朱克斯[②]则从中观察到一种特殊现象。当时这名生物学家正在寻找一种能让鸡快速成长的物质，因为战后时期的鸡饲料严重匮乏，供应量相当吃紧，鸡农尝试以廉价的大豆粉取代价格逐日上扬

---

① 要取得可靠的数据并不容易，在美国，长期以来流通于市场上的抗生素约有80%用于畜牧业。早在十多年前就有一篇文章大声疾呼，要求畜产业者停止添加抗生素：Gorbach: Antimicrobial use in animal feed—Time to stop. *New England Journal of Medicine*, Bd. 345, S. 1202, 2001.

② 朱克斯（Thomas Jukes），英裔美国生物学家，在研究时偶然发现抗生素可以促进动物生长，从此开启了美国畜牧业将抗生素用作饲料添加剂的时代。——译者注

的鱼粉，不过他们发现这类植物性饲料显然少了某种动物成长所需的重要成分。不久，人们确定这种促进成长的成分就是维生素 $B_{12}$，朱克斯的雇主美国立达药厂随即意识到这种新的饲料补给元素能带来上百万美元的业绩。

朱克斯知道细菌能制造出维生素 $B_{12}$，因此开始寻找可以大量生产这种维生素的东西。1948年12月24日这天，朱克斯独自站在实验室为鸡称重，这些鸡的饲料掺进了一种从土壤细菌提炼的无菌萃取物。正当同事和家人共聚一堂庆祝圣诞夜之际，他找到了足以改变世界的新发明。

## 制造脂肪的药物

当时，动物肝脏被认为是摄取维生素 $B_{12}$ 的最佳食物来源，但是以细菌萃取物饲养的鸡的成长速度却足足比那些饲料里仅掺进肝脏萃取物的禽类快了20%。一开始朱克斯以为这种破纪录的成长速度是因为微生物的萃取物含有数量庞大的维生素 $B_{12}$，不过后来他很快就发现了真正的幕后推手，正是它，让那些鸡变身为一座又一座挥舞着翅膀的超级肉山。

除了维生素 $B_{12}$，朱克斯所测试的细菌还制造出一种名为金霉素（Chlortetracyclin）的抗生素，当时立达药厂出于其他动机希望在短时间内大量生产这种可以用来治疗人类细菌感染的药物。朱克斯将这份堪称新型成长加速器的样本交给同事进行后续检测，但他并未提及样本里除了维生素 $B_{12}$，还含有些许抗生素的成分。

检测出来的结果相当惊人，尤其是猪只的样本，朱克斯的同事向他报告，其中有个猪圈的成长速率增加了三倍之多。朱克斯直到1950年才公开了抗生素的秘密,自此,他所发现的混合物在全国获得了空前的成功,也让他从相关当局顺利取得制造许可。[1]至于抗生素是如何成功让牲畜体重在短时间内直线上升,这个问题到今天都还是个谜。朱克斯和他发现的生长激素甚至在同年登上了《纽约时报》的头版,很快地,那些没有采用朱克斯这门神奇配方的畜牧业者几乎不再具有任何竞争力,这股风潮也在短时间内席卷了全世界,牲畜的饲料槽里其实不只掺进了金霉素,还有之后陆续发现的各种抗生素。不久,全球的牛所摄取的抗生素总量已经超过人类因医疗需求而服用的数量,事实上这些牛看来都还算健康,应该不需要用药。在欧洲,饲料中的微量抗生素原本被视为农牧业的一大功臣,但从2006年起,欧盟已全面禁止畜牧业使用抗生素。这项禁令并非出于保护动物的立场,而是为了应对与日俱增的抗药性威胁,尤其这项警示不单出现在动物身上,就连食用肉类的人类也无从幸免。面对重症患者的医生更是陷入无药可用的窘境,单是美国每年就有200万人感染抗药性细菌,其中约有2.3万人死于这类传染病。然而截至2013年12月,美国政府依然允许畜牧业使用生长促进剂;[2]在欧洲,抗生素仅限医治牲畜时使用,但仍有畜牧业者以此为由,私自在牲畜平日的饲料中拌入类似药剂。

大幅缩短牲畜成长期固然让人欣喜,然而人们从未预料到,一开始出现在猪棚的抗药性后来竟会一发不可收拾。可怕的是,抗生素给人们带来的连环效应还不仅于此。

---

[1] Jukes: Antibiotics in Animal Feeds and Animal Prodiction. BioScience, Bd. 22, S. 526, 1972; Jukes: Some Historical Notes on Chlortetracycline. *Reviews of Infectious Diseases*, Bd. 7, S. 702, 1985.

[2] 美国疾病控制与预防中心(Centers for Disease Control and Prevention)2013年年度报告关于抗生素抗药性的威胁: http://www.cdc.gov/drugresistance/threat-report-2013/。

富裕国家的人民在年满18岁之前，通常会接受10次到20次不等的抗生素治疗，在纽约担任内科医学教授的布莱泽指出："抗生素一向很受欢迎，因为无论医生还是患者都认为这种治疗方式所带来的副作用多是短暂的，并不会留下长期的后遗症"，然而，这却是"一个致命性的错误"。

## 对抗微生物的副作用

布莱泽在20世纪80年代针对肆虐农场的动物传染病进行了一系列的相关研究。一开始，他发现畜牧业者在猪、牛和鸡的饲料中添加了用量惊人的抗生素，后来一位农民向他说明，这么做能让动物在短时间内快速增重。经过数年的研究，布莱泽终于发现问题的症结所在：对他而言，以抗生素作为生长促进剂是一场大规模的动物实验，只是人们同时也应该考虑到这些药物是否会对人体造成影响。"农民为了让猪变得肥美而让它们摄入生长促进剂，如果把这些添加剂喂给孩子，又会有什么样的结果呢？"对年幼的牲畜来说，这些抑菌物质所带来的促进生长的效果特别显著，正因如此，布莱泽更强调此类添加剂对儿童可能造成的危害。

布莱泽目前所主导的实验室位于东曼哈顿一所退伍军人医院里，这所医院同时也隶属于他任职的大学医学部。这里主要的患者大多是从战场上退下来的伤病士兵，候在一楼大厅的他们不是等着医生叫号，就是希望能跟人聊上几句。空荡荡的裤管垂挂在轮椅上，大厅里有面墙上写着："在此，我们见证了自由的代价。"并非所有的退役军人都因战伤前来求诊，有些可能是心血管出了问题，或是患了未曾上过战场的一般美国民众也会有的毛病。在候诊的人群中，总能见到不少体态臃肿的人。

电梯里张贴着告示，提醒医护人员切勿在公开场合对患者多加议论。布莱泽的办公室则位于患者几乎不会到访的七楼，这是一层格局开阔的阁楼，在这里唯一有肥胖问题的就是由布莱泽的同事负责喂养的老鼠。尽管抗生素用在畜牧业的效果已广为人知，布莱泽仍仔细研究实验室里老鼠的变化。研究人员除了使用猪农测量猪只体重的磅秤，更利用 X 光机、磁共振成像仪和层析仪做更进一步的分析，并通过观察脂肪层底下不断生长的肌肉得知长时间使用抗生素所产生的效果。实验室的人员比照美国农场的牲畜，喂养给老鼠等比例的抗生素，持续喂养一段时间后，每只老鼠增长了约25%的脂肪，但是它们的体重却只比未食用抗生素的对照组多出一些。在抗生素的加持下，尽管实验组的老鼠并没有吃得更多，它们生长的速度就跟农场上的鸡和猪一样显著。

然而，研究人员通过其他方法从这些实验动物的肠道所看到的现象并不是增长，而是减少。尽管已有大量细菌死去，实际情况仍不尽符合人们的期待，因为它们并未遭到全面歼灭，而是只有一部分；同时，菌种的组成也跟着发生变化，连带影响到整个生态系统的代谢，让身体得以从饮食中摄取到更多养分。由此，布莱泽与研究团队发现，抗生素会促使基因产物将更多的糖转化为脂肪；不单如此，受到波及的还有动物体内的激素平衡，这些细菌会送出信号，使得老鼠的身体不但制造、同时也囤积更多脂肪。经过上述一连串异动与变化，实验室里的老鼠便成了足以提供更多能量的肥美肉块。[1]

---

[1] Cho et al.: Antibiotics in early life alter the murine colonic microbiome and adiposity. *Nature*, Bd. 488, S. 621, 2012.

## 从老鼠到人类

布莱泽认为，在发育阶段服用抗生素可能导致体重直线上升，这一点可从逐年增长的超重人口数量上得到印证；他更强调，如果在婴儿满六个月以前给他们抗生素，那么等他们成长到3岁时，体重超重的风险会增加20%。[①] 另外，好几年前就已经有研究证实，体重合乎标准的人所拥有的肠内正常菌群和肥胖者的肠道微生物群系在特质上有显著不同，不过这种改变只是超重的后果之一，并非导致超重的原因。其他研究也发现，抗生素会导致体重正常者的肠道菌相逐渐往肥胖者的方向发展，不过我们至今仍没有足够证据证明抗生素会使人发胖。

为了验证自己的理论，布莱泽进行了另外一项实验，他的两位女同事循着某种可以让一个体重正常的美国儿童负荷的频率断断续续给实验室老鼠喂抗生素：每隔一小段时间就给予它们高剂量的用药，就像在治疗严重的感染症状。实验结果显示，这些老鼠的体重直线上升，尤其当它们摄取含有丰富脂肪的食物时，体重飙升的情况更加明显。

在第三次的实验中，布莱泽在老鼠的饮用水中加入极少量的抗生素，同时也喂给它们含有抗生素的肉类或乳汁，而且这次还以持续不断的方式进行喂食，但偶尔才给予高剂量。"这是我们利用药物所能制造出来最接近真实的刺激因，"这位医生说，"我们并不知道这些微乎其微的分量是否杀死了老鼠肠道里的细菌，但我确认这些细菌发生了改变。"许多实验证明，就算抗生素的用量少到不能

---

[①] Trasande et al.: Infant antibiotic exposures and early-life body mass. *Inter-national Journal of Obesity*, Bd. 37, S. 16, 2013.

再少,还是会抑制细菌的成长。"要影响微生物的平衡,只要一点点就足够了。"

尽管布莱泽声称他们在实验室里尽可能让一切仿佛在"真实的"世界受到"刺激"一样,但是要将这类老鼠实验的结果直接套用到人类身上仍然有其限制,毕竟这些在特定控制条件下成长的实验室动物彼此间基因相似的程度远超过19世纪近亲通婚的欧洲贵族,它们甚至连肠内菌相也几乎无异。然而,如果我们观察100个人的肠道菌群,就会发现100种不同的组合,而每种菌相就像指纹一样独一无二,"假设两个人吃下同一种食物,相同的营养成分在两人体内却会产生不同的作用"。斯坦福大学的感染学者雷尔曼(David Relman)如此表示。

同样的道理,抗生素对肠内菌群的影响也会因人而异。雷尔曼在2010年让受试者服用广谱性抗生素环丙沙星(Ciprofloxacin),然后清点他们粪便样本里的细菌数量。[①] 不同的菌种对这种化学喷剂呈现了各式各样的反应:有些完全置身事外,有些则从画面消失几个星期后又重新现身,如果不断重复这种疗法,某些菌种就可能面临彻底消失的危机。"抗生素似乎改变了个人体内细菌总量的基本状态,"雷尔曼指出,"但我们并不清楚这会造成什么后果。"

## 肠道里的手榴弹

看来,抗生素在肠内引发的后果和气候变迁对地球造成的影响非常类似,有些菌种借此更上一层楼,有些就此一蹶不振。知名

---

① Dethlefsen und Relman: Incomplete recovery and individualized responses of the human distal gut microbiota to repeated antibiotic perturbation. *PNAS* 2010, doi:10.1073/pnas.1000087107.

的美国科学记者齐默就用了较强烈甚至有些偏颇的比喻来形容抗生素对肠道的影响："这和吞下一颗手榴弹无异，在歼灭敌人的同时，也伤及了大量无辜。"①

科学家开始试图了解抗生素对肠内菌群究竟会影响到什么程度，然而，有一种不可或缺的研究工具却直到近年才诞生。2012年12月，一支由西班牙科学家和德国科学家共同组成的研究小组首次发表了并非单纯观察肠内菌数变化的研究成果。他们研究了一名68岁男子的粪便样本，这名患者正准备接受一种抗生素疗法，因为他的心脏起搏器受到细菌感染。他们从样本上不只判读到抗生素消灭了哪些微生物，也看到了肠内的"居民"是如何共同应对这类化学武器的攻击。② 他们意外发现这些菌群极度亢奋了一段时间，并且分析可能是遭逢意外袭击的微生物试图补充消耗过多的能源。与此同时，为了抵御抗生素的攻击，细菌也启动了自我防卫的机制：某种运输分子的泵系统会在抗生素对其造成伤害以前，将它们排出菌体之外。③ 投药六天后，微生物群的活动力明显下降，不过这可能也是自我防卫机制的一种表现，这些切换到暂停模式的细菌会停止摄取养分或物质交换，也不再进行分裂，这么一来，抑制剂几乎无法造成任何伤害。不过，原本由这群微生物负责制造的少量维生素和其他养分现在必须以人工方式额外补充，否则这名心脏起搏器受到感染的男子将无法维持正常的身体机能运作，而这是人们不乐见的治疗副作用，尤其我们无法预测这项副作用是否会造成长期的甚

---

① 参见美国科学记者齐默（Carl Zimmer）的博客：http:// phenomena.nationalgeographic.com / 2012 / 12 / 18 / when-you-swallow-a-gre nade/。
② Pérez-Cobas et al.: Gut microbiota disturbance during antibiotic therapy: a multiomic approach. Gut 2012, doi:10.1136/gutjnl-2012-303184.
③ 这种运输分子的泵系统是细菌对抗抗生素的典型机制，在此种机制的运作下，细菌基因会发生突变，增强菌体的抗药性。

至是永久的后遗症。

研究团队还观察到另一个惊人的现象：细菌一般用来对抗病毒的防御能力似乎蒸发了，它在这背后可能隐藏了一项相当傲人的生存技能，因为绝大多数情况下，病毒可以轻易消灭毫无防备的细菌，但是有些细菌会借此从病毒身上获得有用的新基因，进而产生抗药性。这项技能加速了细菌的适应和演化，尽管有不少细菌为此付出性命，但是仍有部分家族成员通过所有考验，在抗药基因的强化作用下，明显变得茁壮。

假设我们仅以微量的抗生素添加物取代药物治疗等级的剂量来加速猪、牛和鸡等牲畜的成长，这些牲畜体内是否也会发生同样的变化，目前仍不得而知。不过这种做法可能衍生的效应倒是引起诸多讨论，其中有一派就认为，如果持续在传染病酝酿期间投药，便能抢在病原菌肆虐养殖场之前加以遏止，因为潜在的传染病也可能对牲畜的成长造成影响，这也是一旦消灭病原菌，牲畜体重就会迅速增加的原因。无怪乎卫生条件不佳的集约畜牧业只能在饲料中添加抗生素来换取相对较好的结果，如果这类养殖场长期让猪崽摄取添加抗生素的饲料，其生长速度就可增加将近20%，朱克斯早就观察到了这一点，而且这样一来，牲畜腹泻的症状和传染疾病也都明显减少。"如果牲畜的生存环境获得基本改善，其成长速度会增加约4%。"维也纳兽医大学的弗朗茨（Chlodwig Franz）表示。

4%听起来似乎少了点，尽管养猪的农民必须为添加生长剂的饲料付出额外的费用，但相对而言，这样做可以节省饲料用量，同时让牲畜更早成熟，此外，无视脏乱的环境还能为农民省下一笔清理的费用。

一个人要是多吸收了4%的卡路里，却没有消耗更多能量或是减少热量摄取的话，后果一定相当惊人。不过细菌抑制剂对人类体重会造成什么影响，至今仍未有定论。布莱泽从不认为抗生素是造成肥胖问题的单一原因，他指出，除了饮食以外，个人的基因也是影响体重的关键因素之一。尽管数百年来基因从未剧烈影响人类体重，不过今日全球却有超过半数的人口面临体重超重的问题。过去无论是食物的来源还是脂肪的供应都相当有限，因此我们的体态大多与遗传基因的特质相去不远，然而现代生活中充斥着各式各样的干扰因素，像是我们的生活方式、饮食习惯、卫生观念、抗生素或是其他药剂的使用，加上运动量不足和过多的压力，这些条件必须一并被纳入考虑。

事实上，超重不过是抗生素打破肠内原有生态平衡所造成的众多症状之一。流行病学的研究数据显示，摄取抗生素的儿童日后感染慢性发炎性肠道疾病的风险较高。[1] 此外，也有学者指出，儿童时期经常服用抗生素不但容易患哮喘，免疫系统也可能因此大乱，因为抗生素或许会将调节免疫力的细菌也一并消灭。[2] 瑞典的研究则证实，细菌抑制剂可能引起无法消化小麦蛋白的乳糜泻（Zöliakie），连带导致肠道严重发炎。[3]

自从斯德哥尔摩卡罗林斯卡学院的认知神经科学家迪亚兹－海茨（Rochellys Diaz-Heijtz）在2011年证实肠道菌对老鼠大脑发展有关键性影响以来，各界莫不高度关注此议题。如果上述结论不仅局

---

[1] Kronman et al.: Antibiotic Exposure and IBD Development Among Children: A Population-Based Cohort Study. *Pediatrics* 2012, doi: 10.1542/peds.2011-3886.

[2] Russell et al.: Early life antibiotic-driven changes in microbiota enhance susceptibility to allergic asthma. *EMBO reports*, Bd. 13, S. 440, 2012; Olszak et al.: Microbial Exposure During Early Life Has Persistent Effects on Natural Killer T Cell Function. *Science*, Bd. 336, S. 489, 2012.

[3] Mårild et al.: Antibiotic exposure and the development of coeliac disease: a nationwide case-control study. *BMC Gastroenterology*, Bd. 13, S. 109, 2013.

限于实验室里的老鼠,甚至可以延伸至儿童的话,那么人们就得担心自幼儿时期便长期摄取抗生素可能对儿童的神经系统和大脑发育造成不良影响(详见第十四章)。

格拉茨大学的实验性肠胃神经学教授霍尔策(Peter Holzer)则通过观察老鼠的学习行为发现杀菌剂对大脑的毒害还不仅如此,"最初的研究结果显示老鼠的认知能力衰退了"。至于肠道菌群一旦经过治疗后恢复正常,受损的能力是会跟着回到原有水平还是永久丧失,仍有待霍尔策进一步厘清。

## 纯净过了头

尽管这些征兆令人不安,但也都还没有明确证据加以证实。首先,这些发现并未说明处理严重细菌感染时为何应该放弃抗生素治疗,而目前相关研究所提供的理由也不足以说服我们要审慎控制,甚至减少抑菌剂用量。

还有许多像是居家、住宿餐饮业、生活用品加工业、医疗院所、自来水厂、游泳池或任何需要用到杀菌物质的地方也面临了相同的问题,为了杀菌而添加在饮用水里的氯化物也会干扰肠内的秩序吗?没人知道。每天洗澡使用的抗菌沐浴乳又会对皮肤上的细菌造成什么影响?关于这一点也暂时没有明确的定论,不过我们发现年轻一代的父母已经逐渐有所改变,不再每天用皂类产品帮婴儿洗澡。人们甚至怀疑杀菌剂里的某些成分会引起过敏反应,至于这些物质是否会连带影响肠内或皮肤上的细菌?也还没有人能够提出可靠的科学数据加以佐证。不过我们倒是经由动物实验证实,添加在抗菌剂、牙膏、美妆产品,甚至是机能性纺织品里的三氯生

（Triclosan）只要一点点就足以影响肠内菌。[1]

一般用来防治玉米病虫害但容易残留的农药氯吡硫磷（Chlorpyrifos）会导致实验老鼠肠内某些菌种大量减少，却也同时助长其他菌种的繁衍。参与此项计划的科学家将这种由植物杀菌剂所引起的现象称为"微生态失调"，不过他们还无法确定这类药剂是否同样会对动物造成影响，以及具体的影响情况会是怎样。[2]

使用范围几乎遍及全球的除草剂草甘膦（Glyphosat）也有类似的问题，研究人员怀疑，残留在动物饲料里的草甘膦可能强化牛体内的坏细菌，使得其他微生物几乎无法续存。鸡群身上同样也出现了我们不愿见到的症状，这预示了家禽养殖场可能爆发更多疫情。我们可从排泄物的检体中证实杀虫剂会随着饮食进入人体，至于这些残留药剂对我们的健康会造成什么影响，目前也只能先姑且揣测——或是好好开始着手研究。

专门研究肠道菌的加拿大学者艾伦－维尔克（Emma Allen-Vercoe）另外补充了数个虽然已知但尚未有人深入研究的潜在杀菌物质，像是防腐剂、抗抑郁剂、胃酸抑制剂、诸如阿斯巴甜（Aspartam）这类人工甜味剂、某些止痛剂和避孕药。

不过这也不代表无论出于自愿或是被迫，我们吞进肚里的一切都只和细菌有关。微生物本身就是活跃的，而且会转移到任何靠近它的物质上，像是人类的饮食或动物饲料中若含有合成树脂和黏着剂的原料三聚氰胺（Melamin）便会严重危害肾脏。2008年，一家中国的奶粉制造商为了提高蛋白质含量的检验数据，在自家产品里

---

[1] Pasch et al.: Effects of triclosan on the normal intestinal microbiota and on susceptibility to experimental murine colitis. *FASEB Journal*, April 2009, 23.（会议摘要补充资料）

[2] Joly et al.: Impact of chronic exposure to low doses of chlorpyrifos on the intestinal microbiota in the Simulator of the Human Intestinal Microbial Ecosystem（SHIME）and in the rat. *Environmental Science and Pollution Research International*, Bd. 20, S. 2726, 2013.

添加了三聚氰胺，让这项化学添加物在一夕之间臭名远播。后来人们也确认，是一种名为克雷伯氏菌属（*Klebsiella*）的细菌将三聚氰胺转换为对肾脏有害的三聚氰酸（Cyanursäure）。①

这些掺杂劣质品的奶粉对儿童的肠道菌群造成了几乎无法补救的伤害，针对这些非自愿性的转变，在下一章会有进一步的探讨。

---

① Zheng et al.: Melamine-Induced Renal Toxicity Is Mediated by the Gut Microbiota. *Science Translational Medicine*, Bd. 5, 172ra22, 2013.

## 第十章
# 如果扑热息痛成了毒药

有些肠道菌会让药物活性成分转变为有害物质，或者让其无法发挥效用。如果能知道自己体内是否存在这类菌种，那就太好了。

通常名人不用特地提到自己的姓，任何人都知道"J. Lennon"这个名字指的就是披头士中的约翰·列侬，而不是他的儿子朱利安·列侬。在生物学里也是一样的道理，比方说，每个植物学家都知道 A. Thaliana 指的就是拟南芥（Arabidopsis thaliana）这种在德国被称为 Ackerschmalwand 的植物；动物学家也都知道 P. leo 代表的就是狮（Panthera leo），而食品专家们肯定也知道 A. oryzae 指的就是米曲霉菌（Aspergillus oryzae），这种菌不会分泌霉菌毒素，因此在远东地区会被拿来添加在味噌或是曲这类食品里。

生物研究里的超级巨星同样也只以全名的第一个字母作为自己的代称，像是一般简称为 E. coli 的大肠杆菌和简称为 C. elegans 的秀丽隐杆线虫，其中大肠杆菌这个名称是在应用范围概括基因研究到生物技术药品的曲菌前方冠上大肠杆菌属（Escherichia）这个属名，而秀丽隐杆线虫的 C 则代表了和发育生物学还有老年学都脱不了干系的隐杆线虫（Caenorhabditis）。这么做原因其实不难理解，毕竟总是与时间赛跑的科学家可不想每次都得完整念出或写下一长串的名称。

文考夫这个年轻人，数年前在伦敦大学学院的实验室里就利用了这两种生物进行研究工作。之所以选择线虫，是因为我们可以很容易从线虫身上发现决定其寿命长短的因素，而这些因素很可能也会影响人类；而利用细菌则是因为其对研究工作来说是一种方便又可靠的工具。由于线虫以细菌为生，研究人员可以通过这种方式让基因的某个小片段掺进线虫体内，并借此关闭某种基因功能。

## 长寿的线虫

原本应该大幅缩减线虫寿命的某种特殊曲菌却产生和预期相反的结果，"线虫反而活得更久了！"文考夫回忆道。[1] 历经数次实验、观察过数百万线虫和曲菌后，文考夫发现影响线虫寿命长短的并非他最初想研究的线虫基因，而应该是某种恒定不变的曲菌基因，正是这种经过某种突变的特殊细菌让线虫的寿命"显著"增加。后来，他得知决定实验效果的是负责让细菌制造叶酸或是近似叶酸分子的基因。

文考夫的发现显示细菌及其活跃基因为宿主带来了"显著的"效果，细菌不但会影响物质的代谢、健康和不健康物质的多寡，也会影响健康的程度，也就是平均寿命以及生命本身。

正在阅读本书的读者可能正一头雾水地坐在火车里，或许忍不住要问，这本书到底想传达什么信息？脑海里曾浮现这种疑惑却又不知该从何处入手快速撷取本书重点的读者可以先将上一段话盖住，让我们换个方式来说：无论是细菌自身或是受其影响的代谢过

---

[1] BMC Biology 杂志对文考夫（David Weinkorve）所做的专访：www.bio medcentral.com/1741-7007/11/94。

程都剧烈影响着植物、动物以及人类的生命。

最理想的情况是：我们过着健康、愉快而且充满活力的生活，那么这些剧烈的影响会以和缓的方式展现出来。为什么这么说？关键就在先前盖住的那段文字的开头：细菌会影响物质的代谢，也就是影响那些在我们肠道、血管和器官里所有健康和不健康的物质。幸运的话，在没有服用维生素 C 和谷胱甘肽混合物（Glutathion-Präparate）的前提下，身体可以制造出能有效保护细胞的抗氧化剂；没那么幸运的家伙就得面临信号分子的威胁，而这些由某些细菌制造出来的产物会提高冠状动脉疾病的风险或是激发肿瘤生长。

如果再倒霉一点儿，还会有其他细菌让药物或营养补给品原有的功效彻底失灵，或是将预期的能量转变为破坏力。

而这些人们不愿意看到的憾事并不少见。

## 数字化的心脏病

拉丁文学名为 *Digitalis*（其中 digitus 为指头之意）的毛地黄（Fingerhut）可以说是最为人所知的一种药用植物，早在二百多年前，毛地黄的叶片就被用来治疗心力衰竭。1930 年，药理学家史密斯首度从车前属植物提炼出最重要的药物，并以其发源地将其命名为地高辛（Digoxin），这种强效药可用来治疗心脏收缩能力较弱以及心律不齐等问题，说得更精确点：可用来治疗某部分有这些问题的患者。早在数十年前，医学专家和药理学家们就发现，尽管某些患者按照医生指示服用在德国名为 Digacin 或 Lanicor 的药品，地高辛所带来的疗效仍不如预期。

然而医生们很早就察觉了个中原因：地高辛对这些患者的身体

来说属于陌生的物质，自然会被当作毒物处理。当然，这并不全然是身体的误判，事实上，我们更该仔细阅读附在药盒里的用药须知以及可能发生的副作用。

体内若存在毒素，最好能尽快解毒，一般主要由肝脏来处理这个问题，有时肾脏或其他器官也会出力帮忙。肝脏会分泌酶来中和这些毒素，并将之转化为可运送的形式，也就是水溶性，然后毒素就能随着粪便或尿液排出人体之外。药理学家决定用药剂量时，也必须考虑肝脏的排毒能力是否足以负荷，如果患者本身肝功能不全，容易引发其他问题，不过这也不表示每颗健全的肝脏都能迅速排除任何药物。因此，过去20年间有越来越多的人开始重视每次用药前的审慎评估，这么做的目的主要是希望能根据每个患者的基因给予有针对性的药物治疗。基于这样的想法，药物基因组学这个专业领域便应运而生。

不过还是有不少药物让药理学家们一再大感意外，有些药物会强大到让肝脏难以招架而放弃处理，尽管如此，却也不见任何药效，甚至在患者的血液中也几乎检测不出预期中应有的药物反应。

1982年，美国医学专家林登鲍姆（John Lindenbaum）发现地高辛的疗效之所以难以掌握，主要是因为其疗效取决于当初仍被称为迟缓真杆菌（*Eubacterium lentum*）的肠道正常菌群。[①] 后来陆续有专家学者投入相关研究，其中有些报告指出，比起印第安人，美国一般民众的体内带有更多这类细菌。

---

① Dobkin et al.: Inactivation of digoxin by Eubacterium lentum, an anaerobe of the human gut flora. *Transactions of the Association of American Physicians*, Bd. 95, S. 22, 1982.

## 喧闹的迷你肝脏们——肠道解毒

犹如无数个小小肝脏的肠道菌也肩负排毒的任务,尽管人们向来只把它们视作肝脏的储备后援,而它们必须处理的毒素当然也包含了药物。

这块全新的研究领域也同样发展出一门新的专业学科,开罗大学的阿奇兹(Ramy Aziz)率先将这门学科命名为药品微生物学。[1][2] 阿奇兹原本是一名毫无医学背景的微生物学家,有一次,一名极为出色的家庭医师为他治疗后,他便决定投身于这一全新的研究领域。经过检查,阿奇兹的肝指数有明显升高的趋势,这名医生不但劝他戒酒,还要求他务必停止服用长期依赖的止痛剂。对检查结果感到吃惊的阿奇兹从网上查到的信息中得知,原来,有些肠道菌会将他习惯服用的药剂转化为毒素。

目前已知可以被肠道菌代谢并转化的药物有65种,阿奇兹将这些药物列成了清单并随时更新,因为一次看病经验,他开始关注肠道与药物之间的关系,甚至和同事一起成立了pharmacomicrobiomics.com这个网站。有不少天然药物也会和肠内微生物发生类似的交互作用,像是可能导致癌症的异环磷酰胺(heterozyklische Aminen)(详见第十五章)、可作为植物性染料的花青素,以及可以从大豆中提炼的植物动情激素。细菌是否会影响药效或养分的吸收,影响到什么程度,主要取决于患者体内是否具有这些肠道菌、这些菌群的多寡,以及关键性的基因是否活跃。比起

---

[1] Saad et al.: Gut Pharmacomicrobiomics: the tip of an iceberg of complex interactions between drugs and gut-associated microbes. *Gut Pathogens*, Bd. 4, S. 16, 2012.

[2] Rizkallah et al.: The Human Microbiome Project, personalized medicine and the birth of pharmacomicrobiomics. *Current Pharmacogenomics and Personalized Medicine*, Bd. 8, S. 182, 2010.

只需考虑肝脏排毒的负荷程度，上述这些因素使得药剂与药量的调配变得更加复杂且困难得多，如果我们可以厘清哪些细菌会攻击哪些药物，又以什么模式进行攻击，或许就能暂缓采取直接用抗生素全面轰炸的方法。

在特恩伯（Peter Turnbaugh）位于哈佛大学的实验室里，科学家们首度发现有种细菌的作用机制能缓解地高辛的药效，这种自1999年起被称为迟缓埃格特菌（*Eggerthella lenta*）的细菌是根据美国细菌学家埃格特（Arnold Eggerth）的名字所命名的，他在1935年首度描述了这种细菌。迟缓埃格特菌和其他埃格特菌种同属肠内正常菌群，都可能引发肠胃炎等疾病，不仅如此，它们更是人类的老朋友，因为这些微生物可能曾经保护过我们的祖先不受毛地黄属等有毒植物的危害。它们会逮住具有毒素的活性物质并且将之稍加转化，经过埃格特菌改造的活性物质无法与心肌细胞的分子发生交互作用，毒素也就无法进入人体，转化后的形式还能以最快速度随着废弃物被排出人体之外。能够知道这些虽然很棒，不过我们还是不知道细菌到底对地高辛动了什么手脚，又使用了什么样的分子作为工具。

通过什么样的实验才能够找到答案？比方说，我们可以将迟缓埃格特菌分别放在两个培养皿里加以培育——这正是哈佛研究团队所使用的方法——在其中一个培养皿加入地高辛，另一个则不用。看来似乎很简单，接下来就得观察两个培养皿会有什么样的不同变化。放大镜或显微镜在这里其实派不上用场，研究人员主要得分析两个培养皿的细菌各自开启了哪些基因。特恩伯的研究团队发现，加入地高辛的实验组有两个基因特别活跃，几乎比另一个培养皿中

第十章　如果扑热息痛成了毒药　　115

的细菌要高出100倍。①

这两个基因主要负责制造细胞色素,而这些拥有多功能的酶就是抑制地高辛的主因。②

事实上,我们只要清点患者粪便样本里的迟缓埃格特菌,就能知道该如何拿捏地高辛的剂量。不过迟缓埃格特菌种类繁多,其中只有一种具有降解毛地黄的作用,其他菌种的细胞色素酶基因则会保持一贯的冷眼旁观。

## 畅销药物的毒子毒孙

特恩伯和研究团队发现富含蛋白质的食物能让老鼠的肠内菌有效抑制细胞色素的生成,或许我们能利用这种方式避免地高辛丧失药效。不过世界上应该不会有医生建议患者摄取超量蛋白质来达到减肥的目的,不但是因为这项研究成果来自实验室的老鼠,而且由于心脏病患者的肾脏功能通常不佳,摄取过多蛋白质可能会造成肾脏的额外负担。尽管富含高蛋白的食物并不能作为最佳的解决方案,至少这项实验还是指出了阻止药效分解的方法,现在我们只需要再找到一种风险没那么大的可行策略。

抢在药剂真正在人体内发挥效用前,肠道菌会先一步使出各种招式对付五花八门的药物,这些机制大致上可分为四种基本形态:

• 细菌会释出酶,从而改变药物的化学结构,就像埃格特菌对

---

① 研究方法说明:这项实验利用了生物化学法寻找将基因的建构指令传递给细胞机制以顺利制造蛋白质的分子,也就是信使 RNA(mRNA)。如果我们发现携带基因信号的 RNA,就代表这个基因是活跃的;如果一口气发现很多信使 RNA,说明这个基因相当活跃,而且将会制造出许多蛋白质——在这项实验里就是细胞色素(Cytochrom)。
② 人类细胞里亦存在细胞色素,尤其是肝脏,而大量的肝脏细胞色素主要的任务就是中和毒物。

付地高辛那样。

- 细菌会释放出干扰药物代谢的分子，比如细枝真杆菌（*Eubacterium ramulus*）的产物能降解化学除虫剂金雀异黄酮（Genistein）。

- 细菌会制造影响肝脏或肠道酶的物质，比方说类杆菌的产物可能会中和 DPD 代谢酶，致使5-FU（5-Fluorouracil）无法正确转换并发挥应有的化学疗效，因此连带引发严重的中毒反应。[1]

- 一般认为，人体微生物接管并主导了人体生物化学的代谢，不过这只是一种假设性的机制，至今尚未有明确证据加以证实。

尽管失去药效，微生物对地高辛的攻击相对来说是无害的，因为具有疗效的分子经由肠道菌的转化后极有可能带有剧毒，上述四种机制中便有两种是这种情况。

接下来我们将列举几个例子对上述机制进行说明，这些例子当然是从抗生素开始：氯霉素（Chloramphenicol）会被患者身上特殊的大肠杆菌转换成为一种名为对胺苯基 -2- 胺 -1,2- 丙二醇（P-aminophenyl-2-amin-1,2-Propanediol）的物质，这种物质听起来不怎么吸引人，事实上也是如此。它是一种毒性物质，会攻击具有造血功能的骨髓。

德国药名为 Zonegran 的佐能安（Zonisamid）能有效控制癫痫发作，不过一旦缺少特定的肠道菌，这种药物就无法转化为活性状态，这样的机制恰好和地高辛的状况相反，却造成相同的结果：药物无法发挥作用。

一旦特定的肠道菌从中作梗，阻止氧气和硫所组成的小分子附

---

[1] 5-FU 是一种广泛用于治疗实体癌，特别是胃癌、直肠癌，以及头颈癌等病症的药物。它本身并不具备抗癌活性，必须经由肝脏的 DPD 酶代谢，将其转换成一种强效的抑制剂。——译者注

着在它身上，对乙酰氨基酚（Acetaminophen）的药效就会明显增强，甚至可能成为危险剧毒。如果有人说，这和我没有关系，我不认识对乙酰氨基酚这种东西，也不会服用，那是因为通常我们都只用药品名来称呼它，也就是扑热息痛（Paracetamol）。

而扑热息痛正是当年阿奇兹的家庭医师建议他停止服用的药品。

埃格特菌和地高辛的例子还是这当中最深刻的一个，因为这里由药物和肠道菌群产生的交互作用还有许多有趣的地方值得深入探讨，其中更有一部分牵涉复杂的医疗问题。每个人身上除了正常菌群，另外还有各种不同的细菌，不同的患者身上就会有各式各样、千奇百怪的细菌，当这些细菌对药物发动攻击时，便会产生不同的结果或导致不同的活性反应。有时单靠某种细菌的单一族群就能化解药效，而细菌的数量、多样性和活动力则会受到人们摄取的营养和服用药物的影响。

或许我们可以通过将特定细菌植入肠道或是益生菌的辅助，来控制药物的活性物质，使其在人体内发挥预期的疗效？这主意听来不错，原则上似乎可行，只是人们必须清楚自己在做什么。丰富的蛋白质虽然能让埃格特菌迅速繁衍，它们缓解地高辛药效的比例却反而下降，这可能是因为当益菌的数量相当可观时，会导致它们原有的活动力衰退。又或者，我们也许能在漫长的疗程中成功将特定微生物全数驱离，不过它们原本制造出来的问题产物可能会由其他细菌接收，最后还是落得白忙一场。

那些信仰"更多益菌能带来更多好处"或是"打倒攻击药物的细菌，让药物好好发挥效用"这类化约等式并希望能因此百毒不侵的民众其实会发现，多数时候实际情况根本不是他们所预期的那样，尽管医学专家确实正全力寻找可靠且有效的治疗方式，但是现实还是让人大失所望。就抵御外来影响而言，上述这些想法虽然重要，终究不过只是完整系统的单一方面；事实上，这个系统不但涵盖了人类以及与他共存的寄生菌，还有几乎没人会拒之门外的人体免疫力。因为只要肠内任何一个菌种的数量或活动力发生些微改变，都可能导致整个代谢功能完全停摆，这对宿主来说显然不是什么好事。只要一不小心在周末午后的烧烤派对上稍微多摄取一点儿蛋白质，不但可能会降低埃格特菌大嗑地高辛的食欲，更可能在肠内引发一场微生物风暴。这实在令人不敢想象。

## 分析还是放弃

或许我们应该在烧烤派对开始之前，先吞下一口混合细菌当作预防措施，然后就可以放心地大肆享用香气四溢的肉块，即便其中有些烧焦得厉害，当然还要配上啤酒、零嘴和香烟才过瘾！在这群细菌里，有些必须让制造致癌物亚硝胺（Nitrosamine）的肠道菌暂时失去活性，另一些则负责减缓蛋白质分解的速度，并且将分解后的蛋白质送进血液，还要有一些得开始制造保护细胞的人体抗氧化剂，诸如此类。如果这个烧烤派对以电音演唱会的形式开场，或许不会有那么多肉排，却会多出数不尽的药丸和摇滚乐，这时有一种能协助肝脏代谢毒品的细菌就能派得上用场。①

当然目前还没有适应这种生活方式的益生菌，或许还得等上很长一段时间，它们才有可能出现——即便不久以后，我们就能在网上见到益生菌销售业者宣称他们已经成功将其研发出来了。

---

① 实际情况也可能正好完全相反：人们当然也能利用微生物干扰肝脏的解毒作用，以延长毒品的效果——这就得看长远的健康或久久消散不去的烟雾，究竟哪个比较重要了。

实际上，我们所能掌握的就是细菌和那些持续在肠内上演的各种交互作用，以及那些超出制药者预期的药效反应。无论药物是否发挥效用，只要问问医生，你就会得到答案，或者必要时再尝试另一种药物；不过人们当然希望可以事先知道自己吞下的药物是否有可能变成超级毒素。

比方说，医生可以先为患者进行微生物检查，再决定是否应该给病人开对乙酰氨基酚这种药物。肠道菌值得医学界投以更多目光，而开列处方笺之前的微生物检查会是很好的起步。

还有另一个"第一步"会带领我们迈向全新的生活，关于这一步该怎么走，我们将在下一章做详细介绍。

# 第十一章
# 两种出生方式和关于人工剖宫的那些事儿

人类生命最初的开端也是细菌进驻人体的起点，但是过程中可能也会发生一些差错。剖宫产的孩子通常较容易有健康方面的问题，我们又该如何应对呢？

"身为一名女性科学家，我从未建议过任何人这么做，因为我们还没有足够的相关数据，不过我先这么说好了：如果当初剖宫产女时，我能拥有现今的信息，那么我会选择自然生产。"上述言论可谓相当强烈的声明，而这位女性科学家又恰好一度参与有史以来第一个以剖宫生产为主题的研究计划。或许是性格使然，委内瑞拉的女性则另有一番见解，我们可以这么说：与不易亲近的瑞典人比起来，她们显得更有活力。

前几章曾经提过的多明格斯－贝洛便出生于委内瑞拉，在当今研究人类微生物群系的圈子里，她几乎可以算得上是最有影响力并且深具创新力的学者。多明格斯－贝洛在纽约大学拥有教职，而她也好好利用了这个机会，除了试图从几乎不曾受到外界干扰的原始边境找到最纯净的肠道菌群，她也希望弄清楚剖宫产对儿童及其未来的健康有什么影响，而我们又该如何避免那些不良的后遗症发生。比方说，在剖宫产的过程中医生会将一块无菌敷布塞进产妇的阴道，之后再以这块沾染母亲细菌的棉纱来包覆新生儿；这正是这位教授当初产女时想采取的方式，如果那时她知道该这么做的话。

## 没灰尘、没细菌,不代表没问题

这个方法乍听之下其实有些奇怪,只要把一团布料塞进阴道(卫生棉也行得通),让它好好浸湿,同时从剖开的肚子里抓出新生儿,剪断脐带并将其清理干净后,再用这块又湿又黏糊的棉布将他包覆起来。"这种做法当然会招致批评,人们甚至拿有些医生用来治疗成人患者的粪便细菌移植术与之相提并论。不过两者根本无从比较,因为在正常情况下,不会有人交换彼此的粪便,但是胎儿在出生过程接触到大量阴道分泌物却是再自然也不过的事。"多明格斯-贝洛指出。

在产房里进行剖宫产实际上是干净且几乎无菌的过程,这是一件好事,尤其对肚子被剖开的产妇而言,这个过程就跟盲肠或胆囊手术没什么两样。不过对于即将成为新生儿的胎儿来说,途经这么一条干净又卫生的道路来到这个世界就不见得这么理想了,"我们所做的不过是模拟自然分娩的过程",多明格斯-贝洛表示。

曾经参与自然生产过程的人就能理解这是什么意思,无论是当事人、伴侣、助产人员、实习医师或其他角色:胎儿自行通过产道的确是不可思议又让人倍感惊奇的一件事,不仅如此,这一路上还充满了各种分泌物和血液,就连母亲的直肠内容物也会在胎儿的压迫下喷溅出来。这一切再自然且正常不过了。尽管现代医学备有各项无菌设施、乳胶手套和绿色口罩,仍然无法让自然分娩的过程彻底无菌。不过这也没什么不好。

## 通往充满生命之途

至于细菌是在什么时候进驻人体和肠道的？关于这一点，医学专家至今仍争论不休。或许胎儿早在出生之前就得到了生命中第一批微生物，不过有一点是我们可以确定的：经由自然分娩来到世上的新生儿终于得以首次——在未经稀释、筛滤的情况下——感受到亮光的照射、清晰的声响和直接的抚摸，他不只必须马上开始呼吸，也需要立即补充水分，更被迫卷入一场真正的微生物风暴。早在胎儿从阴道探出头来之前（若是经由臀位生产就是胎儿屁股先出来），他就会在健康的阴道里遇上大量各形各色的微生物，其中大多是乳酸菌，也能见到厚壁菌门的细菌，另外还有目前科学家已知的各类菌种，不过或许有更多是他们完全不熟悉的。每位女性阴道里的菌群组合也都不一样。[1]

不过我们可以确定经由自然分娩来到世界的这条道路必然会穿越无数微生物，新生儿不但全身上下都被微生物层层包覆，他还会吞下阴道分泌物里的细菌，当然，阴道周边部位所分泌的黏液他也不会放过。在他的身体尚未被毛巾擦拭之前，细菌会紧紧贴在光滑的小屁股上或是钻进皮肤的毛孔里寻找藏身之处，另外也有一些会溜进外耳或是鼻孔以躲避后续的清洁。

然而，一旦换成剖宫产，上述这些情况通通不会发生。不单是因为全程无菌的手术使得新生儿无法获得产道的细菌，通常为了避免准妈妈和新生儿感染，医疗人员会在剖宫前先帮产妇注射一剂强

---

[1] Zhou et al.: Characterization of vaginal microbial communities in adult healthy women using cultivation-independent methods. *Microbiology*, Bd. 150, S. 2565, 2004; Robinson et al.: From Structure to Function: the Ecology of Host-Associated Microbial Communities. *Microbiology and Molecular Biology Reviews*, Bd. 74, S. 453, 2010.

效抗生素，为了保险起见，这名新手妈妈还得在产后连续服用五天的杀菌药物。

经由统计可以得知使用这些医疗措施和卫生设备所带来的结果。在德国和其他工业化国家，剖宫产后伤口感染的比率甚低，大约是3%，发展中国家的相应比率则明显偏高（根据不同的研究结果，在16%—30%之间，早年甚至一度高达75%）。[1]

## 最初的1000天：决定健康的关键期

另外，我们也能测量剖宫产所带来的长期影响，不过这些数据看起来不太妙。同自然分娩的宝宝相比，剖宫产的孩子经常有过敏或哮喘的问题，另外像是自闭症、I 型糖尿病等自身免疫病，或是超重等问题也比较容易发生在剖宫产的宝宝身上。研究数据更显示，剖宫产宝宝的肠道菌相明显与自然生产的宝宝不同，活跃程度也相对偏低，因此，我们几乎可以确定新生儿体内缺少的微生物在某种程度上决定了特定疾病的好发与否，至于"正确的"肠内菌何时出现也就不是那么重要了，因为最终剖宫产宝宝大多还是会拥有这些菌群。重要的是，一份早期的研究报告指出，肠道应该在免疫系统尚未完备之前就储备"正确的"战斗力。科罗拉多大学波德校区的奈特（Rob Knight）是一位相当知名的肠内菌学家，对于自然分娩的宝宝日后是否普遍比较健康这个问题，他毫不犹豫地给了我们这个答案："没错！"

"最初的1000天"这种说法似乎被神化了，这1000天指的是

---

[1] Ezechi et al.: Incidence and risk factors for caesarean wound infection in Lagos Nigeria. *BMC Research Notes*, Bd. 2, S. 186, 2009; Ali: Analysis of caesarean delivery in Jimma Hospital, south-western Ethiopia. *East African Medical Journal*, Bd. 72, S. 60, 1995.

胎儿从受精卵一直到满2岁前这段时间，而根据这种说法，这期间几乎就确定了一个人生命中的弱点，也就是决定一个人容易被哪些疾病缠身，又能免于哪些病痛。其中的关键性因素就在于营养（从母体获得的和出生之后摄取的）、爱、关怀以及——没错！就是肠内微生物。英国广播公司（BBC）在2012年制作播出了一系列与这个主题相关的纪录片，记者波特（Mark Porter）在第一部片子的开头便以充满宿命感的文字"已掷出的骰子"为整部影片做了最佳注解。

就算我们早已过了2岁生日，甚至不再年轻，命运仍旧无法阻止我们，因为我们永远有机会为自己的健康努力，当然还有那些我们最爱、最亲近的人。这样的机会在未来会更多，尤其是在细菌的协助下，不过要在最初的1000天里把每件事做对，可能不见得对每个人都很简单，所获得的效益也不尽相同，至于后续影响就更不用说了。

这究竟是怎么回事？我们现在才正要着手了解，不过有些事是再清楚不过的：在怀孕期间抽烟、饮酒和持续减肥绝对是不好的，自然生产永远比剖宫产好，出生体重超过2500克的新生儿未来的发育及健康状况会比较理想，哺喂母乳比喝罐装奶粉好，还有长期过度注重卫生对健康其实是有害的。

## 卫生过了头

过度注重卫生意味着细菌和微生物数量不足，免疫系统也会缺乏演习的对手。我们可以将现今众所周知的理论简化为上述等式，按理说，这套观念也已延伸至产房和婴儿室，不过如果你以为会在那里见到任何改变，那么你就错了。新手爸妈替婴儿更换尿布前仍被要求给双手消毒，结束之后也必须以酒精消毒尿布台，剖宫产的妇女在产前及产后数日还是会服用抗生素。理由很简单：没人希望产妇或新生儿受到感染，刚迎来新生儿的家庭应该在三天或六天后干净而且健康地踏出医院的自动门，就算幼儿在数年后染上任何疾病，也不会有人怀疑这和当初的产房环境有关系。

这是一个难以化解的矛盾，尽管妇产科多少都往"自然"靠拢了一点，不过一旦发生并发症，人们当然会希望儿童加护病房和受过专业训练的医护人员就在最近的楼层。建议医疗院所稍微降低卫生标准似乎不会有什么正面的回应，因为谁都负担不起一时疏忽引发的严重感染，就算只有一次也将是无可挽回的错误，更不用提后续接踵而来的责难与非议。新生儿的父母几乎无法眼睁睁看着自己的孩子随意抓起东西就往嘴里塞，要是有人放任自己的孩子这么做，那也是出于放弃的心态居多，而不是想借此给幼儿的免疫系统一个演习的好机会。

## 权威学者（尚未提出）的建议

那么如果是因为不可避免的情况，只能选择剖宫产，我们又该如何应对呢？关于这个问题，科学界还没有给出明确答案。如果准爸爸要求医生在手术的同时塞一块软棉布进伴侣的阴道里，之后再将棉布取出，那么，假设他幸运的话，当时就可能获得医生点头同意；最糟的情况则是遭到医生以不符院方规定为由的一口回绝，即便这位新手爸爸在口罩的遮蔽下不断向医生说明多明格斯－贝洛团队最新的研究成果。类似情况或许在未来会有所转变。

至于目前就得视运气而定了。

比方说，通过持续哺喂母乳或许能稍稍平衡剖宫产所带来的后遗症。多数研究都认为长期哺喂母乳与儿童日后的发育和健康状况有密切关系，同时也有助于肠内益菌的生长。不过我们仍然不该过度信仰母乳，而是应该在数月后就以辅食取而代之，因为有些研究指出，长期哺喂母乳也可能导致幼童日后患上过敏性疾病，而辅食也已经被证实能提高肠内细菌的多样性，这么一来，免疫系统也能获得对的演习伙伴。①

我们当然也能观察幼儿早期在充满关爱的原生家庭是如何一路长大，成为儿童及青少年，却极少发生过敏问题或其他文明疾病的过程，答案是：完善的保护、良好的饮食、干净但尚未达到医疗标准的环境。他们的成长过程不存在消毒剂，倒是身边总是围绕着人群，如果是乡下长大的孩子，身边甚至会有各种动物穿梭来去，这些因素会慢慢增加幼儿与微生物或其他外来物质接触的机会，他们的免疫系统也会随之持续强化，当然过程中免不了会有感染或发烧的情况发生。

请别误会！我们当然不是鼓吹恢复过往那些属于美好旧有时光的做法，毕竟那时新生儿和幼儿死于感染的概率远远高于今天；我们也没有试图给父母提供一套安全却还是不免会有风险的育儿宝典，不过，如果我们过分认真地看待每份研究报告，完全不让孩子有接触细菌的机会，这也绝对不是可行的办法。先前提到的研究发现，彻底与细菌隔离的儿童似乎更容易有过敏问题，有些医学专家解释说，或许这些孩子是由非常注重健康观念而且有洁癖的母亲带大的。

---

① Joseph et al.: Early complementary feeding and risk of food sensitization in a birth cohort. *The Journal of Allergy and Clinical Immunology*, Bd. 127, S. 1203, 2011 Teil III Desinfektionskrankheiten.

## 添加预防性抗生素的幼儿早餐

有些立意良好且一路流传至今的专业医学建议其实根本是错误的。"父母们总是被告知要让他们的孩子尽可能远离潜在的过敏原,如今看来,这么做反而是错的。"瑞典林雪平大学的耶恩玛姆(Maria Jenmalm)表示。许多地方都针对这项议题进行了相关研究,比方说,凡是2013年秋季在某家位于柏林的医院生产的人,都会在妈妈手册和写满各种建议的倡导纸堆里发现一张传单,上头正在招募柏林夏丽特医学院某项研究计划的受试者——研究团队想知道,从小就摄取鸡蛋白的儿童日后是否就能避免鸡蛋白过敏。

另外,我们也能挑选一个只在必要时才会给病人开抗生素的儿科医师,因为抗生素可能会影响肠道益菌,同时也会阻碍免疫系统的健全发展,甚至连大脑都难以幸免。

多明格斯-贝洛教授提出了一个方法并且承认要是她再次剖宫生产就会这么做,尽管她没有公开推荐,但有些科学家的确采纳了她的建议:奈特曾向《纽约时报》的记者波伦(Michael Pollan)坦承,他经由剖宫生产的女儿便是按照多明格斯-贝洛的理论辗转从母亲的阴道里获得了细菌。

其他同样投入这项研究的学者和医学专家虽然没有像多明格斯-贝洛或奈特这般具有行动力,不过当家族成员中有人进行剖宫生产时,他们也不仅仅只是站在一旁静观其变。斯德哥尔摩皇家科技学院的安德森(Anders Andersson)教授说,在他的孩子经由紧急剖宫手术出生后,他随即冲进药店买了预防性抗生素,然后在第二天喂给自己刚出世的孩子。先前提到来自林雪平大学的耶恩玛姆甚至做得更彻底,她选择使用含有罗伊氏乳杆菌(*Lactobacillus reuteri*）的油性乳液——在德国药店也能买到同样的东西。相反地，她的同事恩格史坦（Lars Engstrand）面对相同情境时则给出了典型并且具有科学依据的答案："就我们目前所掌握的资料还不足以提出任何值得推荐的干预手法。"而我们在本章的第一段就已经抢先预告了这个听来冷酷又稍嫌保守的瑞典式见解。

## 子宫之外

在2014年或是在这之后翻阅本书的读者也许可以直接上网查询这项研究是否有任何最新进展，建议输入搜索关键词"Maria Gloria Dominguez-Bello"。理论上应该能够找到多明格斯－贝洛最初的研究成果，也就是让剖宫产的婴儿身上沾染阴道黏液的方法。本书写成之际，她已经证实这种方法并不会对新生儿造成严重伤害，"一切都很健康"，她说。

要是你也考虑在自己剖宫产时也采用这种方法，那么你应该知道，这些研究可不只是帮宝宝抹上细菌这么简单，科学家也仔细地检查和观察了产妇与婴儿的状况，然后列出了几项基本的前提要件：准妈妈的乳杆菌属细菌必须具有优势，阴道检测必须呈现标准酸性环境，而产前的链球菌和艾滋病筛检结果也必须呈现"阴性"反应。

正常的怀孕周期大约是九个月多，或许各位读者可以静下心来好好想一想，万一迫不得已必须进行剖宫产手术时，你们会如何反应。你可以购买含有罗伊氏乳杆菌的乳液，也可以有长期哺乳和拒绝使用杀菌清洁剂的打算，当然你也可以请教医生、助产人员和那些长期获取新知的人。但同时你也必须清楚，即便你做足了各种防范措施，将细菌嫁接到新生儿身上还是可能有风险。不过最重要的是：已经有上百万的宝宝经由剖宫产来到这个世界，他们大多已经健康或在某种程度上算是健康地长大成人，有些则正一步一步走在日益茁壮的路上。成千上万的人群有过敏和自身免疫病的困扰，不过他们也都还应付得过来，对有些人来说这甚至算不上是问题。所以你大可先放下心来，在宝宝出生后的1000个日子里，为他在现有环境中打造一个最好的生命起点。

# 第三部分

## 消毒的疾病

第十二章
# 免疫系统的学校

> 对人体的疾病防御机制来说,细菌是重要的训练伙伴,少了细菌,免疫系统便会肆无忌惮地攻击无害的物质或者人的身体。

这么说或许有点讽刺,但是对过敏研究来说,"二战"后德国的分裂其实是件好事。直到柏林墙倒下前,人们坚信与日俱增的过敏和哮喘患者和日趋严重的空气污染一定脱不了干系。随着冷战结束,科学家穆蒂乌斯(Erika von Mutius)的研究也有了突破性的进展,她反驳教科书上尝试将这两项因素绑在一起的观点。

主修儿童医学的穆蒂乌斯利用在慕尼黑实习期间和莱比锡及哈雷的同事取得联系,共同进行了一项迫使官方改写教科书的研究。这两个民主德国城市的外围主要是贮藏化学物质和发展重工业的区域,为了达成计划经济所设定的目标,再加上随后劳工阶级推翻了帝国主义,有不少人牺牲于此。这里的空气和水脏得跟恩格斯[①]时期的曼彻斯特没什么两样,居民多半是劳工或工人之子。

这地方就像是为了证实那个陈腐的假设而打造的:工业污染正是引发过敏的源头。只是,穆蒂乌斯和她的同事却正好发现与这项

---

[①] 恩格斯(Friedrich Engels),德国哲学家、社会学家及历史学家,1842年移居至英国曼彻斯特,开始接触工人阶级的生活。——译者注

结论相反的现象，因为和慕尼黑相比，住在严重污染地区的儿童反而不太会有过敏和哮喘的问题。与上述主流认知不符的其实不单只有这项观察结果，接下来几年的发展也与主流认知背道而驰：许多研究结果一再显示，民主德国的工厂接二连三地关闭或改以现代化方式经营后，当地的空气质量逐渐获得改善；然而，患有过敏的儿童人数却与日俱增，这项数据甚至在15年后赶上了联邦德国。

## 更多的托儿所！

当时的穆蒂乌斯还不知道这些后来的发展情况，她和同事在1992年前往图森的亚利桑那大学呼吸科学中心拜访亦师亦友的马丁内斯（Fernando Martinez），并希望他能协助他们从现有的资料中找出一些蛛丝马迹。马丁内斯要求他们跳脱传统的测量点，利用想象力思考。但是，无论是蓝的还是红的工兵领巾、自由德国青年团（FDJ）的衬衫、布米儿童杂志（*Bummihefte*），还是一个明确的阶级立场都无法给他们提供一个合理的解释，就连特拉比[①]二行程循环引擎所排放出的废气里也找不到让民主德国儿童幸免于过敏的保护分子。

最后还是一篇三年前的旧文让她踏上了追寻某条线索的道路，直至今日她仍紧追不舍。

就在柏林墙倒塌的同一个月，英国的传染病学家斯特罗恩（David Strachan）在《英国医学杂志》（*British Medical Journal*）发表了一篇一开始并未受到瞩目的短文。不久，这份占了一页篇幅、

---

[①] 特拉比（Trabi），民主德国时期的汽车，早已停产多年，是相当具有历史意义的经典款。——译者注

以"花粉症、卫生和家庭空间"为题的研究报告就彻底扭转了人们对细菌的看法。[1] 斯特罗恩评估了17414名英国民众的健康资料，这群受试者都是在1958年3月的同一个星期来到人世的。他试着从那些曾经感染花粉症的受试者中找出共通点，并且发现和某种过敏症状具有高度关联性的竟然是每个家庭里兄弟姐妹的数量；他甚至还找到了用药剂量和药效之间的关系，假设我们从每个家庭所拥有的孩子数目来谈论用药剂量的话：每户的第一胎有20%的概率对花粉过敏，有两名手足的儿童的相应比例则会降到12%，如果在家排行老五或是更后面的孩子，这个比例就会一路下滑到8%左右。

斯特罗恩从中发展出一套理论，认为兄弟姐妹成群的孩子较常接触病原菌，他们的免疫系统也就有足够的经验分辨无害的过敏原和病原菌的差异。不过由于家庭规模日益缩减，加上居家卫生条件大幅改善，自然感染的机会也就随之降低，连带造就了越来越多的过敏问题。这是斯特罗恩得出的结论，也是今日被称作卫生假设的这套思想架构的最初根基。

穆蒂乌斯照着斯特罗恩的逻辑再次检视他们搜集到的资料，终于发现民主德国和联邦德国的儿童之间，除了空气质量，还有另一个显著的差异：民主德国不只出生率胜过联邦德国，每户的平均人口数也比联邦德国要多。在民主德国，父母工作时将幼童放在摇篮里是常有的事，70%的幼童都是以这种方式度过一天；相对地，在联邦德国，这个比例只有7.5%。民主德国患有过敏的儿童约比联邦德国少了50%，不过后来还是追上了联邦德国，因为他们的出生率降低，幼童也几乎不再被放进摇篮里；同时，有过敏困扰的人数上

---

[1] Strachan: Hay fever, hygiene, and household size. *British Medical Journal*, Bd. 299, S. 1259, 1989.

升,尽管空气是干净的。

对穆蒂乌斯来说,单靠幼童和年长孩子的接触大幅减少这项因素还远不足以解释过敏人口的增加,她认为民主德国与联邦德国之间一定还有更多有待厘清的现象;民主德国与联邦德国统一后,原民主德国境内显然有新的刺激因素进入,或者是原本有的东西消失不见了,才会导致这样的改变。

穆蒂乌斯还是持续在寻找造成过敏的单一或多个原因,是因为婴儿摇篮逐渐式微,或是工业区不再被煤烟笼罩,又或者是其他因素。要不是因为细菌是其中的热门选项之一,我们根本不会提到这段历史,最后穆蒂乌斯在牛棚里找到了这个细菌。

穆蒂乌斯之所以在2000年开始将搜寻方向转移到牛棚里,是因为她和同事已经证实,尽管同在一个区域长大,农场里的孩子较少有过敏或哮喘的问题。[1]1000名在农场长大的儿童之中大约有13人患有花粉热,另外30人有哮喘症状,而对照组则有49人,确切地说,是64人。其他在奥地利、瑞士、新西兰、加拿大以及美国等地所进行的研究也有30份以上的报告得到类似数据[2],证明四处都有让人幸免于过敏的农场因素。

## 我们的小农场

原本的卫生假说现在已被农场取代,而同样不认为卫生是唯一关键要素的还有英国免疫学家鲁克(Graham Rook)提出的"老友

---

[1] Legte den Grundstein zur »Bauernhof-Hypothese«: von Ehrenstein et al.: Reduced risk of hay fever and asthma among children of farmers. *Clinical & Experimental Allergy*, Bd. 30, S. 187, 2000.
[2] Von Mutius und Vercelli: Farm living: effects on childhood asthma and al-lergy. *Nature Reviews Immunology*, Bd. 10, S. 861, 2010.

假设"。免疫系统不只需要和脏污划清界限，而且和一个人干净与否，多久洗一次头之类的问题也毫无关系。把受到废气污染的都市空气拿来训练免疫防御系统似乎也不甚恰当——事实上的确有这么一说，认为微尘颗粒甚至会激化呼吸道的过敏反应。此外，这也和长期受（儿童）疾病困扰无关，如同人们一开始认为的那样；真正的关键，就像许多证据已经指出的，其实是要接触那些对我们无害的细菌，也就是那些和人类一同历经数百万年演化过程的旧识。这样说来，牛舍或摇篮可能是人类和微生物相遇的理想地点。

根据鲁克的说法，人类曾历经两次大型的"流行病过渡时期"。第一次发生在石器时代，那时我们的祖先开始圈养牲畜，而不再只是单纯猎杀动物。他们学习到如何让狼群服从、驯服马匹，以及如何饲养羊群或后来的牛群。要适应所有这些新的毛发、体液，以及不容小觑的细菌和病毒，对人类早期的免疫系统来说是相当艰巨的挑战，可能有不少人在初期因此而牺牲——这也说明了为什么好几千年以来，世界上多数地区的人类明明能拥有更丰厚的收获和储粮，却宁愿放弃这种新形态的经济模式。

按照鲁克的说法，第二次的重大转折则发生在不久之前，大概和工业革命同时，而且一路延续到今天。人们开始居住在大型都市里，几乎不再和动物有任何接触，取而代之的是前所未有的干净水源和食物。随后，先是有清洁剂问世，紧接着是抗生素的出现。至此，人类距离史上首次登场的文明病也就不远了，他们和身上的微生物以及蠕虫这类稍大的寄生虫共存数千年后，竟然用了短短不到两代人的时间就将这些老伙伴彻底逐出他们的生命，再也不愿意信任它们，而早已习惯这些微生物存在的免疫系统或许是唯一至今都没办法跟上这种发展的。社会经济环境的剧烈变化使得演化中适者生存的机制被迫中断，这么一来，免疫系统顿时显得毫无用武之地。不过一个已经工作了数千年的人是不可能那么轻易就退休的，他会重新为自己找到值得忙碌的事情。

免疫系统肩负重大责任，它必须能够分辨敌友，才能好好修理坏蛋，然后放过友善的家伙。不过肠内的一团混乱还不只这两组人马，我们塞进肚子里的食物也一起搅和在里头。这些肠道内容物和人类体腔之间相隔了一道肠道上皮层，许多不同的活动就在这个形同边境通道的区域上演，不过有些事情还是得送进血管才有办法完成。每日由面包所提供的养分都会穿过这道屏障，偶尔出现不熟悉的物质时，比方说希腊石榴，肠道上皮层也必须处变不惊，确保原有的稳定运作。边境附近会有免疫细胞潜伏其中，以便检查所有靠近的物质，当讨人厌的家伙出现时，这些镇守边防的军队可是一点儿都不会客气，因为这道防线一旦被突破，疾病就可能随之而来。不过并非每个微生物都是危险的，它们大多都对人体有益，而且从很久以前就一直陪在我们左右；它们拥有居留权，免疫系统必须予以包容。

## 偏执的守护者

由于人类和微生物一路走来相互扶持、携手共进，使得免疫系统打从一出生就对我们的老友一点儿都不陌生。正常情况下，一旦免疫系统察觉到有病原菌入侵，便会发狂地大肆攻击，引起严重发炎，不过面对这些老友时，免疫系统所能做的通常只是形成紧张的情势。我们今日之所以多情地对细菌以老友相称，是因为我们在它们的协助与陪伴下一路长大成人，但是别忘了，它们从一开始就只是为了自己才这么做，或许它们的祖先对我们的祖先而言是真正的敌人。也许我们应该将这位老友视为为了生存而结盟的策略性伙伴，这么一来会比较理想，毕竟我们无法完全免除它们的嫌疑，也没办法随时处在备战状态。人类的免疫系统基本上就和美国的情报人员一样偏执，尤其当他们刺探大西洋彼岸的伙伴时。

当免疫学家得知细菌不只在胃肠道的消化过程中助我们一臂之力，同时也是身体防御机制必要且讨喜的训练伙伴时，他们着实大吃一惊。对免疫系统来说，微生物正是它练习拳击的对手；这是拳击训练的一种模式，两名拳击手面对面站在擂台上对打，他们必须遵守特定的规则以避免造成伤害。站在擂台旁的观众能感受到双方血液里的肾上腺素急速上升，现场气氛顿时紧绷了起来，不免让人怀疑这似乎不只是一场练习。现场的情况是：站在你面前的对手正准备好好痛殴你一顿，甚至是经过缜密计算的，而弥漫四周的可不是什么温馨的气氛，更多时候你只感受到恐惧和愤怒。直到明确分出胜负前，这样一场身着保护装备的对战练习大概都无法真正落幕，因为两人之中必然会有一人失去对自我本能的控制而做出超乎合理范围的猛烈攻击。

当我们的免疫系统将眼前的微生物判断为旧识时，也是同样的道理，免疫系统知道："它们可以待在这里，因为它们不会伤害我们。"不过微生物不知怎的总是跟我们预设的不太一样，甚至是陌生而且难以信任的。免疫系统若是一名拳击手，那么他会感到血脉贲张，不过尽管气氛紧绷，这场对战练习并不会流于失控的挥拳，这是因为有 T 细胞居中调节，让身体得以处于这样的状态。这种细胞极其重要，它们压制免疫系统的活跃程度，同时确保它在必要时放手；我们的身体要是缺少了这项机制，免疫系统就很容易陷入暴走状态，埋下某种过敏或哮喘的种子，进而引发自身免疫病。

战士永远是战士，偶尔还是得要有个对手，即便只是为了练习。要是我们几乎无菌的世界里少了真正的对手，那么诸如动物毛发、禾本科植物花粉或牛奶蛋白这类无害的过路人便会惨遭毒手，成为无辜的受害者，甚至宿主本身都可能受到伤害。

免疫系统主要的任务就是随时整装待命，以便在必要时给病原菌和其他作乱的怪物致命一击。在包容故友之余，它也必须对有害的细菌展现高度警戒，同时它也必须确保肠内益菌拥有舒适的生存环境，让坏细菌毫无立足之地；换句话说，它必须身兼特蕾莎修女和《古墓丽影》里的劳拉（或是拳击界的哈尔米希①）双重身份。如同先前提过的，这是一份吃力的工作。

## 麸质和其他无福消受的东西

免疫系统也需要肠内益菌作为它的训练伙伴，明确地说：如果过去十年的发现不全然是毫无意义的，那么这些细菌不只替我们分解了无法消化的养分，更控制并且训练了我们的免疫系统。少了它们，免疫系统就会形同瘫痪失控；如果它们没有在我们生命的最初进驻我们的身体，或是在之后被抗生素彻底消灭，那么调控免疫系统的开关就无法正确转换，免疫系统会因此变得极度敏感，进而对我们的身体造成影响，比方说，一旦接触到花粉或牛奶都可能让它陷入恐慌，或者直接对进入身体的小麦蛋白或麸质发动战争。

乳糜泻是麸质不耐症当中最极端的一种形式，越来越多的人被诊断出有这种症状，他们对蛋白质的反应会一路从腹痛，历经肠绒毛萎缩，直到最后以恶性肿瘤作结，而和小麦相近的谷类或裸麦和大麦里都可能含有这类蛋白质。事实上，人们认为这种病症是好的，

---

① 哈尔米希（Regina Halmich），德国家喻户晓的超轻量级女拳王。——译者注

在遗传易感性和过敏原麦麸的双重作用下，肠壁会严重发炎，免疫系统的防御机制会攻击身体的结构；在极端的情况下，甚至会突破肠道侵入人体内部。然而，我们无法通过这种方式解释为什么近年来罹患这种疾病的人数与日俱增，要不是肠内菌可能与此有连带关系，我们或许就不会提起这个例子了。

比较芬兰和俄罗斯儿童的情况，能让我们得到一些蛛丝马迹。芬兰南部坦佩雷大学的许厄蒂（Heikki Hyöty）在多年前执行了一项研究计划并发现，边界这头的芬兰儿童患有乳糜泻的比例为1%，而另一端的俄罗斯只有0.2%。就遗传学的角度来说，居住在边界两端的儿童几乎没有太大的差异，因为现有的边界是1947年才穿过卡累利阿省，将长久以来的混居地区一分为二。因此，我们无法以遗传基因解释两个地区相差悬殊的患病比例，而不同的饮食习惯也同样缺乏说服力，俄罗斯的儿童甚至比芬兰的孩子吃进更多小麦。其他免疫系统的疾病也都显示了两者之间诸多类似的差异，不过遭殃的总是芬兰人。

许厄蒂推测，俄罗斯儿童受到的保护可能与民主德国儿童类似。无论是粉尘或水质分析都显示出俄罗斯儿童身处环境的含菌量远比芬兰多，"那是俄罗斯相当偏僻的地方，他们的生活模式和五十年前的芬兰人没什么两样"[①]。对免疫系统的发展来说，这是很理想的条件。

在芬兰，不只儿童房里的细菌种类屈指可数，乳糜泻患者的肠道菌群多样性更是低得可怜，不过我们仍无法确定这些现象究竟是造成疾病的原因还是疾病所带来的后果。举例来说，一旦双歧杆菌

---

① Velasquez-Manhoff: Who has the guts for gluten?, *New York Times*, 23. Februar 2013，这篇文章底下收录了超过两百条的注解，另外作者还著有一本值得一读的好书：*An Epidemic of Absence: A New Way of Understanding Allergies and Autoimmune Diseases*（Scribner 2012）。

（*Bifidobakterien*）的数量减少，肠道就会受到更猛烈的攻击，让发炎的情况更加严重。接受母乳哺喂的新生儿可从中获得双歧杆菌，相对来说，饮用配方奶的幼儿就少了这部分重要基础，连带影响日后免疫机制的发展。这里的重点其实不只在于我们长期缺乏与益菌的接触，现代化的营养摄取和我们所服用的某些药物也都是造成人类体内菌群衰弱的原因之一。

综合上述研究结果，我们可以先得出一个简单的结论，那就是：我们应该为自己和熟识已久的微生物制造更多相遇的机会。显然前往农场度假还是不够，想要收放自如地运用防御能力，同时不让自己的身体受到伤害，我们的免疫系统就需要更多的锻炼。然而这整件事最蠢的地方在于，根本没有人知道谁才是正确的训练伙伴，毕竟我们一向就只有那么几个选项。

## 生牛奶才是关键

其中有几个还是穆蒂乌斯和同事在农场里找到的。当初发现两德时期人民过敏现象有所矛盾的学者现今任教于慕尼黑大学的小儿过敏学专科，他同时也是一项大型研究计划的发起人之一。共有超过15个国家、100名专家学者参与了这项计划，他们近期发表了第一项研究成果，而这项计划最终的目标当然是找出让农场的孩子免于过敏的神秘因素。科学家们派人前往每个参与这项研究计划的家庭里收集粉尘，对尚未成熟的免疫系统和细菌来说，儿童床垫正是它们碰面的最佳场所。研究团队使用特别的仪器仔细吸过8000张床垫，然后观察了集尘袋里的内容物。另外，他们也趁着孩子在一旁享用农场现挤的牛奶时，从畜舍的墙壁上刮下污垢，并从早餐桌上取得样本。经过分析，他们得出了这样的结论：鲁氏不动杆菌

（*Acinetobacter lwoffii*）和乳酸乳球菌（*Lactococcus lactis*）这两类菌种似乎适合作为人体免疫系统的训练伙伴。同时，这项研究也指出幼童要怎么做才能够得到保护——定期在牛舍逗留并且饮用未经处理的生牛奶，如此一来，患过敏或哮喘的风险就能减到最低。

不过我们至今仍未找到彻底终结过敏问题的解决之道，直接饮用生牛奶的同时可能也会吞进危害生命的细菌。怀孕期间在畜舍或谷仓工作并且饮用生牛奶的妇女，之后产下的孩子能得到最好的保护，显然免疫系统在生命萌芽的初期就需要完整的训练机制，拖得越晚就越不容易驾驭。

经过消毒灭菌和均质化处理的牛奶就不再具备保护功能，研究指出，这是由于真正具有保护功能的其实是牛奶里的细菌。令研究人员感到意外的是，推动这项防卫机制的实际上是牛奶里的蛋白质，工业化的处理过程却破坏了这项重要的因子。穆蒂乌斯希望能找出一套全新的灭菌方式，能有效除去对人体有害的细菌，却不致让蛋白质流失。假如这种方式行不通，还可以尝试在进行消毒以前，将蛋白质从牛奶里分离出来，之后再重新加回牛奶里。研究团队估计，单是这么做就足以让儿童患哮喘的风险至少降低一半。

然而，尽管大幅降低了过敏风险，还是有许多患者受到疾病的折磨，而且一直到我们找到有效对应的办法之前，至少也得耗上好几年。虽然已经有药厂利用畜舍里的鲁氏不动杆菌和乳酸乳球菌开发出新药，不过就算将这款试验中的药品引进市场似乎也无法更快解除现有的困境。目前位于德国盖尔森基兴的捍卫药厂[1]正在研究这类预防性药剂的效能，他们在动物试验的阶段获得了令人满意的

---

[1] 捍卫药厂（Protectimmun GmbH）是一家专门研究并制造过敏及慢性发炎用药的德国企业。——译者注

结果，但这不见得具有什么特殊意义，因为通常在动物试验阶段证实有良好效果的药品，只有10%到0.5%的概率能继续研发成为上市新药，而这得视人们选择相信哪种统计数据而定。此外，当时也尚未出现可以广泛用来对抗过敏的预防性抗生素。

不过还是有许多可以用来预防过敏和自身免疫病的替代品。纽约医学专家布莱泽就认为，胃里的幽门螺杆菌能让儿童免于哮喘的威胁。他根据研究所得的资料，建议那些患有非先天性哮喘的儿童服用幽门螺杆菌，至于日后可能发生的胃溃疡或胃癌等疾病，就只能等到其长大成人，具有健全的免疫系统后，再用抗生素治疗——也就是等到细菌履行训练免疫系统的职责之后。

幽门螺杆菌似乎也能有效预防多发性硬化（Multipler Sklerose）或是因免疫系统失调引起的肠道疾病，比如克罗恩病（Morbus Crohn）。在我们使用抗生素进行全面灭菌不久以后，一连串关于自身免疫病暴发的报道支持了这项假设，不过同时也有研究提出与这项假设相反的发现，指出幽门螺杆菌也可能导致帕金森病和心脏疾病。看来我们仍旧无法给这种细菌是好是坏下定论，幽门螺杆菌所带来的影响当然和宿主的遗传基因有很大的关系，不过其他寄生在同一人体上的细菌也是关键因素之一，因为要是幽门螺杆菌真有这么大的威力，那么它必然不是肚子里唯一占尽优势的独裁者。

## 加了太多料的蔬菜汤

穆蒂乌斯喜欢把免疫系统比作一碗蔬菜汤，每个人都希望属于自己的那碗汤能有些变化，不过汤头原料却只能是固定的。好比洋葱或红葱头必然不可或缺，不管加入哪一种都能让整锅汤尝起来香甜鲜美，总之韭葱类绝对是决定一锅汤的关键因素。至于免疫系统这锅汤是否到了哪里都有可以调整的空间,穆蒂乌斯的观点是:"我认为这是一个多余的系统。"按照她的理解,免疫系统的训练并不见得非得由鲁氏不动杆菌或者任何一种特质相近的细菌来执行不可,重点是,必须要有细菌接下这份重任。此外,同一种细菌在不同的人身上所能发挥的作用力也可能有所不同,这和个人的遗传组成、生活方式及其他寄生在同一人体的微生物有关。

然而,所有相关研究也都明确指出,免疫系统和微生物早在生命萌芽初期就彼此相遇了,后来人们甚至发现影响两者首次互动的可能性,只是至今我们还不是很确定该怎么加以干预。

我们目前还无法很具体地掌握免疫系统的反应机制,通常研究数据的说法大概是这些细菌或那些寄生菌可以用来协助抵抗哮喘、过敏或是自身免疫病 X 或 Y,听起来像是只有那些被提及的细菌才具有这些能力。比方说布莱泽就确信幽门螺杆菌具有独特的功能,或许这类菌种真的与众不同,又或许它真的能够发挥科学家们所发现的功能,不过这都得建立在和其他微生物合作的前提之下,只是我们至今仍对这些从旁协助的微生物以及它们所具备的能力一无所知。

有不少学者相信普拉梭菌(*Faecalibacterium prausnitzii*)必然扮演了某个重要的角色,因为它们在肠道占有极大的优势,而且是代谢过程中不可或缺的关键因子。据估计,普拉梭菌约占了共生菌的5%,有不少研究发现,许多不同病症发作时,都会导致这类菌群的数量明显下降。[1] 不过普拉梭菌反倒在动物实验中修复了肠道症状,看来又是一个深藏不露的候补人选。

---

[1] Miquel et al.: Faecalibacterium prausnitzii and human intestinal health. *Current Opinion in Microbiology*, Bd. 16, S. 255, 2013.

但也有不少人指出，在大多数的案例里，这套系统几乎没有按照"单一微生物专司某一种特殊功能"的原则运作，而是如同穆蒂乌斯所推测的，所有支持都超出实际所需的程度。这样看来，就像圣路易斯华盛顿大学专门研究微生物的戈登所描述的，人体内提供了各式各样的工作职位，这些职位会由不同的细菌承接负责，有时细菌必须具备某种特殊能力才有办法应付职缺需求，有时又不见得非有专职技能不可，但是几乎不可能有单一微生物固定专司某种特定功能，就像每种汤都只有一种对味的韭葱类植物。

## 什么都有可能

慕尼黑科技大学的营养心理学家哈勒尔（Dirk Haller）甚至认为，无论哪种细菌都可以调教免疫系统，"也许任何一种致病性微生物都办得到"，而我们只需要辨识细胞的模式就够了，"无论眼前可见的细菌是普拉梭菌，还是任何一种菌，都没有差别"。荷兰瓦格宁根大学钻研细菌多源基因组学的克里瑞贝泽（Michiel Kleerebezem）教授所做的一项实验似乎证实了这个看法，他通过内视镜将无害的乳酸菌涂抹在健康受试者的小肠肠壁上，并且观察到涂抹处黏膜出现轻微发炎的情况。对哈勒尔来说，这项证据可用来支持他从博士论文时期开始的十几年来尝试建立的一套理论，他的第一篇学术论文正是以"非致病性细菌活化肠道上皮"为题[1]，"我应该彻底忘掉那些当初将我们批评得一无是处的评论，"他回忆道。当时人们尚未意识到肠道上皮不只是单纯的细胞组织，更是一道构

---

[1] Haller et al.: Non-pathogenic bacteria elicit a differential cytokine response by intestinal epithelial cell/leucocyte co-cultures. *Gut*, Bd. 47, S. 79, 2000.

造复杂的分子屏障，阻隔肠内的有害物质进入人体内部。正因如此，人们认为无害的细菌顶多是在肠内漫无目的地四处游荡，而它们唯一的贡献大概就是啃噬掉一些植物纤维。"那些评论者质疑，为什么肠道上皮活跃的非致病性细菌没有让我们生病，而当时的我还无法回答这个问题。"

后来人们才逐渐了解，友善的细菌对肠道而言等同于防护圈条，免疫系统对其做出的轻微反应其实意义重大，"看起来就像是这个专职负责阻挡的器官需要一些刺激，以提高防御能力"。

这就像是换了一个范例。根据过往的理论，免疫系统只负责排除感染源，并引起肠道发炎。"每个人都能轻易理解：病原菌具有攻击性，免疫系统则负责将其扫除；没有人会相信或理解，一支在肠内四处游荡的非致病性细菌军队在导致肠道发炎之余，还会为人体带来附加价值。"哈勒尔表示。他想知道哪些细菌具有这样的能力，"是胚芽乳杆菌（*Lactobacillus plantarum*），还是普拉梭菌？这些是截然不同的细菌，或者我只需要一组肠道菌能够辨识的分子？"，有很长一段时间他认为这些问题并不重要，"后来我就不那么确定了，什么都有可能，一切都还悬而未决"。

至于为什么早期民主德国的孩子比起他们的联邦德国表亲更不容易过敏，这个问题也尚未有定论，因此才说一切都还"悬而未决"。不过有个假设我们倒是可以毫不迟疑地舍弃：关键绝对不是勃列日涅夫和昂纳克为了庆祝而上演的社会主义兄弟之吻[1]，也不会是此过程中输送的任何细菌，因为身为民主德国的孩子（本书作者

---

[1] 此处指的是1979年时任苏联总书记的勃列日涅夫（Leonid Brezhnev）受邀前往民主德国参加其建国三十周年庆祝活动时，与当时民主德国领导人昂纳克（Erich Honecker）以嘴对嘴的兄弟之吻表示友好关系。后来莫斯科艺术家弗鲁贝尔（Dmitri Vrubel）在1990年根据一张当时所拍摄的新闻照片将这个画面描绘在柏林墙的东侧画廊。——译者注

之一），我们觉得要仿效这种仪式实在是太恶心了。

不过下一章要探讨的主题可就不是未知数了，因为以它的分量来说，要飘散到空气中或许会有点吃力。

## 第十三章
# 肥胖症、糖尿病及微生物的影响

> 肠道菌群包含的菌种及其组成结构决定了菌群从食物中获取能量的多寡,甚至可能造成一发不可收拾的严重后果。

就算是夜半时分独自待在一片寂静的厨房里,享受宵夜的也绝对不只你一人。我们肠道里那些小到肉眼不可见的共生伙伴其实一直都在,要是少了它们,我们根本无力处理所有吃进肚里的东西,更遑论要加以利用。有了它们的协助,我们才得以存活,不过它们也可能给我们带来麻烦,那将是真正的麻烦,而且还是后果不堪设想的大麻烦!

几乎所有研究都一边倒地强调,如果想知道自己将来是否有一天必须面对危害健康的厚重脂肪层,或是罹患诸如糖尿病等代谢疾病,就必须考虑到由所有寄生在我们身上和体内的细菌基因所构成的第二基因组,因为就探讨这个议题来说,它的重要性绝对不输人类基因组。

贝克赫德(Fredrik Bäckhed)在2004年凭借一个其实相当简单的实验首度证明了人类的营养摄取必须仰赖微生物的帮忙。[1] 贝克赫

---

[1] Bäckhed et al.: The gut microbiota as an environmental factor that regulates fat storage. *PNAS*, Bd. 44, S. 15718, 2004.

德当时还只是戈登位于密苏里圣路易斯华盛顿大学医学院实验室里的同事，而戈登正是最先投入微生物群系研究的先驱之一。有不少同事都认为贝克赫德至今所做出的贡献理应为他赢得一座诺贝尔生理学或医学奖——至少他在2013年就已经先在柏林获得了罗伯·科赫奖。[1] 这名年轻的科学家在他所任职的实验室里培育了完全不带菌（steril）的老鼠，这里的无菌是没有任何微生物的意思，因为这些小动物仍然具有繁衍能力。[2] 老鼠经由人工剖腹的方式被取出后，会直接被送进无菌箱里，无菌箱则搁置在另外用棚布隔离起来的无菌空间。这些无菌鼠就像是活在一个气泡里，因此也被称作泡泡鼠。身处于无菌空间中的泡泡鼠只摄取经高温高压消毒杀菌的食物，由于缺乏与其他细菌的互动竞争，这些小动物的免疫系统无法获得健全发展，致使它们的心跳微弱，肠壁也只有薄薄一层，根本不足以抵挡致病菌的攻击。而为了维持体重，只好吞下更多食物。我们可以这么说：少了原本的微生物室友，泡泡鼠过得实在不怎么好。

科学家们比较了这些无菌动物和其他与微生物共生的同类，证实肠内菌的存在价值的确不容忽视。跟体重正常的同类相比，实验室里的无菌鼠少了42%的皮下脂肪，尽管它们多吞进了将近三分之一的无菌饲料。

## 主导一切的史氏菌

在一项控制实验中，贝克赫德从一般老鼠的盲肠内取得样本，

---

[1] 由现代细菌学之父科赫发起成立的生物医学奖，是德国奖金最高的学术奖，以杰出的微生物学、免疫学、医学研究为奖励对象。——译者注

[2] 德文 steril 除了"无菌"，尚有"不孕""不育"等含义，因此作者进一步详加说明。——译者注

接种到无菌鼠身上。他先将肠道内容物溶解在少量的液体中,然后取一些混合后的液体涂抹在无菌鼠的毛皮上。每隔一段时间贝克赫德就重复涂抹,几个小时过后,细菌就进到了老鼠体内,当然也包括肠道。光是这点就值得我们好好思考:单是一个只清洁了身体表层的动作,竟也影响了身体内部的菌群结构。在正常情况下,细菌就是以这种方式不断补充援军到肠道里。

之后,一旦原本无菌的实验鼠用嘴巴清理身体,肠道菌就会全面地大举进驻。这使得无菌鼠的表现在短短几天内就发生了变化,不只能更好地消化饲料,从中获取的能量也大幅提升,而且尽管没有增加食量,脂肪却开始慢慢囤积。两周后,这些实验室的无菌鼠就变得跟有菌的同类没什么两样了,其中雄性老鼠增加了将近60%的体脂肪,而雌性老鼠的体脂肪增量甚至多达85%。但同时也会少掉一些肌肉,称起来就和一般的实验室老鼠差不多重。

通过这项实验我们首度证实,微生物在食物分解的过程中扮演了不可或缺的重要角色。少了这些微生物,无论是老鼠还是人类都必须增加进食的分量以维持自身的续存。每种细菌都各有其独特的生物化学特质,这些特质会随着被人类吃进肚里的食物,补充人体细胞的不足和需求。大量的化学变化不断在肠道内接连上演,而这些过程完全不需要人体细胞的协助。

贝克赫德和他的同事更进一步指出,单是一种细菌就可能对人体造成剧烈影响。他们检测了一种名为多形拟杆菌(*Bacteroides thetaiotaomicron*)的细菌[①],照理来说,拟杆菌属(*Bacteroides*)是

---

① 这种以三个希腊字母(theta, iota, omicron)命名的细菌就和多数的细菌一样,可好可坏,有时甚至可能引发脑膜炎。详见:jcm.asm.org/content/43/3/1467.full?view=long&pmid=15750136。

人类肠道最常见的菌种，但是多形拟杆菌却大量出现在人类的粪便样本中。这种细菌对肠道帮助良多，不过一旦它们进驻人体其他部位就会让人生病。多形拟杆菌通常是引起伤口感染的元凶，严重时甚至会引发败血症，而它们却是人在消化植物性物质时当仁不让的帮手。据估计，它们拥有100种以上的酶可以分解长链状的植物分子，尤其是人类会吃进肚里的那些。人体细胞无法自行分解这些养分，只有借助细菌之力才办得到，否则这些养分会以未经消化的形式通过身体，然后原封不动地被排出体外。

不过当贝克赫德只植入多形拟杆菌到无菌鼠体内时，老鼠的体重也出现了增加的趋势，只是程度并不如植入整个微生物群系那样强烈。戈登在后来的一项实验中更发现，如果同时植入多形拟杆菌和史氏甲烷短杆菌（*Methanobrevibacter smithii*，简称史氏菌），消化能力更是明显增强。[①] 史氏菌是古菌的一种，它们在不久前还被叫作古细菌，但是现在已经是独立门户的一个域，另外两个域则是细菌和具有细胞核的真核生物。[②] 古菌在发展史上具有相当古老的资历，它们之中具代表性的族群通常具有抗酸、抗盐或抗高温等神奇能力，而且大多生存在类似温泉这样的荒凉角落。大量出现在肠道的史氏菌虽然低调，但是它们的存在仍然具有不容小觑的影响力。它们以其他细菌的排泄物为生，并从中制造出可提供给肠道使用的能量。在厌食症患者的粪便中我们可发现较多这类细菌[③]，这说明了这类菌

---

[①] Samuel und Gordon: A humanized gnotobiotic mouse model of host-archaeal-bacterial mutualism. *PNAS*, Bd. 103, S. 10011, 2006.

[②] Woese und Fox: Phylogenetic structure of the prokaryotic domain: the primary kingdoms. *PNAS*, Bd. 74, S. 5088, 1977.

[③] Armougom et al.: Monitoring Bacterial Community of Human Gut Microbiota Reveals an Increase in Lactobacillus in Obese Patients and Methano-gens in Anorexic Patients. *PLoS ONE*, Bd. 4, S. e7125, 2009.

种特别适合生存在匮乏的环境，尤其当其他细菌大多罢工，或者研究人员根本没有派其他菌种上场时，就是它们大展身手的好机会。这正是我们从老鼠实验中所观察到的现象。假设实验组老鼠肠内的史氏菌和多形拟杆菌能获取足够的食物为生，那么跟体内只有一种微生物的老鼠相比，实验组老鼠会增加10%，甚至更多的体重。

## 细微的差异、巨大的功效

上述这些现象当然不免让人要问：如果细菌能让老鼠和人类免于饥饿——甚至还能让老鼠发胖，那么同样的效果也会发生在人类身上吗？它们也能为人类创造更多促进人体健康的能量吗？

看来似乎是如此。

众所皆知，人类和动物有套机制可以将食物有效地转换为能量来源，当然这套机制也可能运作不良，而贝克赫德和戈登找到了让这套机制得以顺利运作的微生物根基。如果饼干的包装上印着每块饼干有180千卡的热量，这并不表示每个人的身体都能从中获取到这么多的能量，这个数值其实是实验室在某些预设条件下所测得的。实际上，一个人当然很有可能完全吸收了这180千卡，那么他就是一个可以将食物有效转换为能量的人，这个过程中他身上的寄生菌也功不可没。另一个吃下饼干的人或许只从中摄取到160千卡，再另一个可能甚至只获得了120千卡。当然遗传基因也会影响食物在我们体内消化的程度，它们的影响力或许比微生物来得强大。不过就算同卵双胞胎的消化作用也并非一致，最终我们还是得回归到微生物相来解释这之中的差异。然而，就算细菌的运作每天只让宿主的身体多吸收100千卡，大约是14克奶油所提供的热量，日积月累后，还是会逐渐形成可观的脂肪层。

必须进一步确认的是，肥胖者和纤瘦者的微生物相有什么差别。完成这项任务的同样是戈登和他的研究团队，他们出人意料地选在2006年的圣诞节期间发表了这项研究的成果，想必有不少人因此觉得圣诞大餐享用起来更加美味。[①] 看来我们终于揪出了那个让人发胖的恶魔，说得更精确点：10亿个恶魔。

戈登和他的研究团队彻底检查了严重肥胖老鼠肠道内所有的微生物，如果放任这些老鼠无限制地摄取饲料，它们的体重就会急遽上升，这是因为它们的身体曾发生突变，已经无法再分泌名为瘦素的激素。这种激素最主要的功能便是在人们吃进足够的食物时，阻挡住后续的食欲；换句话说，这些实验室里的小动物基本上是永远吃不饱的。它们肠内的菌群和其他正常体重的动物有极大的差异，和体形纤瘦的老鼠相比，肥胖老鼠体内的拟杆菌门细菌数量少了将近一半，前面提过的多形拟杆菌便是其中之一。不过肥胖老鼠体内其他的菌种倒是多出将近一倍，像是属于厚壁菌门的乳球菌属、杆菌属和梭菌属。研究团队在肥胖者和体形纤瘦者的粪便样本里也观察到同样的现象，尽管证据已经摊在眼前，我们至今仍然无法解释为什么胖鼠身上会带有较多的厚壁菌门细菌，而瘦鼠的体内则由拟杆菌门主宰。

同样令人感到好奇的还有：这些菌种在数量上的改变究竟是造成肥胖的原因，还是肥胖所带来的结果？针对这个疑问，后来有人找到了答案。

戈登和他的同事分别从胖鼠和瘦鼠身上取得粪便样本，然后将它们灌入无菌鼠体内，并将富含脂肪的饲料喂给这些实验老鼠。研

---

[①] Turnbaugh et al.: An obesity-associated gut microbiome with increased capacity for energy harvest. *Nature*, Bd. 444, S. 1027, 2006; Ley et al.: Human gut microbes associated with obesity. *Nature*, Bd. 444, S. 1022, 2006.

究团队经比较后发现，其中那些体内植入胖鼠菌种的老鼠体重明显增加得更快。而当我们将取样对象从一只肥胖的老鼠换成一名严重过胖的人类时，也得到了同样的结果。尽管研究团队所观察到的现象令人感到不可思议，不过这些线索仍不足以解释任何生物机制，因此他们进一步分析了两种体形的老鼠体内微生物相的所有基因。值得庆幸的是，最后他们发现了和预期相符的结果：与瘦鼠相比，研究团队在胖鼠的粪便里发现更大量的细菌基因，这些细菌基因不但可以指挥酶分解植物性物质，甚至能够操控宿主的基因，让宿主的身体细胞通过吸收并储存有用的养分而另外获得由细菌所制造的能量。这套机制在人类体内的运作方式也是类似的，我们每天或从每餐中额外获取的热量或许微不足道，但是长年累积下来，就不难从体重上察觉到这些具有分量的证据。

从人类史的角度来看，这一切其实自有深意。人类和微生物亦敌亦友地并肩走过好几百万年的发展，他们必须共同熬过物资匮乏的时期，尤其是要考虑如何在每一年的寒冷冬日中存活下来。因此，他们需要一套能够维系生命的生化机制，好让他们得以在生机盎然的季节里预先储备匮乏时期所需的能源。在没有暖气、罐头和世界贸易这些资源支持的前提下，增重就成了一项演化的优势——由于可乐和冷冻比萨尚未出现，所以发生长期病态性肥胖的概率几乎微乎其微。我们的祖先之所以能够在无法预知即将面临何种境况的前提下存活下来，正是因为他们的身体储存了足以在危急时刻运用的能量。增重的能力在过去一度是生存下来的关键，以演化生物学的行话来说：这是一种"适应"的能力，能增重就说明他们能提高"适应度"。良好的消化能力使得他们能保证自己拥有更多生存和繁衍的机会，这么一来，人类就能顺利将基因传承给下一代，包括那些寄生在他们身上的细菌。

## 昨日的生存优势、今日的威胁

这项身体素质的优势在现代几乎已遍布全球，除了那些常年为饥荒所苦的地区。但是我们身上的细菌大多还是那些古老的勤奋军团，不停地为我们张罗赖以生存的养分，仿佛过了明天就没得吃了一样。然而，在现今这个高热量食物永远取之不竭的年代，以往那些保障生命续存的东西反而会致命。长期储存在皮下的能量会导致发胖的危机，会让代谢作用彻底失序，并且引发因过重而产生的疾病，比如糖尿病。至少有一部分相当受欢迎且提出有力论据的理论都这么认为。

肠道菌间接引发糖尿病的途径有两种。各种微生物代谢后所产生的短链脂肪酸会适时提醒身体抓紧机会储备能量，然而，当储存量累积得越来越多，许多人对胰岛素的反应会逐渐迟缓，进而丧失调节身体细胞吸收糖分的能力，直到最后再也无法发挥作用时，就会出现糖尿病的症状。也有理论认为富含脂肪的饮食会让肠道上皮门户大开，这道屏障原本负责阻挡细菌以及它们的代谢产物进入人体，一旦失守，等于放任化合物和细菌分泌的内毒素（Endotoxine）随意入侵。人体的免疫系统接触到陌生物质会进入警戒状态，在身体各组织引起轻微发炎，最终成为胰岛素的抗体。一旦身体出现糖尿病的症状，寄生在人体的细菌也会受到波及。不只有肠道如此，糖尿病复杂的症状中还包含了难以治疗的皮肤病变。长期研究皮肤的学者格赖斯（Elizabeth Grice）就曾得出以下结论：高血糖会改变皮肤原本的菌相，导致我们无法用一般的治疗模式处理简单的伤口。[1]

---

[1] Grice und Segre: The human microbiome: our second genome. *Annual Reviews of Genomics and Human Genetics*, Bd. 13, S. 151, 2012, online abrufbar unter: http://www.ncbi.nlm.nih.gov/pubmed/22703178.

比利时鲁汶天主教大学专门研究代谢的学者卡尼（Patrice Cani）通过动物实验推测，脂肪过多可能导致肠穿孔。他认为脂多糖（Lipopolysaccharide，LPS）是导致宿主免疫系统陷入暴动的罪魁祸首，这种糖类和某些菌种外膜的组成成分有关。在动物实验中，脂多糖则产生了更加深刻的效果：注入这种物质的无菌鼠会在体内产生胰岛素抵抗性，导致体重遽增。

至于这些在实验中观察到的现象是否能直接套用在人类身上，仍有待科学家们进一步加以研究。"这个问题其实极具争议性。"慕尼黑科技大学的营养生理学家哈勒尔表示。他从2013年开始在德国研究协会与23组研究团队共同展开一项研究人类微生物群系的特别计划，这项计划获得六年1600万欧元的资助，让他们得以在厘清其他问题之余，也能试图为这个问题找出答案。

## 糖——房间里的大象

卡尼在2013年年初发表了一份关于肠穿孔的研究报告。[1] 他发现一种能够修补破损细胞膜的细菌，这种嗜黏蛋白艾克曼菌（*Akkermansia muciniphila*）能确保敏感的肠道上皮细胞分泌足够的黏液，形成防御化学攻击的保护层。体重正常的人肠道内有3%—5%的比例是这种细菌，不过在肥胖者体内这类细菌的占比会明显降低。卡尼认为之所以存在这种差异，原因在于富含脂肪的饮食，他的结论是：高脂食物会使得刺激黏液生成的细菌数量减少，这么一来，不论是充满能量的物质、信号物质或是类似脂多糖体的发炎

---

[1] Everard et al.: Cross-talk between Akkermansia muciniphila and intestinal epithelium controls diet-induced obesity. *PNAS*, Bd. 110, S. 9066, 2013.

因子都能通过肠道上皮细胞的防护层。另外，过剩的养分会导致脂肪细胞肿大，触发免疫系统，使其开始运作，在全身引起发炎反应，进而提高罹患糖尿病的风险。

卡尼以嗜黏蛋白艾克曼菌加上益生菌果寡糖成功治愈了生病的老鼠，这使得他确信，肥胖症、糖尿病及其他肠道疾病都能借助这种细菌之力成功治愈。不过他的同事对此仍持怀疑态度，哈勒尔就是其中之一。在他所主导的实验里，他也认为"在特定环境条件下"，肠黏膜屏障的确会形成孔洞，"不过并不像卡尼在论文里所描述的那样简单"。另外，卡尼喂给实验动物的饲料有高达60%都是由脂肪所组成的。"而这是残暴野蛮的人为因素，"哈勒尔说，"如果换作是活生生的人，不可能有人承受得住。"这种饲料几乎夺去了动物体内所有可燃烧的碳水化合物，"那些寄生在人体的微生物群就只能饿肚子了"。但是减肥期间摄取的少量脂肪则又是另一回事了。加上我们也还不清楚是否所有的脂肪都会造成这样的结果，或者只有特定种类的脂肪才会，以及这一切是否只是肠道黏膜屏障的急性或慢性病变所引起的效应。"这些都是相当极端的状况，人们应该质疑，它们具有任何意义或重要性吗？"哈勒尔说。为了找出某些机制，这类实验或许有其价值，然而，光是这么做可能还是不足以解释为什么全世界的肥胖人口在过去几年间会急剧增加。

英文有句谚语"elephant in the room"，中文直译为"房间里的大象"，多是用来描述一群就算心知肚明，也仍对眼前显而易见的问题视若无睹的人。对寄生在人体的细菌来说，这只大象就是糖，或者是精制面粉，也可以是所有含有大量碳水化合物的食物。士力架巧克力、可乐和白到犹如氯漂白纸的吐司，都是人体不需要花太多时间就能处理的食物，因为糖是一种多数生物可以在瞬间转换的养分，对细菌来说也是一样。

截至目前，并没有太多研究深入探讨糖可能对肠道菌造成什么影响。这当然不是一个不重要的问题，糖甚至很有可能让我们的肠道菌群乱了方寸、不知所措。至于为什么会这样，我们当然也还没有头绪。大多数的糖几乎一进到消化道前段就被身体直接吸收了，根本不需要细菌的帮忙。实际上有多少糖能抵达多数细菌活跃的区域，我们不得而知。糖当然也可能经由胰岛素的分泌或其他方式间接影响肠道微生物，摄取大量糖分可能会助长诸如艰难梭菌和产气荚膜梭菌（*Clostridium perfringens*）等致病菌的生长，身体无法立即快速吸收的碳水化合物则似乎对短双歧杆菌（*Bifidobacterium breve*）或多形拟杆菌这类益菌有利，同时能抑制分枝杆菌属（*Mykobakterien*）和肠杆菌科（*Enterobacteriaceae*）这类坏细菌。[①] 加拿大金斯顿皇后大学研究肠道的学者斯普雷德伯里（Ian Spreadbury）相信，糖和其他工业化食品会导致微生物相的改变，引起身体发炎。这是另一个造成肥胖的原因，他比较了有时被比喻成石器时代减肥法的前工业化时期饮食方式以及现代人的饮食习惯后，得出了这项结论。[②]

但是和那些居住在稀树草原或雨林的人们相比，这项结论只有在特定条件下才可能成立，因为这些族群和洪斯吕克山或是梅克伦堡的居民之间除了饮食习惯，还有太多的差异。斯普雷德伯里的假设仍有待商榷，需要进一步以更有系统的研究方式加以验证。

自从贝克赫德在2004年发表的论文证实了肠道菌会影响宿主吸收与利用能量，陆续有两百篇以上与这个主题相关的研究报告和

---

[①] Brown et al.: Diet-Induced Dysbiosis of the Intestinal Microbiota and the Effects on Immunity and Disease. *Nutrients*, Bd. 4, S. 1095, 2012.

[②] 斯普雷德伯里：和远古时期的食物相比，复杂精致的碳水化合物明显更容易导致微生物群系发炎，或许饮食的主要成分是引发瘦素抵抗和肥胖的原因。 Diabetes, Metabolic Syndrome and Obesity: Targets and Therapy, Bd. 5, S. 175, 2012.

文章相继发表。然而，其中有些看似大胆的命题却仍有证据不足之嫌，更有不少一度被认为有力的佐证在数月后被新的研究报告反驳。2013年9月，戈登团队在一项希望引起更多讨论的研究里（后面会另行介绍）指出，拟杆菌属的细菌似乎能让老鼠免于发胖，不过也有其他以人类为对象的研究得到了与其相反的结果。[①]

## 职业介绍所的肠道职位

截至目前，我们可以确定的只有一件事：多数过胖的人肚子里的微生物多样性都相当匮乏。这个结论是集结大量研究成果所得出，甚至经过了一支大型国际研究团队的证实。由埃尔利希（Dusko Ehrlich）领导的法国国家农业研究院团队在2013年夏季发表了他们的研究成果，这些科学家从123个体重正常的丹麦人和169个肥胖的丹麦人的粪便样本里确认了不同细菌基因的数量。经过分析，他们根据细菌基因数量的差异将受试者分成不同的族群：有25%的受试者最少带有38万个不同的细菌基因，另外有25%的受试者带有最多64万个细菌基因，几乎比前者多出了整整一倍。[②] 肥胖的丹麦人显然大多属于第一种类型，他们身上的寄生菌通常比体重正常的人要少。此外，他们在贫乏的菌群中发现更多的拟杆菌属细菌，不免让人怀疑这种细菌可能是导致体重上升的因素之一，因为它们能将纤维素转换为可供人体利用的能量。菌群稀疏的受试者通常也有脂肪代谢的问题，而这会使得血液里涌现发炎信号分子。

---

[①] Walker und Parkhill: Fighting Obesity with Bacteria. *Science*, Bd. 341, S. 1069, 2013.
[②] LeChatelier et al.: Richness of human gut microbiome correlates with me-tabolic markers. *Nature*, Bd. 500, S. 541, 2013.

有趣的是，埃尔利希的同事将食物替换成富含高蛋白及高纤维素等且热量较低的轻食之后，肥胖者的肠菌多样性明显提升，体重随之下降，血液的各项数值也有显著改善。[①] 至于这是由于菌相改变还是单纯因调整饮食所带来的结果，我们就不得而知了。同样无法确定的还有让肥胖者菌种数量减少的原因，会是不良的饮食习惯造成的吗？这似乎是很合理的推测。又或者这些人是从其他肥胖者身上获得了让人发胖的细菌军团？我们之所以会这么问，是因为同属一个家庭的成员大多有着类似的体态，而且顺产的婴儿是从母亲身上获得生命中第一组微生物群，当然，每个人先天带有的遗传基因也扮演了举足轻重的角色。难道是抗生素这类药物或我们生活周遭那些化学产品的错吗？这些问题截至目前都没有明确的答案，不过加州拉荷亚沙克研究中心的细菌学家方承淳和埃文斯（Ronald Evans）针对上述两项研究的看法是："进一步的研究绝对是必要的，不过在那之前，请善待你的微生物好友。它们或许很小，却是无比重要的伙伴。"这是一项立意良好，但不知为什么听起来有些奇怪的建议，因为这些朋友究竟是谁，而我们实际上又该怎么对微生物好，这些问题连提出建言的科学家也给不出答案来。

戈登以劳动市场为例来解释这些欧洲同事所观察到的现象，他认为肥胖者的微生物群系空出许多职位——对一个健康的经济体系来说这并不是什么好事。因此——就这个设定情境来说——人们必须创造刺激，以吸引符合需求的专业人士，而这里指的应该是负责将食物转换为热量的能力。对那些偏好以生态系统来比喻事物的人来说，肠道就好比一座森林，清一色的云杉林虽然多样性程度偏低，

---

[①] Cotillard et al.: Dietary intervention impact on gut microbial gene richness. *Nature*, Bd. 500, S. 585, 2013.

却是丰厚的林业资源，对小蠹虫（Borkenkäferfressorgien）这类害虫来说也是一项利好；不过相对地，一片物种繁盛的森林则会更健康、更具有弹性以及抵抗力。

这两篇由欧洲实验室撰写的文章发表在专业杂志《自然》（Nature）一个星期后，戈登的团队随即在另一本同类型的杂志《科学》（Science）刊登了另一项重大的发现，宣称肥胖是会传染的。[1]他的同事追踪了四对同卵和异卵的双胞胎姊妹，发现每对之中会有一人过胖，另一人则体重正常。这八位女性受试者所提供的粪便样本正是研究团队植入无菌鼠体内的微生物群系。如同先前的实验结果显示，肠道菌将脂肪组织增生肥大的倾向从人体转移到了老鼠身上，不过这些肥胖的动物吃得并不比那些纤瘦的动物多——所以问题必然出在那些细菌身上。

研究者于是展开了一场戈登称为"微生物相之战"的行动，他们将植入双胞胎姊妹粪便样本的老鼠关在实验箱里，十天后，就连那些接受肥胖者微生物群的老鼠都瘦了下来。

## 会传染的纤瘦

然而，光是让老鼠们彼此挤在一块儿还不足以带来这样的效果。食粪是兔子和啮齿目动物常有的习性，它们会吃掉自己或同类的粪便，目前唯一的解释便是它们或许可以凭借这种方式将尚未完全消化的植物残渣利用殆尽。这种习性之所以在演化中保留下来，也许是因为老鼠可以借此更新自己的肠道菌群。来自纤瘦捐赠者的

---

[1] Ridaura et al.: Gut Microbiota from Twins Discordant for Obesity Modulate Metabolism in Mice. *Science*, Bd. 341, S. 1079, 2013.

多样细菌大军在实验中正是依循着这样的路径，先通过第一只老鼠的肠道，再进入另一只植入肥胖者粪便的啮齿目动物体内。相反地，多样性程度偏低的微生物群并不会行经瘦鼠体内，这个现象验证了戈登的"职缺"论点——因为健康的肠道里已经满额，没有空缺。如果将这套模式运用到人体也这么简单的话，我们不免要质疑这些具有减肥作用的微生物群系是否真的那么可靠，否则为什么它们没有广泛流行于世界各地？这是因为食粪倾向在人类族群中并不常见，而且细菌通常缺乏足够的刺激因素，也就是正确的饮食。戈登在后来的实验中证实了这一点，埃尔利希的研究同样也指出，啮齿目动物必须摄取少油及纤维素丰富的食物，替换后的菌群多样性才得以扩展，而在减肥期间摄取高脂食物并不能让人达到瘦下来的效果。

综上所述，我们可以知道，吃下肚的食物在人体所产生的反应与作用深受遗传基因和细菌的影响。另外，寄生在我们身上和体内的细菌也与我们的饮食息息相关。大多数的饮食建议之所以让人觉得困惑，或许是因为每个人的身体都有其独一无二的遗传特质和菌相，加上人人对于"健康的饮食"也有不同的见解，才会衍生出各式各样的减肥秘诀与医疗选项。不过我们几乎可以确定，严重肥胖和糖尿病这类代谢疾病都是由于个人的遗传基因、体内的微生物群系以及饮食这些因素产生不良交互作用所造成的。

要是有人日后充分掌握这之中的来龙去脉，并且找到补救办法，可就替那些美食主义者解决了一个至关重要的健康问题。据世界卫生组织估计，全世界有10%以上的人口，也就是5亿以上的人有肥胖问题，这之中女性的比例又比男性高，年纪大的比年轻的多。而且这个问题早就不只发生在富裕国家，而是已经波及全球了。罹患Ⅱ型糖尿病的人口也不少，根据世界卫生组织统计，大约30亿人

第十三章　肥胖症、糖尿病及微生物的影响

有代谢方面的问题，到了2030年这个数字可能还会增加一倍。[1]

尽管我们还不清楚被移植到新宿主身上的微生物群系到底做了什么事，不过这一系列以老鼠为对象的实验从一开始就一直围绕着同一个问题打转：身形纤瘦者体内的肠道菌是否也能协助肥胖的人瘦下来？通过植入粪便，或是套用医学专家偏好的字眼儿"细菌疗法"，也许我们可以利用身形好且健康的人体内的细菌让肥胖的人瘦下来。首先，必须准备好健康捐赠者所提供的粪便样本，接着将样本植入事先用通便剂清理干净的肠道，医院通常会使用鼻泪管探针或直肠探条完成这项手术。这项技术同时也被用来治疗攻击力强大的艰难梭菌感染，不过一开始细菌疗法并未受到重视，不但备受众人质疑，就连医学专家也几乎一概拒绝采用，况且相关领域的研究报告都无法提出有力证据。然而，短短几年间，它就一路发展成为最佳疗法的不二人选，甚至有越来越多的医生希望通过这项技术来对抗肥胖症。

不过首次以十八名肥胖的荷兰人作为受试者的医学研究倒是让我们从这场大梦中醒来。这项实验的捐赠者以及受试者，都是通过报纸广告与阿姆斯特丹医学中心的纽德柏（Max Nieuwdorp）取得联系，受试者当中有九人经由泪鼻管探针被植入正常体重捐赠者的粪便样本，另外九人则是植入了自己的粪便，相当于安慰剂的作用。这群医生希望借此厘清哪些效果纯粹是疗程本身所造成的，以及哪些才是移植的微生物群系所产生的疗效。受试者并不知道自己接受的究竟是自己或是他人的粪便，尽管他们之中有些人声称能够通过粪便的气味来辨识。不过这一点在研究结束后就证实了他们的

---

[1] Wild et al.: Global prevalence of diabetes: Estimates for the year 2000 and projections for 2030. *Diabetes Care*, Bd. 27, S. 1047, 2004.

猜测并不总是准确,纽德柏表示。[1]

实验结果:没有任何一名受试者体重减轻,不过分析结果显示,接受他人粪便的受试者不但在后来的粪便样本里出现高度的菌种多样性,其静脉里的短链脂肪酸也短暂地减少,细胞里的抗胰岛素也降低了。[2] 在一场2009年10月于维也纳举办的糖尿病研讨会上,这群医学专家发表了他们的研究成果,不过并未受到特别的瞩目。直到他们三年后将完整的实验数据发表在专业杂志上[3],才开始有其他来自中国、美国以及同样身处德国的研究团队着手展开类似的研究计划,不过这些计划在本书付印之前都还未有明确结果。

截至目前,这项由荷兰团队所进行的研究计划尚未有显著的成果,与其相关的文献也多属轶事报道,比如纽约肠胃病学家布兰特(Lawrence Brant)的文章便是一例。尽管如此,慕尼黑科技大学的哈勒尔依旧给予高度评价,"这是首次有人以系统性方法研究这项命题,"哈勒尔指出,"而且这个研究显示新的微生物群系的确和人体代谢脱不了关系。"最终的实验结果虽然不致让人大感意外,而且也未经证实,不过对照组并未出现相同的结果。"人们不能为了自然发生的事情争论不休,"哈勒尔说,"毕竟那不是老鼠实验,因此我认为这是一种本质上的机制。"如果我们要求一个 BMI 指数超过30的胖子持续慢跑数周,这些实验成效似乎也就没那么别具意义了。[4] 我们必须厘清的是,为什么接受粪便细菌移植术的人会有不

---

[1] de Vrieze: The Promise of Poop. *Science*, Bd. 341, S. 954, 2013.

[2] de Vrieze et al.: The environment within: how gut microbiota may influence metabolism and boby composition. *Diabetologia*, Bd. 53, Supplement S. 44, 2010.

[3] de Vrieze et al.: Transfer of Intestinal Microbiota from Lean Donors Increases Insulin Sensitivity in Individuals with Metabolic Syndrome. *Gas-troenterology*, Bd. 143, S. 913, 2012.

[4] 身体质量指数(BMI 所得之商):一种衡量体重的标准,计算公式是用体重(公斤)除以身高(米)的平方,超过30就认定为肥胖。

同程度的反应？或许有些捐赠者的粪便出于不明的理由就是比其他人的合适，又或者有些受试者的接受度比起其他人要好？我们无法从前述的荷兰研究导出这些问题的答案，就像哈勒尔所说的，这是由于他们的微生物分析"稍嫌松散"，但相信不久就会出现至少能为我们解开其中一部分谜团的研究。

## 改变饮食：多样性与植物

要重新建立肠道多样性或者至少提升它的多样程度其实也有比较不那么极端的方式，像是富含纤维素和多样化的饮食就有助于细菌在肠内增生或是新菌进驻，那么为什么人们不干脆通过饮食在消化道培养新的细菌就好？事实上，对于这个想法已经有多个研究进行实验测试，不过为了涵盖所有研究中使用的食物，在这里我们所谈论的食物是一个包含可食用化合物的广义概念。总之，实验证明不同的乳酸菌和双歧杆菌——也就是被视为益生菌的生物——能够减轻肥胖者的体重或至少减缓胰岛素抵抗现象。[1] 不过当肠道内乳杆菌属的细菌增加时，也有研究发现了完全相反的效果。另外还有其他研究利用了 Tempol 这类保护剂，这种物质原本是用来减缓放射线治疗后副作用的发生，只不过它们也会杀害某些乳酸菌，导致宿主体重减轻，最起码在老鼠身上是这么一回事儿。[2]

同样让人感到困惑的还有益生元（Präbiotika）这种人类无法自行消化，但有益于细菌成长的物质。有项研究证明了属于这类物质

---

[1] Wolfa und Lorenz: Gut Microbiota and Obesity. *Current Obesity Reports*, Bd. 1, S. 1, 2012; Delzenne et al.: Targeting gut microbiota in obesity: effects of prebiotics and probiotics. *Nature Reviews Endocrinology*, Bd. 7, S. 639, 2011.

[2] Li et al.: Microbiome remodelling leads to inhibition of intestinal farnesoid X receptor signalling and decreased obesity. *Nature Communications*, Bd. 4, Artikel 2384, 2013.

的果聚糖（Fruktane）——由数个果糖单体聚合而成的分子——能带来一连串的正面效益，它们一路从较好的血中胰岛素浓度出发，通过肠黏膜屏障到达肠道细胞，降低受试者食欲的同时也连带减少热量摄取，达到减轻体重的效果。其他研究则没有发现任何这种多糖类所带来的理想效果，也就是说，这种物质在所有可能的情况下仍无法普遍有效地解决体重问题。

类似这样相互矛盾的研究结果还有一长串举不完的例子，不过至少我们现在知道，要回答这个问题并不容易：我们该如何获得能够保护人体不受疾病攻击的肠道微生物，进而避免承受病痛所带来的折磨以及后续的各种疗程？遗憾的是，这并不只是针对肥胖症和糖尿病这两种疾病，不过有一点是我们可以确定的：为了健康，人类的生态系统需要大量且多样的菌种，一旦微生物消失，这个系统就会失去平衡；当然，希望这一天永远不会到来——因为不管怎么说，预防总是胜于治疗。增加肠内菌群多样性最简单的方法就是通过饮食，只要食物种类多样，而且富含植物纤维，就距离专业杂志里那些专家学者大声疾呼"对你的微生物朋友好一点儿"的要求不远了。希望这么一来能让我们的同居室友好好地待在我们身边。

如果有天晚上再度踱步进厨房里，你或许应该想到这一点，然后用马克笔在冰箱的留言板上简短写下："你不是一个人吃饭。"

至于写着"只要思考，就不觉得孤单"的小板子应该挂到哪里，这就得再想想。我们会在下一章说明这句短语的道理在哪里。

## 第十四章
# 肚子的感觉：细菌如何影响我们的心理

> 信使和神经信号决定我们的思考与感受，后来我们逐渐得知，它们之中有不少都是由肠道以及肠道微生物所释出。我们能够凭借影响肠道与肠道微生物而变得更快乐吗？

教授刚从瓶子里喝了一口水，就忍不住马上又从鼻子里喷了出来，是因为他实在不敢相信自己所听到的。

导致他在马里兰州贝塞斯达的会议厅做出这种反应的正是任教于卢博克市得州理工大学药学系的莱特（Mark Lyte）教授。莱特正在为美国国家卫生研究院的委员会进行一场演讲，随着演讲的进行，委员会里有越来越多专家不可置信地摇起头来，其中有一个还差点摇断了脖子。

莱特所提出的命题正是让这名学者不慎失态的原因：人体的肠道菌不只有助于消化，同时也是独立运作的器官，可能引发腹泻，甚至是心理或神经疾病，当然也可能让人变得健康。如果我们能按照自己的意愿影响肠道菌，就能进一步操控大脑以及大脑的功能。

直到不久前，莱特还只是少数几个支持这项命题的科学家之一。与同事交谈时，他常会陷入词不达意的困境，就连我们身为记者都难以说服报社编辑多关注这项比想象中来得重要的议题。2011年年中，《星期日法兰克福汇报》（*Die Sonntagszeitung der FAZ*）最先刊登了与此议题相关的报道[1]，有些偶尔我们会为他们写些东西的说英语的国家的媒体则没有这种勇气，或者我们也可以说："他们端不出肠子来。"[2]

越来越多浮出台面的证据证实了莱特和其他少数几个早期主张肠道会影响心理的学者是对的。2013年5月，全世界的报纸版面和科学网页几乎全被"肠道菌的改变会影响大脑功能"[3]或是"幸运的秘密有可能藏在酸奶里吗？"[4]这类标题的报道给占据了，当时那位从鼻子喷出水来的同事一定很感谢莱特没有将他的名字公之于世。

## 寄生虫的命令

仔细想想，假如肠道菌真的可以影响我们的思考、感受，以及那些受大脑控制的举动，实在很难不让人感到恐慌。要找到相符的恐怖故事，根本不用从科幻小说的书架上找。你也可以直接到生物教科书区。在动物界有一箩筐小到得通过显微镜才看得见的致病性寄生虫——可能是肉眼几乎无法辨识的小虫或细菌，甚至是病毒——会侵袭宿主的神经系统并且扎根，进而主导整个系统。

以肝蛭为例，它们寄生在蚂蚁大脑里的幼虫会让蚂蚁爬上草叶或花瓣后，停留在那里持续啃噬。通过这种方式，这只小虫子得以成功在土地上争得一席之地。更重要的是：如果有头牛、羊或是鹿

---

[1] Friebe: Viel mehr als nur ein Bauchgefühl. *FAS*, 10. Juli 2011, S. 55–56. 该文的部分内容已反映在本章中。

[2] 原文为"They didn't have the guts"。英文的"gut"同时有"勇气"和"肠胃"之意，作者在此一语双关。——译者注

[3] Anonymous: Changing gut bacteria through diet affects brain function. Healthcentral.com, 29. Mai 2013.

[4] Petronis: Could the secret of happiness be ... yogurt? Glamor.com, 29. Mai 2013.

吃掉了这片草叶，肝蛭的幼虫就能顺势进入最终宿主的胃肠道里，对胆管造成持续性的伤害。虫草属（Cordyceps）的霉菌同样也能操控昆虫的大脑，让虫子爬上植物尖端。虫子死后，尸体会长出子实体，附着其上的孢子会迅速地传播扩散。

另一个例子则是引发弓形虫病的弓形虫，尤其以孕妇和胎儿所受到的威胁最大。这种单细胞生物会侵袭老鼠或鼠类的大脑，并且在里面启动某个开关，让这些啮齿目动物突然爱上猫尿的味道。不费吹灰之力就轻易猎捕到这些老鼠的猫也就成了弓形虫最终的宿主。

或者是狂犬病的病毒：狗和狐狸的大脑会受到病毒掌控而彻底失去恐惧感，并且变得喜欢撕咬——病原菌正是通过咬伤而得以传播。人类受到感染后会出现幻觉、精神错乱、攻击性、谵妄（Delirium）等和"发狂"没什么两样的症状，最后几乎都会死亡，少数存活下来的也多会留下重大伤害。

其实动物界的例子说也说不完，不过我们要先在这边打住，转向摆放科幻小说的书架。架上可能会有一本由身兼作家与微生物学家的斯隆切夫斯基（Joan Slonczewski）所写的《大脑瘟疫》(Brain Plague)。[1] 在这本书里，各式各样的微生物占据了人类大脑，有些变异株让它们的宿主变身成为毫无顾忌、沉迷于享乐的吸血鬼，有些则做出不少贡献，成为数学界、纳米科技或是艺术领域的大师。

假设肠道菌真的能影响大脑，或许也能带来类似的正面效益？最后我们身上及体内就会布满各式有用的小帮手。我们可能从那些足以影响大脑的微生物手上夺回操控权，让它们只做出对身体有益的事吗？它们会因此帮助我们，让我们感到愉快、变得聪明、充满

---

[1] Slonczewski: Brain Plague. *Phoenix Pick*, 2000.

创意而且深具社会性吗?

## 勇敢的老鼠

大多数寻找"肠脑联结"的新式实验和研究都不再着重于"胃部"——其实是肠道——的感受,而是肠道内发生的大小事影响了我们的感受、思维以及处事方式。

两篇在2011年年初发表的专业论文就指出,拥有不同肠道菌相的老鼠们展现出截然不同的行为模式。实际上,那些拥有正常肠道菌群的老鼠更容易感到不安,通常会想要躲起来。反倒是那些在无菌环境成长的老鼠显得活跃许多,套用专业术语来说,就是对一切都充满"好奇心"[1],幼鼠的大脑甚至在出生后的第一周会发展出各式各样的化学变化。另一个实验则喂给老鼠含有大量肉类的饲料,肠道内的多样性因此随着增加。在行为测试中,这些老鼠的学习能力明显比没有吃肉的同类来得出色,也比较不容易显露不安。后来还有一项研究指出,肠道菌群的有无会长期影响幼鼠的抗压反应与发展,显然是因为介于下丘脑、脑下垂体和肾上腺之间的"压力轴线"持续以截然不同的方式起作用。

## 经酸奶释放而出

当时同样也有以人类作为实验对象的相关研究。一项研究比较了两组皆由健康的志愿者所组成的群体,其中一群受试者在摄取

---

[1] Neufeld et al.: Reduced anxiety-like behavior and central neurochemical change in germ-free mice. *Neurogastroenterology and Motility*, Bd. 23, 255, 2011.

含有瑞士乳杆菌（*Lactobacillus helveticus*）和双歧杆菌这两类细菌的营养补给品30天后，在一项标准心理测试中的表现远比另一群没有服用这些细菌的对照组来得好。另一项研究则发现慢性疲劳综合征的患者如果每天都能从食物中摄取到干酪乳杆菌（*Lactobacillus casei*）就能有效减缓焦虑。不过这项实验是由益生菌制造商养乐多所资助，而且仅有算不上大量的39名受试者——这两项因素让人不得不对这个研究结果存有疑虑。

另一项在2013年5月发表，甚至首次登上全球媒体的研究结果也仅有36名受试者，这项计划同样由一家贩卖益生菌的企业所赞助：达能（Dadone）集团是全球数一数二的乳制品厂商，知名品牌如活力奶（Actimel）、发酵奶和碧悠（Activia）酸奶就是以培养活菌作为广告号召。这又不免让人产生怀疑，不过平心而论，新药的研究费用通常也都是由制造药剂的厂商支付，而且至少达能实验室的研究人员并没有参与这项计划的资料分析。

同时，这也是首度有研究明确指出，如果人类肠道获得特定细菌，那么人类的大脑也会跟着产生反应。因为分析结果显示，比起食用不含益菌酸奶或甚至完全不喝酸奶的女性，每日食用两次益生菌酸奶的女性在四周后的脑部CT（电子计算机断层扫描）结果明显不同。具体来说，为了刺激相对应的脑区产生反应，这些女性必须在CT的过程中将呈现愤怒表情的图片全部归纳在一起。我们可以观察到，摄取益生菌的女性相对来说在处理肠道信息的大脑和控管情感的区域活动力明显下降。

即使受试者在CT的过程中没有进行任何任务，结果显示两者间还是存在差异，有些脑干的神经联结似乎变得更加强壮。加州大学洛杉矶分校主导这项实验的蒂利希（Kirsten Tillisch）表示，他们对于酸奶竟然能影响大脑区域到这种程度感到吃惊，不光是接收感官信息的神经联结，甚至连处理情感的区域都牵涉其中，甚至做出反应。

我们或许可以这样解读某些活跃度降低的情感区域：肠道菌也许刺激了信使的分泌，让宿主最终得以平静地面对所有可能发生的刺激。除此之外，这些美味乳制品所能贩卖的大概也就只剩下让消费者变成一只很酷的肥猪，这一点达能的会计师和投资者或许早就知道了，不过现存的实验结果之中还未曾有证据显示乳制品可能有此嫌疑——姑且不论当然也有不少人支持"酸奶让人成为温血动物而且情感盲目"的见解。

## 灰质上的肠道免疫细胞

光是靠那些以啮齿目动物为实验对象或由机能食品制造商所赞助的研究或许还不足以找出莱特想象中的"典范转移"，不过至少学术圈里再也没有人认为谈论肠道与情绪之间的关系是荒谬可笑的，其他诸如肠道菌专家、精神科医师、心理学家以及神经学家也都一改原先的态度，转而支持先前主张这套理论的学者，更带着兴奋之情期待相关研究的后续发展："提出新见解的人总是会遭遇各种困难，"任职于德国波茨坦－雷布吕克的人类营养研究所的肠道菌专家布劳特（Michael Blaut）表示。布劳特认为自己更像是关注这项研究发展的旁观者，而且坚信"影响大脑和人类行为的细菌一定存在"。

然而，就算是那些待在实验室密切追踪肠道菌群和灰质之间任何可能联系的团队，有时反而显得更保守。"我们对于这些细菌几乎一无所知，许多理论上看似可行的，最终可能都只是过度的假设。"多伦多麦克马斯特大学的比恩斯托克（John Bienenstock）说。

他所属的研究团队发现不同的肠道菌群会导致老鼠产生不同的行为和大脑化学反应。尽管有所发现，人们仍然认为他们"尚处在这项研究的开端，还无法看透深藏其中的奥秘"。

不过至少过往所累积的经验让我们知道一件事：除了旧有的传染性疾病，细菌和病毒对于其他不同病症的影响其实远比我们所能想象的还要深且广。2005年诺贝尔生理学或医学奖得主沃伦和马歇尔认为幽门螺杆菌才是造成胃溃疡的主因，不过这种主张有很长一段时间被学界取笑（见第七章）。另外，病毒才是宫颈癌成因的说法也在一开始备受专业人士质疑，不过后来证实这一见解是对的，海德堡病毒学家及癌症专家豪森（Harald zur Hausen）更因此获得诺贝尔奖的肯定。这种认知现今已成为医学常识，对抗乳突病毒（Papillomaviren）的疫苗更在多年前通过测试，拯救了好几千名患病妇女的性命，或是让她们免于历经大型手术以及疗程中诸多副作用的折磨。从那时起，感染开始被视为许多疾病的成因，或至少是其中一项因素，无论是阿尔茨海默病、帕金森病或肝硬化都是其中之一。

不过让人感到沮丧的肠道菌或许也可能带来愉悦的心情？

当然，最重要的问题是，什么样的机制才可能导致这种情况？这条肠脑轴线看起来会是什么样子呢？比恩斯托克认为，细菌和大脑之间最重要的沟通渠道是一条通过免疫系统的信号转导通路，而免疫细胞几乎有三分之二分布在肠道内。另外，人们也陆续在其他器官和血液里发现类似机制，比如在心血管疾病和癌症这类病症中扮演重要角色的促发炎物质，也可能和细菌物质产生联系，然后将信息传递至大脑。不过信号转导通路很可能不只这一条，因为许多研究至今还是无法测量到任何免疫反应。

## 50亿的问题

假设大肠和小肠里的微生物真的会影响神经系统,我们至今仍然几乎无从得知这一切是如何运作的。"肠道至少有50亿个神经细胞,"莱特说,"不过没有人知道它们为什么会出现在那里,但是它们的存在势必有某种意义。"其实我们还是发现了"一些间接的提示",斯德哥尔摩卡罗琳学院的罗切利就举例说明,"像是不安的状态和沮丧的情绪经常和肠胃疾病同时出现"。根据统计资料,将近有三分之二的慢性肠炎患者也出现了精神病的症状,患者们时常向医生表示,他们在罹患肠道疾病之前从未有过精神或心智上的困扰。

罗切利指出,有些形式的自闭症看来似乎也"和不正常的肠道菌群有关"。自闭症患者的确常有肠道不适的问题,这个现象说明了,一旦肠道菌群发生问题,就可能导致自闭症发生。当然两者间的因果关系也可能倒过来,肠道菌群之所以失调很可能是长期偏食所致,而偏食原本就属广义自闭症经常出现的行为之一。偏食在这里的意思是:只吃某些特定的食物,导致消化道的菌群多样性减少。

肠道菌群和自闭症之间各种看似相互联结的现象仍有待后续研究进一步加以证实,而目前以此为题的研究正处于"问题比答案还多"的阶段,美国艾默理大学医学院的精神科医师、基因学家库韦利斯(Joseph Cubells)如此描述这项研究的现状。[1]

不过这些线索都还算不上是真正足以证实菌群也可能引发心理疾病的证据。传统上认为大脑的任何波动都会"对胃部"(准确地

---

[1] Mulle et al.: The Gut Microbiome: A New Frontier in Autism Research. *Current Psychiatry Reports*, Bd. 15, S. 337, 2013.

说是肠道）造成冲击，导致"肠胃不适"，但是两者间的因果关系倒过来后并不成立。

有种症状和与其相应的治疗方式正是建立在这样的因果关系之上：肝衰竭的患者可能伴随着经常性的癫痫发作、阿尔茨海默病现象，甚至陷入昏迷，而服用抗生素可以抑制这些情况发生。这项疗法的原理其实非常简单：抗生素能阻止肠道菌制造含氮的神经毒素。一个健康的肝脏通常会排除这种毒物，不过这些被肝脏拒于门外的物质反而会聚集起来成为一种威胁。

或许这个例子稍嫌极端，不过我们得以借此一窥可能是人体微生物功能运作所依循的基本机制，这些功能甚至可能影响中枢神经系统：细菌会制造能够——连同养分、水分、矿物质、维生素和其他东西一起——穿越肠壁、进入血液，经由输送可抵达大脑的物质；这些物质也可能是传送信息至大脑的免疫细胞可辨识的，或者可以被转换为具有其他功能的物质，又或者可以直接活化神经细胞。

## 联合起来吧！各派学者

除了上述理论，支持肠脑轴线假说的专家学者还主张另一套论述：细菌繁多，其基因也比它们的宿主多出百倍，虽然我们不是很清楚它们具体做了些什么，又散布了些什么，身体又从中吸收并利用了什么，我们目前所掌握的信息其实少之又少，不过光是如此，就足以吸引人们一探究竟。经由老鼠实验我们得知，被认为能"传递幸福感"的血清素主要是从肠道经由肠壁进入血液，而且是正常菌群在没有任何酸奶的协助下所制造出来的。就连其他已被证实或至少据传会影响神经系统的重要物质也是由细菌制造后输送至身体里，γ-氨基丁酸（Gamma-Aminobuttersäure）这种重要的神经传递质就是其中之一，在动物实验里产生抗抑郁效果的一般丁酸则是另一种[1]，而碳水化合物经过细菌发酵后所形成的短链脂肪酸也属于这类物质。

有一点是确定的：就算是全世界顶尖的研究学者，要将种类繁杂的细菌、各式各样的肠道环境、宿主先天的遗传基因及后天习得的特质、各异其趣的饮食习惯和所有这些因素的交互影响一一梳理厘清，也是一项极为艰巨的任务。要发现类似"A菌分泌了物质B，物质B和受体分子C接合导致物质D分解成物质E和物质F，其中物质F拥有能够到达大脑的特质，并且在那里与神经细胞结合释出电子信号G，让突触H得以释出信使I，而信使I到达距离最近的神经细胞后会释出信号J，刺激人类产生预期中的反应K；假设A菌没有制造物质B的话，也就不会产生反应K了"这样具体的运作机制其实一点都不容易，而且根据经验，像这样的生物化学反应实际上的运作会更加复杂，几乎不可能有办法以上述采取的线性方式加以描述。

尽管如此，我们是否有可能厘清肠道菌群对大脑以及人类行为的影响，并且找到理想的预防和治疗方式？我们可能发现比"酸奶活菌似乎会影响大脑活动"更好的结果吗？如果科学家们彼此间愿意像人体和他的微生物伙伴那样分工合作、相互沟通，或许还有可能。2011年，莱特在《生物学论文》（*Bioessays*）杂志上发表了一篇"假说论文"[2]，他在文中向肠胃病学家、精神科医师、脑神经

---

[1] Schroeder et al.: Antidepressant-like effects of the histone deacetylase inhibitor, sodium butyrate, in the mouse. *Biological Psychiatry*, Bd. 62, S. 55, 2007.

[2] Lyte: Probiotics function mechanistically as delivery vehicles for neuroactive compounds: Microbial endocrinology in the design and use of probiotics. *Bioessays*, Bd. 33, S. 574, 2011.

科学家及微生物学家提出一项计划，阐述我们应该——或是换个更好的说法：必须——如何研究肠道菌及其对神经系统的影响。"我们必须深思熟虑过程中的每一步，尝试了解不同菌种所制造出来的各式神经化学物质会导致实验动物产生何种反应，进而探讨这些细菌对实验动物的影响。"莱特详细解说了他的提议。按照他的想法，一旦发现具有大好潜质的微生物，我们就能小心谨慎地进行临床试验。莱特显然刻意避免厘清完整的连锁作用，对他来说，现阶段"A 菌最终导致了反应 K"这样的描述就已经足够了。

不过莱特自己也预期到会面临"一个重大问题"，因为对其他人，尤其是负责药物管理的有关当局来说，光有"只要有了 A 菌，不管怎样都会产生反应 K"这样的概念是不够的。事实上，我们几乎不可能为肠道内错综复杂的运作过程、后续的信号转导通路和大脑反应之间的相互关系找到一套"明确的作用机制"，当然也就无法满足今日各地方政府，乃至国家层级管理单位的要求。另外，我们还必须确认信号链不存在于其他岔路，以防错误的联结带来不必要的副作用。

## 脑部的早期发展

然而，卡罗琳学院的生物学家罗切利却认为亟待研究的应该是另一个截然不同的部位。根据罗切利实验室及一份来自日本的研究报告，肠道菌似乎在生命初期就对大脑产生影响了。老鼠早期的脑部发展会因为肠道菌的存在与否而明显有所不同，罗切利比较了无菌鼠和拥有正常肠道菌群的老鼠，并观察到无菌鼠明显更加活跃，也更具有冒险精神，比方说，无菌鼠停留在开放空间的时间比对照组老鼠要长。不过，实验证明，只要将正常菌群植入无菌鼠体内，就能让它们的行为趋于正常化，但是这种做法只在幼鼠身上见效，罗切利猜测这是由于微生物在生命早期对大脑的发展具有关键性的影响力。①罗切利表示，如果人类的脑部发展同样依循这一套模式的话，我们就必须深入探讨"儿童在早期服用过多抗生素"这项议题。

至于诸多悬而未决的问题是否能在不久的将来开始有人着手研究，这得看莱特这几年不断以书写或演说的方式，鼓励各家学派打破疆界共同合作的要求是否获得具体响应。"我们必须努力将微生物学与脑神经科学联结起来，"这名来自得州的教授说，"不过至今仍有许多科学家无法认同这一点，因为他们所受的教育和训练都局限在一个极小的领域里。"

事实上，确实有人尝试整合德国境内精神科医师和脑神经学家的各种看法，不过几乎没有人愿意对此发表意见，因为大家都不知道该说什么好。易萨河畔的慕尼黑工业大学附属医院的精神科主任福斯特尔（Hans Förstl）就承认："关于这个主题我一点儿概念都没有，不过倒是很有兴趣。"英国索尔福德皇家医院的肠道疾病专家泽林格（Christian Selinger）则持怀疑态度，他表示："我们或许可以辨识出神经传导物质在肠道内的作用，但这种物质会对整体系统带来什么样的后续影响我们的确一无所知。"在泽林格看来，这项假说虽然似乎"不错"，实际上却"很难加以验证"，因为我们无法以简单的剂量反应曲线追踪益生菌的效用，加上"肠道菌群的结构和组织会受到许多不同因素的影响"。假设科学家能为莱特的命题找到证据，那么就可能"将演化往前推进一小步"。

---

① Diaz Heijtz et al.: Normal gut microbiota modulates brain development and behavior. *PNAS*, Bd. 108, S. 3047, 2011.

从"粪便移植"这个字眼几乎成了一种宣传标语的现象来看，我们不难理解与肠道菌相关的研究或疗法为何能在短时间内有这么大的转变，同时，如同我们先前已经提过的，各大报纸杂志在此期间也陆续刊登了各种关于肠道菌可能影响大脑的报道与文章。

一旦提及肠道微生物，人们显然不该只是联想到食品公司广告部门印在酸奶杯身上的那些宣传文字，而是必须考虑得更多。我们肠子里的那些"老朋友"不只会在生理上协助我们，在心灵上也给予我们很大程度的支持，这种说法应该不至于偏离本书的主题。至于它们是否真的做了这些事，又是如何办到的，仍有待科学家们为我们解答。

可以确定的是，我们不可能毫无缘故就与这些久远的老友断绝来往，它们或许闻起来让人不怎么舒服，不过看在交情这么深厚的分上，我们还是必须接受它们。

肠道菌——也就是我们的老友，或者不管人们想要怎么称呼它们——对人体健康的影响所及远远不止于心理层面，下一章我们将会讨论另一个同样受到微生物牵动波及的区域。

## 第十五章
# 微生物是助长还是抑制了肿瘤？

细菌会制造助长癌症生成的物质，不过也能协助我们对抗肿瘤。一个全新的研究领域就此诞生。

我们要以一项众所周知的事实展开这一章的讨论：一个人得癌症与否与其生活方式绝对有很大的关系，饮食习惯更是决定生活方式的要素之一。我们吃进或喝到肚里的东西，以及这些东西的分量决定了一个人是否会面临恶性肿瘤的威胁，又会在什么时候碰上这种威胁。

有不少食物及其成分都可能引发癌症或至少会助长癌症生成（槟榔、烧焦的肉、香车叶草都属于有致癌嫌疑的食物），而真正会致癌的食物至少和有嫌疑的一样多（核桃、烤焦的面包，还有野莓），另外还有一些食物在某些研究里被证实具有预防癌症的效果，在其他研究里则不然，比如取自鱼油的 $\Omega-3$ 脂肪酸。

许多食物，包括前面提到的绝大多数食物，都不是由致癌或抗癌的物质组成的，真正导致或预防癌症生成的物质产生于身体处理这些食物的过程之中。

像是大家都熟悉的例子：前面提到的烧焦的肉。烧焦的肉含有所谓的异环磷酰胺，当蛋白质里的氨基酸和同样会出现在肉类里的肌酸（Kreatin）同时受热就会形成这种物质。异环磷酰胺听起来虽然不怎么可口，但对人体完全无害，不过到了大肠，它却会制造出可能攻击遗传物质的反应分子，而受损的遗传物质正是致癌的因素之一。

也有科学家试图从一种名为鞣花酸（Ellagsäure）的物质（一种可从莓类和坚果取得的多胺类）中发现其抗癌特质，不过这类物质本身或许根本不具备任何抗癌特质，倒是肠道内同样由鞣花酸代谢生成的尿石素（Urolithine）很有可能具有这种功能。

当然，这个转换的过程中也少不了肠道菌的协助。

## 乳杆菌的防护

我们的肠道菌会转换并且改造大量人体从食物中所摄取的物质，会制造、减少、分解或只是微调某些物质。随着肠道菌群组成结构的变化，质量平衡的状态看起来也会有些（甚至是相当）不一样。如果我们将饮食视为致癌或抗癌的因素，那么我们不能不将肠道菌以及它们如何处理我们每日吞下肚的面包一并纳入考虑。

许多癌症之所以形成，甚至最终危害人体健康，很可能是因为患者体内肠道菌群的组合正好适合某种癌症发展；或者用正面一点的方式来说：许多人之所以能健康到老或是与癌症绝缘，其实只是因为他们拥有或曾经具备正确的肠道菌群。

淋巴瘤（Lymphom）是最常见的癌症之一，这种病症是由免疫细胞发展而来，有些变异株能轻易治愈，有些则没么容易对付。就我们目前所知，基因应该是能决定一个人是否容易得癌症的关键因素，同时也会影响患者复原或存活的概率。不过另外也还有其他同样值得重视的因素。

2013年7月，加州大学洛杉矶分校和河滨分校的科学家们共同发表了一项老鼠实验的结果。这些小动物具有一种基因缺陷,这种缺陷无论对老鼠或人类来说,都容易导致 B 细胞淋巴瘤(B-Zell-Lymphom)的发生。不过在这项实验里,老鼠是否得病,主要还是取决于体内的肠道菌,有些菌种明显具有防护效果,比如约式乳杆菌(*Lactobacillus johnsonii*),这一点甚至能从分子层次上获得证实:如果老鼠从饲料里摄取到这类杆菌,全身基因缺陷的程度会随之降低,其他像是发炎这类可能导致癌症生成的因素也会因此减缓。当时同样参与这项实验的放射肿瘤专家席斯特尔(Robert Schiestl)声称,这不但是有史以来首次证实肠道菌会影响淋巴瘤形成的一项研究,科研人员还发现"可能干预 B 细胞淋巴瘤和其他疾病的因素"更是"有机会在不久的将来得到证实",因为肠道菌最终会是"可能的影响因素之一"。[①]

"有机会在不久的将来得到证实"这种说法已成为现今科学界发表言论时尽可能避免使用的不当字眼儿。至于肠道菌在人体是否同样能提高或减少致病概率,当然得再进一步确认。若果真如此,那么或许我们在某种程度上能预防疾病发生,尤其是容易罹患淋巴瘤的高风险人群就能够通过特定的遗传倾向性进行肠道微生物相的检查。一旦检查结果不尽理想,这群潜在的患者便能接受进一步的医疗协助,消灭具有危害性的细菌并增加体内的防护性细菌。

或许利用先前提过的抗生素疗法彻底汰换肠内旧有的菌群是必要的,又或者只要服用某些特定的益生菌就足够了,不过两种方法也可能都无法见效。我们知道个体的肠道菌群是经年不变的,甚至在接受抗生素疗程后也大多丝毫未动,或者"原班人马"班师回朝。

---

[①] Yamamoto et al.: Intestinal Bacteria Modify Lymphoma Incidence and Latency by Affecting Systemic Inflammatory State, Oxidative Stress, and Leukocyte Genotoxicity. *Cancer Research*, Bd. 73, S. 4222, 2013.

不过这些现象或许是好事，因为我们无法排除那些能够抑制淋巴瘤生成的细菌具有助长前列腺癌或心脏疾病的特质的可能性，抑或这些细菌会有利于任何一种疾病的发生。

有线索指出，有些癌症的病因若是换到其他器官中反而能抑制癌症生成。一般被视为致癌物质的大量酒精就被证实能减低罹患肾细胞癌及 B 细胞淋巴瘤的概率，至于细菌是否在其中发挥了任何影响力，则仍是未知数。不过科学家猜测，有些经证实为肠道菌所转换的物质也可能具有类似功效，例如微生物会将大豆异黄酮（Daidzein）转换为作用与动情激素相近的雌马酚（Equol），而这种激素似乎具有预防前列腺癌的效果，却可能同时有助于其他癌症生成，因为动情激素以及身体细胞上与动情激素结合的受体都已被证实可能会助长不同癌症的生成。[1]

## 开菲尔可预防癌症？

人们或许会说，这些都只是揣测。但事实并非如此。首先，容易起疑的人——也就是心理状况不佳的人——通常会有肠胃疾病以及微生态失衡的问题；其次，疑虑本身也会左右癌症的生成以及存活概率；再次，尽管我们对微生物影响癌症生成、发展以及扩散的程度所知甚少，不过和前几年相比，我们现在又了解得更多了；最后，我们也已经大致掌握了一些对肠道微生物有益且健康的东西。

例如，经过微生物加以转换的发酵乳制品不仅有助于预防癌症，对整体健康也甚有帮助。酸奶、开菲尔[2]及其他类似制品中所

---

[1] Plottel und Blaser: Microbiome and Malignancy. *Cell Host & Microbe*, Bd. 10, S. 324, 2011.
[2] 开菲尔（Kefir）是一种发酵乳，源自于高加索山区，是高加索居民平日习惯饮用的饮品。——译者注

含的微生物能帮助肠道里的其他细菌制造身体所需的短链脂肪酸。[1]相反地,大量的糖分和淀粉会促进各式各样的新陈代谢,其中也包含了可能对身体不利的代谢过程以及支持这些代谢作用的微生物,比如目前已经证实发炎反应和肿瘤的形成有关。

四十多年前,当时的美国总统尼克松曾带头高喊"向癌症宣战",然而早在尼克松发表这番宣战言论之前,投入癌症研究的资金和动力其实从未间断过,只是迟迟未能有突破性的进展,但仍累积了不少研究成果——分子间的关系、正常和失败的信息传递路径、肿瘤促进剂和抑制剂,以及一堆关于分子、基因和代谢过程的数据。只不过,除了少数案例,所有这些被认为"有机会在不久的将来得到证实"的烦琐知识和发现至今都尚未有效改善治愈率,但是这些为了了解微生物如何影响癌症生成及扩散而投入的大量研究却在现在变得相当有用。因为当人们知道某种细菌会制造某样物质时,就能很快确认这种物质是否曾被发现,而这一切都要归功于长期以来对于肿瘤形成机制的研究,我们先前提过的发炎反应就是一例。

## 大火虽好,燎原就不妙了

人人都知道细菌会引起发炎,这是一种人体和免疫系统为了击退病菌而产生的自然反应,就如同一把烧光一切的大火。但是所谓发炎并不只是发热、疼痛、受伤、红肿和化脓这么简单,过程中还会有信使释出,促使细胞分裂和血管增生。这些运作也都是必要的,因为一方面我们需要大量的防御细胞,另一方面则必须尽快修复或

---

[1] Mortensen und Clausen: Short-chain fatty acids in the human colon: relation to gastrointestinal health and disease. *Scandinavian Journal of Gastroenterology Suppl.*, Bd. 216, S. 132, 1996.

取代受损的组织，而要达到这个目标当然就需要稳定的血液输送。这种日常可见的例外状况所带来的正常结果就是：受到病菌大举入侵的人体奋勇抵抗数日后，发炎反应就会趋缓，此时，细胞分裂的信号会再次释出，以修复伤口，然后一切就又复归平静。

不过要是换作慢性发炎，例如在坏细菌占尽优势的肠道里，这把火就不只在肠道燃烧，更会蔓延至全身上下。长时间的细胞闷烧会持续释出促发炎物质，刺激免疫细胞和更多其他的细胞在无预警的情况下开始进行细胞分裂增生，这套原本立意良善、会适时停止运作的防御修复机制在这里却是不健康的表征，最终甚至可能导致肿瘤生成。如果这个肿瘤又正好获得新生血管供应养分，问题可就大了。

有些促发炎反应的物质会造成无法挽救的伤害，如果它们活跃时间过长，细胞先天原本负责修复遗传物质的机制就可能受损，进而增加突变风险，导致癌症生成。

细菌、发炎和发炎的后果三者间另一种可能的关联则是免疫系统的训练（见第十二章）。如果免疫系统没有及早学习区分好细菌和坏细菌或是其他恶意侵入者的差异，日后就可能以剧烈的发炎反应来对付所有的细菌，包含寄生在宿主身上的那些。

## 铎并不是真的那么棒

以脆弱类杆菌（*Bacteroides fragilis*）为例，我们得以一窥细菌产物如何影响至少经老鼠实验证实的癌症形成机制。这种细菌分泌的金属蛋白酶（Metalloprotease）会分解上皮细胞钙黏蛋白（E-Cadherin），进而开启所谓的"Wnt/ß-Cadherin 信号转导通路"，而我们发现这条通路的活化与否几乎与肠癌脱不了关系。此外，金属蛋白酶也会活化细胞核转录因子（Nuclear Factor-Kappa B），启动一系列参与发炎及细胞分裂的基因。

还有许多类似的例子，比如感染幽门螺杆菌可能引发胃肿瘤（见第七章），或是免疫系统的生物传感器会影响肿瘤生成过程中不同的关键点，也就是所谓的类铎受体（Toll-ähnlicher-Rezeptor）。[①]

此外，我们也经由老鼠实验得知，生态体系失去平衡的肠道，可能会发生某种遗传物质受损的细菌暴增百倍以上的情形。[②]事实上，罹患发炎性肠道疾病或肠癌的患者身上都明显带有大量名为NC101的大肠杆菌，而发炎状态则让这些细菌更容易进入肠上皮细胞破坏细胞基因。

这类肠道的"生态失调"通常会伴随着诸如腹泻、发出恶臭的胀气，以及便秘等各式症状。[③]经常有"胃肠"问题的人不应该忽视这些征兆，而是要尽快接受检查。常年受肠疾困扰的人其实不在少数，

---

[①] 类铎受体的英文为 Toll-Like Receptors（TLR），不过 toll 在这里并不是指英文的"收费站"或"海关"，而是源自德文叹词 toll（中译为"太棒了！"）。"铎"一词的诞生归功于一个发育生物学家，当时在德国，尤其在杜宾根，还会用面疙瘩（Spätzle）、黄瓜（Gurken）、链子（Kette）或咕噜声（Schnurri）这类有趣的字眼儿替基因命名，并以此为乐。诺贝尔奖得主尼斯莱因－福尔哈德（Christiane Nüsslein-Volhard）1995年在实验室发现了一只畸形的果蝇幼虫后，toll 这个词脱口而出，因此这个导致果蝇发生突变的基因后来就被称为"铎"。类铎受体是一种与铎受体结构相似，但在人体肩负另一种任务，也就是负责防御病原体的分子。然而，一旦它们持续受到活化，就可能助长癌症形成。长年承受慢性肠道炎之苦、最终罹患肠癌的患者大多拥有相当活跃的类铎受体第四型（TLR-4）（Göran und Edfeldt: Toll To Be Paid at the Gateway to the Vessel Wall. *Arteriosclerosis, Thrombosis and Vascular Biology*, Bd. 25, S. 1085, 2005）。铎在果蝇胚胎的早期发育中主要负责区分上方和下方，也就是调控果蝇背腹轴的形成。铎必须和活化的"面疙瘩"接合，并且和活化后的上表皮接受体形成素"黄瓜"发生作用，才有可能发展出完整的背腹形态。一旦缺少了铎，精致繁复的生命体就无法拥有不同的身体构造和器官，而今日的我们也就只能是一堆毫无差异的细胞团。更多关于铎的作用以及其他和人体 DNA 具有类似功能的果蝇基因，可参照：sdbonline.org/fly/aimain/3a-dtest.htm。

[②] Arthur et al.: Intestinal Inflammation Targets Cancer-Inducing Activity of the Microbiota. *Science*, Bd. 338, S. 120, 2012.

[③] "菌群生态失衡"（Dysbiosis）或"菌群失调症"（Dysbakterie）是指消化器官的菌群在各菌种间的比例，或健康程度发生较大幅度变化而超出正常范围的状态。

其中更有些人甚至乐于给予连带的副作用正面评价，因为他们吃得再多也不会发胖。另外，对谷类麸质这类食物过敏不耐受的症状通常也不易发现，患有这类免疫疾病的人要是长期摄取含有麸质的食物，不但会伤害健康，罹患肠癌或淋巴瘤的风险也会提高好几倍。

## 这么做会肚子痛

好消息是，肠道经常送出明确的警告信号提醒人们应该就医或去药店寻求帮助，或是尝试调整饮食，好让肠道重新恢复平衡状态。对患有麸质不耐症的人们来说，这就意味着应当放弃所有含麸质食物。由于医生并不见得总是可以依据检验数据确诊出麸质不耐症，遇上这种情况时，也可以通过调整饮食来寻求改善。

另一个好消息则是，我们对微生物造成的影响及其所制造的物质认识得越来越多，许多后来的新发现与多年累积的研究成果相辅相成，我们因而得以更加了解，甚至洞悉某些机制，找出一连串信息的最终源头，也就是微生物。

还有一个没那么好的消息则是，即便我们掌握了某些机制，顺应这些机制量身打造的疗法和预防措施并不会因此而自动送上门来。毕竟细菌的生活及其在肠道的活动至少和身体运作或是癌症形成的机制同等错综复杂，甚至还充满各种变异的可能性和冗余性。这也是医生和患者在治疗各种疾病，尤其是癌症的过程中，经常会一再感到不安的原因。尽管如此，我们还是可以尝试将已知具有破坏性的菌种排除在外，或是找到足以与之匹敌的微生物，寻求治愈的可能。

重要的是，我们应该从全面的角度思考。发酵的产物，或者肠道内利用绿色蔬菜的益菌，这些物质之所以有助于预防癌症的产生，很少是由于其中的单一分子造成了影响，而是多种功效相互作用的结果。

例如醋酸、丁酸以及丙酸这类经过细菌代谢的产物其实不只是输送能量的物质。醋酸通常会黏附在免疫细胞的表面受体，并因此减缓一连串发炎的过程。丁酸则会支持肠上皮的屏障功能，并阻断与大脑沟通往来的信号转导通路，过程中更会出现名为微RNA（Mikro-RNAs）的小片段非转译RNA，这种物质经实验证明能调控癌症细胞的分化。而丙酸似乎会影响免疫系统辅助性T细胞（T-Helferzell）的工作效能。

## 多酚，具有疗效的细菌饲料

因此，想降低罹癌概率，最好的办法就是讨好那些制造丁酸、丙酸以及醋酸的细菌，也就是经常摄取它们喜欢吃的食物。至于有些不算是太严重的副作用，像是对心理（见上一章）造成正面影响，就姑且当作是免费的附加价值好了。

不过，这有时得视细菌本身的特质而定，像是它们引起发炎的时候，通常和细菌怎么处理食物也有关系。如果我们想知道细菌是如何影响健康与疾病的，那么我们就必须厘清这些共食者制造了什么，以及这些代谢产物又会引发什么效应，或是阻碍了哪些机制的运作。

例如本章一开头提到的鞣花酸是一种取自莓类和坚果类的多酚，经肠道菌代谢生成能抑制发炎的尿石素，被视为一种抗癌特质。

多酚普遍被视为一种对健康有益的物质，不过鞣花酸的效用并非来自多酚，而是来自一种细菌的代谢产物。要是少了这种细菌，多酚很可能也就无法发挥作用。一项研究发现，只有30%—50%的受试者拥有足够的益菌将大豆异黄酮代谢生成雌马酚，同时也只有这些人具有较低的罹癌风险。

这个研究结果也说明了，为什么有些菌群研究证实了特定多酚类的效用，而有些则没有。这些差异可能取决于受试者是否拥有正确的菌群，至于正确的菌群又该包含哪些菌种，至今则尚未有定论，不过我们可以确定拟杆菌门会是其中之一。当然，一切不光如此，实际情况显然还要复杂许多：范德尔维勒（Tom van der Wiele）和同事利用分析仪发现，代谢作用的全貌其实因人而异，会随着个人体内肠道菌群的结构和组成，以及这个人摄取了哪些多酚而有所变化。①

所有癌症生成或扩散的过程几乎都和微生物群系脱不了干系：健康的代谢作用、癌细胞的代谢、神经信号、免疫反应和其他的防御机制、发炎现象等。相反地，宿主的反应，也就是我们的细胞和组织所产生的反应，也会对微生物群系造成影响，比如特定的细菌遭到消灭，又或者细菌凭借人体代谢获得或是被切断养分供应，诸如此类。

## 搭便车还是涡轮增压器？

细菌和癌症之间其实还有另一种直接而密不可分的关联：医生和科学家在组织学和病理学的研究中通过显微镜在许多肿瘤样本中都观察到了细菌。进一步加以分析后，他们发现某些肿瘤经常和特定的细菌联系在一起，例如前列腺癌患者身上经常带有痤疮丙酸杆

---

① Possemiers et al.: The prenylflavonoid isoxanthohumol from hops (*Humulus lupulus L.*) is activated into the potent phytoestrogen 8-prenylnaringenin in vitro and in the human intestine. *Journal of Nutrition*, Bd. 136, S. 1862, 2006.

菌（*Propionibacterium acnes*）。至于到底是这些细菌导致癌症生成，或是癌症助长了这些细菌繁衍，这个问题至今我们仍旧无法解答。

不过，或许我们根本就不需要思考这个问题。恶性肿瘤的形成与增生会历经不同的阶段，而细菌可能在任何一个时间点加入这个过程，其中有些可能只是搭了疾病的顺风车，另外还有不少则是因为分泌促发炎物质，或是酸化肿瘤周边，导致肿瘤扩张、转移，进而助长癌症生成。譬如肠道肿瘤就经常伴随着大量在正常情况下其实无害，甚至有益的细梭菌属（*Fusobacterium*）细菌。通过老鼠实验，我们得知至少有一种细梭菌属细菌会刺激肿瘤分化，并与其他助长肿瘤生成的细胞结合，导致发炎变本加厉。不过它们是在肿瘤已经存在的前提下间接促成的，否则，就一般所知，细梭菌属细菌并不会加剧发炎的程度，更不会助长癌症生成。

这类细菌虽不会导致癌症生成，却在无意间被肿瘤挟持利用。不过，无论它们是真的有助于癌症形成，抑或只是偶然间被肿瘤纳入旗下，就实际面来说，还是以细梭菌属细菌为主要威胁比较万无一失。

然而还有许多细节是我们无法确认的，例如总是伴随着癌症发生却连带被妖魔化的发炎反应在某些情况下其实是一件好事，丹麦奥胡斯大学的布吕格曼（Holger Brüggemann）就指出，因为"促发炎反应的物质会向免疫系统呼救并索求遏止肿瘤细胞的计划，譬如痤疮丙酸杆菌在20世纪七八十年代就常被用来抑制肿瘤"。[1] 另外，

---

[1] 另一种同样相当成功的方法则是利用了不具危害性的牛结核菌治疗人类的浅表性膀胱癌。19世纪时，有两名法国人为了治疗牛结核病研发出一种名为卡介苗的疫苗，后来人们发现，接种卡介苗也有助于刺激免疫系统抑制浅表性膀胱癌，很多时候卡介苗的治疗效果甚至比传统化疗要好，尤其能有效抑止疾病复发。（Alexandroff et al.: Recent advances in bacillus Calmette-Guerin immunotherapy in bladder cancer. *Immunotherapy*, Bd. 2, S. 551, 2010.）

根据一份2013年12月发表的研究报告，前列腺发炎的男人几乎很少被诊断为肿瘤。[1]

根据专家的说法，目前并不存在任何经过实验证明的疗法可以专门医治伴随肿瘤出现的细菌。"遗憾的是，据我所知，目前还没有人有勇气尝试以抗微生物物质来治疗前列腺癌。"更不用提试图利用可能抑制癌症生成的细菌来取代肿瘤里那些提供援助的细菌。

或许不久后，医学专家就会尝试利用肠道菌群治疗前列腺癌，或是减低患病风险。前列腺癌所造成的威胁虽不是最严重的，却是工业化国家男性最容易罹患的癌症。目前已经存在不少相关建议，医学专家也提供了各种可能的应对办法[2]，只是我们必须先厘清，代谢作用为何会提高患病风险，究竟是哪些肠道微生物助长了肿瘤的生成，最后再通过改变饮食、微生物疗法或是用药来重新拧紧生理运作机器的螺丝钉。

癌症不只是一种疾病，事实上，我们甚至可以将每个肿瘤视为单一的个体。这么一来，我们不但可以利用单一肿瘤和其他多数肿瘤的共同特质，同时也能针对个体的弱点下手，或是根据每个肿瘤独有的特质予以驯服，借此削弱其攻击性。通过这些方式，我们或许能按照心意干扰或抑制肿瘤生长，甚至断绝任何导致肿瘤形成的可能。而在这个过程中，细菌也许在某个时候能帮上忙。

遗憾的是，我们必须在这里使用"也许"和"某个时候"这样的字眼儿。对现在已经生病的人来说，这种无法给出明确时间表的可能性当然帮不上什么忙。真正重要的是，无数的癌症研究实验室

---

[1] Moreira et al.: Baseline prostate inflammation is associated with reduced risk of prostate cancer in men undergoing repeat prostate biopsy: Results from the REDUCE study. *Cancer* 2013, doi: 10.1002/cncr.28349.

[2] Amirian et al.: Potential role of gastrointestinal microbiota composition in prostate cancer risk. *Infectious Agents and Cancer*, Bd. 8, S. 42, 2013.

和众多投身其中的出色科学家应该善用手中有限的预算与资源,给予肠内及那些影响肿瘤的微生物群系更多关注与心力。到我们写作本书时为止,这项研究分支在实际的医疗应用上仍未有显著的具体成效,有雄心的研究学者们更应该好好抓紧这个机会,寻求突破的可能。近来,微生物研究界兴起了一股令人难以忽视的文艺复兴风潮,越来越多的科学著作也将重心转往探讨癌症与微生物之间的关系,我们或许可以乐观期待未来的发展,而不用等到"某个时候"才"可能"发生。

同样面临这种状况的还有另一种疾病及与其相关的微生物,我们将在下一章介绍这对组合。

## 第十六章
# 用杆菌取代 β 阻断剂？

　　肠道菌决定了心肌梗死的严重程度？抗生素和益生菌同样具有保护心脏的功能？钙化的动脉里有细菌？这些听来让人感到不可思议，却都是千真万确。

　　我们有太多理由强烈反对滥用抗生素，不过要是有人期待在这本书里读到对于这类药物的诅咒，可能会感到失望。因为抗生素是很棒的东西，前提是——如果人们审慎、恰当且合乎目的地使用它：抗生素不但能拯救人类性命，也能造福无数动物生灵。这项药物的发明让好几百万原本可能死于感染的人得以捡回一命。

　　抗生素的威力还远不止于此，像是有种名叫万古霉素（Vancomycin）的抗生素不但能减缓心肌梗死的症状持续恶化，同时还能帮助患者复原。一群患有心肌梗死的实验鼠证实了这项功能。

　　不过我们对抗生素的歌功颂德要到此为止，因为市面上含有胚芽乳杆菌的益生菌其实也具有同样的功能，而且背后的机制也如出一辙。

　　抗生素和益生菌会让血液里的瘦素——脂肪细胞分泌的信使——浓度直线下降，这也是微胖者会发生心肌梗死的原因，同时，我们也相当确定这是由于微生物群系及其代谢产物发生了变化。

　　为什么这个问题值得我们进一步探讨？首先，这个例子证明了我们可以在不依靠抗生素的情况下，处理微生物所制造的毒素，甚至达到一样的效果。①

就某种程度来说,这个问题之所以引人入胜是因为美国威斯康星大学密尔沃基分校医学院的贝克(John Baker)和维拉姆(Vy Lam)经由动物实验证实了肠道微生物会影响心血管系统。根据他们的实验结果,消化道的微生物基本上会以各种可能的方式影响心脏的健康,这项结果也因此证实了一个在数年前让许多心脏病专家百思不得其解的命题。同时,他们也经由瘦素发现了传递这种作用的重要信号,甚至可以说是最重要的信号。

但他们并不是很清楚这种作用背后的运作机制。瘦素是一种由脂肪细胞分泌的物质,主要负责传递饱腹感的信号给大脑。其他像是心脏之类的组织也会分泌瘦素,而且似乎具有更多不同的功能,例如体内瘦素浓度高于平均值的女性比较不容易感到抑郁。瘦素分子据说也能保护女性的骨头免于断裂,不过也有证据指出,瘦素会活化肠癌干细胞。活跃在代谢舞台上的瘦素可以说是拥有相当多样而复杂的特质。

我们已经知道肥胖者或代谢综合征患者②的瘦素功能较弱,等到他们终于感到饱腹时,其实早就吞下了比实际需要还多的食物,而他们的脂肪细胞也会因此制造出比平常更多的瘦素。

这是由于正常的瘦素分泌量无法实现预期任务,所以身体当然只能被迫制造出更多瘦素。不过肠道菌群的改变又是怎么让血液中的瘦素浓度发生变化的呢?贝克认为,细菌受到益生菌和抗生素的影响,会释出能够穿越肠壁进入血管,然后随着血流到达肝脏的瘦

---

① Lam et al.: Intestinal microbiota determine severity of myocardial infarction in rats. *FASEB Journal*, Bd. 26, S. 1727, 2012.
② 代谢综合征:腹部脂肪堆积、高血压、脂肪代谢异常,以及糖尿病前期的综合症状。详见第5页注①。

素小分子，这些小分子很有可能在肝脏再次转换后，重新回到血管，最后影响脂肪细胞分泌瘦素或是瘦素在血液里的分解作用。

## 贝克实验室寓言

还好不会有细菌一路从肠道跑到冠状动脉或给大脑供应血液的动脉里，然后在那里安顿下来，人们应该为此感到高兴。不过，就算没有发生这种事，待在肠道里的细菌还是对心脏及血管健康造成了莫大影响。一份密尔沃基实验室得出的研究结果就验证了这一点。通过拉姆和贝克的实验，我们得知无论是抗生素还是益生菌都能降低血液里的瘦素浓度，这么一来，实验鼠发生严重心肌梗死的概率也会随之降低。如果我们先喂给老鼠抗生素或益生菌，再注射瘦素，就会抵消掉抗生素或益生菌原本应该发挥的保护作用。然而在这个过程中，瘦素并不是唯一的关键性信号物质。"经由微生物合成的代谢产物会影响宿主的生物性，一旦菌群失衡，宿主的健康也会连带受到波及。"贝克和同事在2012年发表的文章里这么写道。

与此同时，这个实验室还完成了其他研究，只是在本书付印之际，这些研究成果仍处于尚未公开发表的阶段，不过贝克还是相当大方地让我们抢先一探他与所属团队最新的工作进度。他们试图在肠道找出除了瘦素以外的代谢产物，这些物质的浓度会在肠道菌群受到攻击时发生变化，连带影响老鼠心肌梗死的严重程度。最后，他们找到了不少这样的东西。

284只老鼠当中，有193只的代谢产物浓度明显和肠道微生物有关，大致来说：这些老鼠肠道内大量的各种物质转换至少有三分之二是微生物协助完成的。至于人类体内的情况又是如何，我们到本书送交印厂前为止还一点儿头绪都没有。在193种和微生物有关的代谢产物中，有33种是苯丙氨酸（Phenylalanin）、色氨酸（Tryptophan）和酪氨酸（Tyrosin）这三种氨基酸代谢生成的。一旦老鼠摄取抗生素，这33种物质就几乎不会出现，老鼠的心肌梗死也就不再恶化。"这些结果说明了肠道微生物所制造的物质不只影响邻近的周边，甚至还延伸至距离遥远的器官，例如心脏。"贝克指出。

我们也能这么说：这些结果显示抗生素是健康的，它们最终减缓了心肌梗死的恶化，不过愚蠢的是，它们也消灭了许多有用的细菌，而且时常服用抗生素的人还得冒着可能会助长致病菌或艰难梭菌的风险。因此，习惯将抗生素作为一种预防性治疗绝对不是可行的方式，除非有人预知自己即将在数日后遭遇心肌梗死发作，我们才会建议他这么做。相对地，使用同样具有类似功能的益生菌或其他不会一开始就全面歼灭微生物的物质对我们来说就是一种好的预防方式。只要将这些经研究发现的代谢物质在实验室的条件下进行测试，就能有助于及早判断患病风险并给予患者预防性治疗，即便只是开给他阿司匹林。贝克认为这项结果"可能会让我们找到全新的诊断标准、治疗方式以及预防方法，有效预防心肌梗死发作"。

## 人体试验

贝克的说法听起来或许有些模糊，但是比起那些报章上以"或许总有一天"这类字眼儿评论最新研究成果的文章已经更具体了一些。第一项以此为主题的医学研究早在2013年就展开了，这项研究的目标在于测试万古霉素这种抗生素和从超市买来的益生菌是否对慢性心脏疾病有帮助，以及特定细菌与其代谢产物的浓度是否能预测患病风险。[1]一项以抽烟人士为主要对象的早期研究显示，胚芽乳杆菌能有效降低受试者罹患心血管疾病的风险和瘦素浓度。

可惜肠道菌的实际功用不仅止于肠道内，有时也会渗透到通往心脏或大脑的血管，导致动脉硬化，增加心肌梗死发作的风险或引发心脏病。至少我们已经从这些血管里的动脉粥样硬化斑块中发现典型肠道菌的遗传物质，[2]这些物质累积得越多，受试者身上可测得的发炎警示就会越强烈。对健康来说，发炎反应犹如浮士德般的戏剧性人物，如果它强烈对抗外来入侵，那么对身体就是有益的，但如果这种炽热的疼痛感转而对内，引起慢性发炎，连带影响许多身体机制，最终让一切失去控制，那可就糟糕了。

瑞典微生物学家贝克赫德和他的同事从动脉沉积物中发现了细菌的遗传物质，他们知道肠道也会分泌促发炎物质，因此试图找出两者之间的因果关系。

他们质疑，同健康的一般人相比，动脉钙化的患者是否拥有不一样的肠道菌群。如果答案是肯定的，那么两种菌群的差异为何？又是什么原因导致了这样的差异？

他们从受试者身上取得丰富的粪便样本，发现那些颈动脉含有动脉粥样硬化斑块的人的肠道里特别容易出现大量名为柯林斯菌属（*Collinsella*）的细菌，而那些血管健康、没有钙化问题的人的消化道里则有较多优杆菌属（*Eubacterium*）和罗斯氏菌属（*Roseburia*）细菌。

---

[1] 益生菌与心血管疾病。本项研究计划已登记于政府数据库 clincaltrails.com，详见：http://clinicaltrials.gov/ct2/show/NCT01952834
[2] Koren et al.: Human oral, gut, and plaque microbiota in patients with atherosclerosis. *PNAS*, Bd. 108, S. 14592, 2011.

直到数年前，柯林斯菌属才被视为一个独立的属，不过这里用来命名的"柯林斯"并非大家熟知的歌星[1]或曾经执行阿波罗计划的航天员[2]，而是一位鲜为人知的英国微生物学家。至于柯林斯菌属及其他两种菌属的细菌究竟在不同个体的肠道内做了什么事，科学家们至今也只了解其中的一部分。贝克赫德和同事进行了一项被称为多源基因组学的研究，他们分析了受试者的肠道内容物以及那些已知其功能的细菌基因，最终得到的结果是：患者身上常见的多是助长发炎的基因产物，而具有抗发炎功能的遗传物质则多以抗氧化剂或短链脂肪酸等代谢产物的形式出现在健康者身上。

## 给素食主义者的肉

让我们回到肠道菌对心脏的远程影响，因为这项主题还有更多值得我们进一步探讨的方面与细节。这些影响主要是我们吃进肚里的食物和细菌相互作用后所产生的，如果我们能掌握这一连串效应的运作机制，势必能开启全新的可能性，找到有效的治疗方式，甚至是预防疾病的方法。

让我们以科学方法检视肚子和心脏之间的关系：大量摄取肉类会对心血管造成什么负担？

要回答这个问题，就必须先让一名长期茹素的受试者吞下一块牛排。

参加医学研究的受试者大可不必担心实验过后会留下任何后遗症，因为测试用药早在实验室经过多次动物实验，甚至也会让少数

---

[1] 指知名英国歌手菲尔·柯林斯（Phil Collins）。——译者注
[2] 指"阿波罗11号"计划中留守在指挥舱的迈克尔·柯林斯（Michael Collins）。——译者注

受试者先行服用，以确认不会超出人体可负荷的程度。当然医学实验里也可能出现与众不同的特级品，由俄亥俄州克利夫兰医院的黑曾（Stanley Hazen）所主导的研究就是一例。在这个实验里，受试者必须吞下的不是带有苦味的药丸或加了糖的安慰剂，而是一块甜美多汁的牛排。2013年，黑曾在《自然医学》（Nature Medicine）杂志发表了这项研究的成果并指出，人类自古以来一成不变的饮食习惯可能会对心血管造成不良的副作用，其负面效果堪比今日的医学药物。[1]

只要静下心来仔细想想就不难发现，黑曾的结论并不是什么新颖的见解——红肉本来就富含多汁肥美的脂肪和胆固醇，而这些成分对心脏一点儿好处都没有。倒是接下来的主张或许会让人感到惊讶：后来的研究明确指出，我们错把肥美的脂肪和食物里的胆固醇误会成不健康的成分了。值得注意的是，红肉并没有被包含在这张除罪清单里，看来红肉可能含有其他让动脉钙化的成分，而这很可能是肠道菌代谢引发的生物化学反应所造成的。

黑曾之所以为受试者准备了牛排，是因为他认为食肉肠道菌间接参与了这套机制的运作。早在2011年，黑曾和同事就发现，专职代谢肉类食物的共生菌可能促进动脉硬化。这些细菌会将一种名为胆碱（Cholin）的物质转化为另一种名为氧化三甲胺（Trimethylamine-N-Oxid，TMAO）的物质。我们也能以氧化三甲胺的代谢生成为例来说明微生物和宿主体内的酶是如何共同合作的：三甲胺（TMA）是细菌的产物，而氧化物则与某种人类酶有关。一般来说，蛋或肉类都含有胆碱，而氧化三甲胺可能会让健康的血管

---

[1] Koeth et al.: Intestinal microbiota metabolism of L-carnitine, a nutrient in red meat, promotes atherosclerosis. *Nature Medicine*, Bd. 19, S. 576, 2013.

（或心血管）失去应有的弹性及管腔大小。

肉碱（Carnitin）则是一种结构与胆碱类似的分子，两者都是由两个氨基酸所组成。肉碱这个名称是由拉丁文 Caro 而来，有肉类的意思。许多消耗大量体力的运动员都会摄取肉碱作为营养补给，不少素食者也会这么做。黑曾让受试者吃进添加肉碱粉的肉块，然后测量他们血液里氧化三甲胺的浓度。最后测得的指数高到爆表，我们几乎可以确定这种结果是肠道菌一手促成的，因为黑曾让同一批受试者服用杀菌的抗生素后，受试者血液里的肉碱数值甚至飙得更高，而三甲胺则消失得几乎不见踪影。

因此，我们可以大致理解素食者的心态：他之所以能克服障碍吞下肉块，大概是因为他知道这项研究旨在证实食用肉类的缺点，恰好与他个人所支持的价值观相符合。事实也是如此，和无肉不欢的肉食者相比，研究团队在茹素者身上几乎没有发现任何氧化三甲胺含量上升的嫌疑。这项有些讽刺的结果很可能是生物化学和微生物学相互作用所导致的：对通常不吃肉的人来说，他的肠道里显然——不意外地——几乎没有负责分解肉类食物的细菌。

## 就像偶尔来块牛排般奢侈

黑曾的研究团队所得出的结论或许也说明了，为什么关于饮食的研究最好将那些不属于纯粹的茹素者或素食主义者、实际上也甚少吃肉的人——也就是饮食均衡的族群——排除在外。这些人或许缺少了某种将肉类代谢生成有害物质的细菌，不过他们却能从中获取有益的养分，比如丰富的维生素 K。这一点和贝克所得到的实验结果不谋而合：他的研究团队发现，经过细菌转化而释出的苯丙氨酸、色氨酸和酪氨酸会使老鼠的心肌梗死恶化。氨基酸天然的来源是蛋白质，肉类就是由蛋白质组成的，而肉类蛋白质又正好富含上述三种氨基酸。

对那些一直以来都将饱和脂肪及从食物摄取的肉碱视为心脏毒药的人来说，这项结论着实让人感到讶异。不过肠道微生物的研究本来就充满惊喜，很可能用不了多久又会有人针对这项结论提出全新的见解与观察，举例来说，先前的研究并没有在肉食者身上发现任何氧化三甲胺含量上升的迹象。[1] 另外，氧化三甲胺除了在肠道内经由一套复杂的过程生成，许多海鲜也富含这项成分。摄取大量肉类及甲壳类食物的人虽然在同一项实验测得的氧化三甲胺数值也明显偏高，不过无论就过往的经验还是科学上的佐证来看，这些人心肌梗死发作的风险并没有因此提高；根据上述各项研究结果，实际情况甚至很可能和我们所想象的恰好相反。

尽管这些研究成果以及由此推衍出来的结论着实令人赞叹，不过我们仍应对此抱持保留态度，但也无须因此感到不安，尤其当我们准备探索的是一块像人体微生物这样崭新又不熟悉的研究领域时。

或许黑曾和贝克的观察都是正确的，只是代表了两种截然不同的意义。至今尚未有明确证据指出，肉食者之所以比茹素者更容易罹患心血管疾病是因为他们摄取肉类的关系，不过至少有迹象显示，肉食者患病率较高的原因并不在于他们摄取肉类食物，而是由于他们——相对于素食主义者来说——并不会特别讲究健康的生活模式。[2] 这么一来，前面所提到的现象就说得通了，也就是富含氧

---

[1] Zhang et al.: Dietary precursors of trimethylamine in man: a pilot study. *Food and Chemical Toxicology*, Bd. 37, S. 515, 1999.

[2] Davey et al.: EPIC-Oxford: lifestyle characteristics and nutrient intakes in a cohort of 33 883 meat-eaters and 31 546 non meat-eaters in the UK. *Public Health Nutrition*, Bd. 6, S. 259, 2003.

化三甲胺的海鲜甚至是对健康有益的。

尽管还有许多未知的细节有待厘清,但我们有成堆的好理由成为一个素食主义者,不过这些理由中绝对不包含氧化三甲胺。

我们应该留下深刻印象的是黑曾、贝克赫德、贝克以及他们的研究团队通过实验不断追寻的那些基本机制。

肠道菌的远程影响力通常也是遵循着一套类似这样综观全局的运作模式:微生物会分解食物并代谢生成能轻易穿越肠壁的极小分子,这些小分子经由血管到达身体各个不同部位,最终在身体的某处直接或间接发挥作用。不过这些分子实际上是如何运作的,我们知道得并不多。

要厘清这些问题还需要投入更多的研究,但对绝大多数人来说,通过这些运作机制去找到可行的治疗方法或预防的可能性或许也不是那么重要。假设我们能从这些相互影响的网络中抽出一些分子,或是用更健康的细菌来取代原本释出这些分子的细菌,并借此让一个人变得健康,那么其实就不一定非得追根究底、巨细靡遗地掌握每个分子的运作机制。当然,如果能够做到这个程度那是再好也不过,不单是因为药物管理单位倾向于开放一种新的治疗形式,也不只是因为厘清这些过程本身就足够令人着迷,而是因为多数时候我们会在探索的过程中发现新的契机,帮助我们更加了解身体里其他的运作模式。

这种说法听来似乎有些老套,但是我们必须时时提醒自己:人体内没有独立于其他作用机制存在的运作过程,所有的一切都是相互影响、环环相扣。当然,有些运作机制或许在身体某个部位是有问题的,却可能在另一处发挥保护生命、甚至对生命至关重要的功能。生理学犹如至少拥有两具灵魂的浮士德:由肠道菌代谢生成的物质虽然会导致心肌梗死恶化,却可能同时具有预防癌症的作用。

又好比同样是肠道菌所制造的短链脂肪酸通常被视为帮助甚多的物质，但有时它们也会在这里或那里惹出一些麻烦。一旦我们对于所有的运作机制、彼此间相互牵连影响的复杂网络有某种程度的了解，那么或许就能在面对一些恶意的惊喜时，找出治疗或预防的方法。不过关于肠道微生物及其作用于心脏和血管的远程机制，我们实际的研究其实还处在起步阶段。

抗生素对心脏有益，益生菌也具有同样的好处，肉类至少不会危害素食主义者的身体健康——这些还不是这个研究领域可以带给我们的压箱惊喜。

相形之下，肠道菌也会影响肠道健康似乎就没那么让人感到意外。至于它们是如何办到的，请见下一章。

## 第十七章
# 生病的肠道

数百万德国人有肠道不适的困扰，从消化不良到危害生命的慢性肠炎都是可能出现的症状，而罪魁祸首通常是细菌，只不过这些微生物其实也能帮上不少忙。

作为1000亿个细菌的游乐场、高效能的器官、体内和体外的沟通平台，以及致病菌的入口大门，肠道为了维持生命的正常运作有时也会生病，这其实没什么好意外的。仔细想想，这样的肠道竟没有处于长期混乱的危急情势中才令人吃惊。

肠壁是一道将肠道内容物和人体内部阻隔开来的屏障，这道屏障就和人体的皮肤一样，将内与外分隔开来。肠壁一方面必须让养分通过自己进入人体内，另一方面又得挡下有害的细菌。沿着这道边界则有免疫细胞负责巡视警戒，任何靠近的对象都必须先经过盘查，身体才能决定是该释出善意欢迎来者，还是以防卫之姿迎战对方。这项任务并不轻松，因为免疫细胞不能不分青红皂白地直接迎头痛击来路不明的养分，而是得放行对身体有益的共生菌，同时阻挡病原体的威胁。处于这种随时可能爆发冲突的高风险状态下，这些守护人体边界的巡警有时一不小心反应过度，其实也不令人意外。

这种时候便会引发过敏反应，免疫机制也会使得发炎加剧。如果误判的状况一而再、再而三地发生，那么防御细胞不只是对无害的外来者过度反应，甚至会对人体造成伤害。"一战"时期发展出来的战争概念"误伤友军"（friendly fire）就相当适合用来描述这种情形。如此一来，肠壁会开始产生病变，然而其中有不少都是肇因于这类不必要的、误判或是过度激烈的防卫反应。很多年以前，这种情况的发生频率就开始逐渐攀升。

全世界有超过10%的人口承受肠疾所带来的困扰，例如疼痛、痉挛或是慢性发炎等问题，他们也可能因为腹泻或便秘，一天必须跑二三十趟厕所，甚至出血、失去体重。全球每年死于这类疾病的人口有3万以上，不过这项统计数字会随着国家不同而有所差异，这当然和不同的调查方式有关。加拿大的数据约在6%，而墨西哥则至少有43%的民众长期有消化道疼痛或痉挛的问题。

## 肠躁症

所有肠疾中最常见但定义最模糊的就是俗称肠躁症的肠激惹综合征，引起这种病症的因素很多，服用抗生素、食物过敏或压力都是可能的病因。有一种理论认为，小肠细菌的过度繁殖也可能造成诸多不适，部分患者服用抗生素后获得明显改善的事实虽然证实了这项假设，但离真正解决问题其实还有一大段距离。调整胃酸分泌的药物也有引发肠躁症的嫌疑，这种药物会抑制小肠前段分泌酸性内容物，借此改变细菌的生存环境。对某些肠疾患者来说，停用质子泵抑制剂（Protonenpumpenhemmer）这类药物对改善病情也有帮助。[1]

---

[1] Compare et al.: Effects of long-term PPI treatment on producing bowel symptoms and SIBO. *European Journal of Clinical Investigation*, Bd. 41, S. 380e6, 2011.

肠躁症虽然不致让人丧命，但是突如其来的便意，或是便秘、腹泻、痉挛及肠胃胀气等问题却会带给患者诸多限制与不便。患者在工作上的出勤状况可能因此受到影响，连带导致生产力低弱，还必须经常看医生。光是50岁以下接受结肠镜检查的受检者中，每四个人里就有一人患有肠躁症[1]，这之中女性的比例比男性高出1.5倍，50岁以下的比50岁以上的还多，而收入微薄者患病率又比收入丰厚者来得高。

腹痛、恶心、呕吐和腹泻属于慢性发炎性肠道疾病的几个关键症状，简单来说：克罗恩病及溃疡性大肠炎都属于慢性发炎性肠道疾病。虽然只有少数人受到这类病症的威胁，患病过程却相当折磨人，疼痛感会一再浮现，却找不出真正的病因为何。不同于肠躁症，这两种病症会持续很长一段时间，最糟时甚至会转为慢性疾病。整个肠胃道都可能染上克罗恩病，但病征通常是区段性的，不像溃疡性大肠炎会全面覆盖整个大肠。至于这些病征形成的时间点、方式及原因，目前还没有人能给出明确答案，但可以确定的是，克罗恩病和溃疡性大肠炎都受到基因遗传和环境因素交互作用的影响——也就是饮食、微生物群系、用药习惯及压力，进而启动免疫系统，使其进入高度戒备状态，引发一连串的发炎反应。

慢性发炎性肠道疾病最常见于北美及北欧地区，这也是为什么肠胃病学家相信，生活方式是重要的关键之一。高脂、高糖但缺乏纤维的食物似乎会助长发炎，一般来说，人通常要到20岁至30岁才会首次出现这种病征。儿童时期曾接受抗生素治疗的人似乎更容易

---

[1] Brennan und Spiegel: The Burden of IBS: Looking at Metrics. *Current Gastroenterology Reports*, Bd. 11, S. 265, 2009.

在成年后罹患肠疾[1],而且患者多属收入较丰厚的族群,这一点和肠躁症明显不同。光是在德国,患有克罗恩病和溃疡性大肠炎的民众加起来少说超过30万人。有趣的是,在年轻时期切除阑尾虽然能减低溃疡性大肠炎发生的概率,却会增加罹患克罗恩病的风险。

肠道疾病和失调的症状不但繁杂而多样,可想而知,病症的起因必然也多得让人眼花缭乱。长期以来,我们累积了不少关于食物过敏和食物不耐受的知识,了解到这些失序的症状是从何而来,即使还没能百分之百掌握这些症状形成的过程和原因。至于为什么越来越多人在年轻时期便有食物过敏和慢性肠道发炎的困扰,这个问题至今尚未有解。当然,我们或许可以从老朋友身上找出某种解释,它们就是寄居在我们身上的——或者说该在却不在的——共生菌。有个普遍获得共识的理论认为,我们生活在一个几乎无菌的世界,饮用无菌水、吃的是可保存的包装食物,与微生物的接触可谓微乎其微,根本不足以让我们的免疫系统维持正常运作。与一团失业佣兵无异的防御细胞也就只能将所有精力都耗在所剩无几的对象上:食物成分、叶草或是榛树的花粉、螨的排泄物、霉菌孢子,以及其他诸如此类的东西,甚至开始射杀好几百万年以来与我们相濡以沫、同甘共苦的微生物伙伴。

如果这套理论属实,那么人们就必须赋予具有袭击能力的免疫系统真正的任务,同时,不仅要让各种肠道不适的症状自行康复,更要对抗过敏反应和自身免疫病。全世界的研究学者们正为此努力,而其中一名先驱就是温斯托克(Joel Weinstock)。

---

[1] Kronman et al.: Antibiotic exposure and IBD development among children: a population-based cohort study. *Pediatrics*, Bd. 130, S. e794, 2012.

## 飞机上的虫

一直到了20世纪90年代中期前后，波士顿塔夫茨大学某位总是繁忙不已的肠胃病学家终于有足够的时间静下心来好好思考。那时他正在赶往某场研讨会议的路上，原本预计从芝加哥起飞的班机因为暴风雨延误了五个钟头，于是他便利用了这个空当修订一份以寄生虫为题的书稿。不过如果他希望能够有些突破性思考，或许应该先让自己从四周的各种纷扰——雷电交加的气候、误点的班机、一本关于寄生虫的书——当中跳出来。在接下来的几年里，他都不断地思考着同一个问题。

在温斯托克专注于修改书稿的同时，人们也逐渐意识到卫生观念的发明对人类来说不纯粹是一种救赎。身为研究寄生虫的专家，温斯托克看待这条等式的角度当然与微生物学家不同，因为事实上还有一群与人类熟识已久的旧识尚未在该书中登场。这里指的正是肠道寄生虫——直到发明净水处理之前一直与人类同在却从未真正造成伤害的小虫子。它们之中当然也有令人作呕、能让我们大病一场的虫子，不过大多数还是在几乎不被察觉的情况下安然地在人体内与我们共存。为了自保，它们制造出一种专门对付免疫系统的镇静剂，但多数时候它们选择低调行事；正常情况下，它们并不会造成伤害。

雷电交加之际，温斯托克不禁怀疑，过敏症和自身免疫病这类文明病之所以狂暴肆虐，难道不是这些寄生虫消失所引发的吗？我们能够逆向操作，让寄生虫和宿主重新产生联结吗？这个主意听来似乎有些熟悉，我们好像在本书开头的前几页就已经提过了。这项恶心的研究或许会让许多人忍不住脸部扭曲，不过对温斯托克和重回实验室的同事来说却是充满说服力的。好吧，至少其中有某些人是这么想的，剩下的则以为这项研究计划只是个玩笑。①

没过多久，他们就意识到温斯托克是来真的，因为他立即就着手开始验证自己的寄生虫假说。顺利结束老鼠测试后，温斯托克所属大学的道德委员会同意他用人体进行实验。对他来说，要找到合适的自愿受试者并非难事。最后雀屏中选的是一名罹患溃疡性大肠炎多年却迟迟未能治愈的病人。一般常见的可的松（Cortison）或类似药物的疗程，还是其他免疫抑制剂对他的病情已经起不了任何作用了，以至于他迫不及待地将2500颗猪鞭虫（Trichuris suis）的虫卵就着柠檬水一口吞下，希望多年以来的困扰能就此减缓。

事实上，效果很快就出现了。

六周后，这套寄生虫疗法不但带来预期中的效果，受试者的病征开始出现好转的迹象，后续六名受试者不适的症状同样也在短时间内就获得缓解，而且没有任何并发症。温斯托克仍不断重复测试，同时也有越来越多的医生和另类疗法的治疗师和他合作，利用寄生虫来治疗其他病症。到了2013年年底，已经有多项大型的医学研究计划开始运作或处于积极筹备当中，其中由法兰克福大学附属医院的院长舍尔梅里希（Jürgen Schölmerich）和弗莱堡霍克大药厂共同推动的计划② 在2014年年中首度发表了他们的研究成果。

这份研究报告指出，猪鞭虫无法协助每一名患者，但仍有许多人的病情因此获得改善，只不过他们必须定期吞服虫卵，因为人类并非寄生虫天然的宿主，它们无法自行在人体内进行繁衍。尽管如此，温斯托克和他的同事还为这项疗法设计了一道安全防护措施，因为他们并不希望长期吞服虫卵的患者担负寄生虫可能在体内定居

---

① Weinstock: The worm returns. Nature, Bd. 491, S. 183, 2012.
② 研究计划说明：http://clinicaltrials.gov/show/NCT01279577。

下来的风险。猪鞭虫的幼虫会顺利地从虫卵孵化出来，触发一次免疫反应后，就等于完成任务，直到它们如这家企业在官网所声称的那样"经由自然之途"被送出人体外之前，猪鞭虫并没有足够时间成长为具有繁殖能力的成虫。

至今还没有人知道寄生虫疗法是如何安抚这么多患者的免疫系统，以及这些寄生虫为何在某些患者身上无法发挥作用。事实上，也有不少人提出看似合理的解释，不过有种理论声称，只要丢给运转中的肠道免疫系统一些虫子，那么这支防御军团就不会鲁莽地犯下误击自体细胞这类愚蠢举动。很明显，要说服主管当局同意开放这些虫子作为治疗大量患者之用，这套说辞是绝对行不通的。然而，对数百万患有发炎性大肠不适症的人们来说，这项新式疗法正是他们迫切需要的。尽管现阶段的研究计划看似未有明确结果，但或许进行到中段时会发生一些改变也说不定。

## 为防护墙注入强化的生命力

或许还存在其他可能缓阻肠道免疫系统发动愚蠢攻击，甚至引发疾病的办法，例如借助细菌之力。

原则上，克罗恩病可能在消化道任何一处引起发炎反应，只是这些反应通常发生在菌群密度较高的地方，也就是在小肠的尾端及大肠里，不过我们在溃疡性大肠炎患者身上倒是没有观察到这种现象。另外，肠肿瘤的数目也会随着微生物群聚集的密度攀升，然而这些现象只说明了两者间的相关性，我们依旧无法确知它们之间是否存在因果关系。这些有趣的发现当然会吸引科学家和医学专家更加深入探索，进而提出合理解释。至今为止的动物实验也得到了与上述现象相吻合的结果：无菌鼠虽然有不少毛病，但根据现有资料，慢性发炎性肠道疾病并不在此列。另外，由于体内缺乏承担相关职责的细菌，它们的肠道屏障功能几乎无法正常运作；倒是那些体内有正常菌群的老鼠反而相当容易染上这类疾病。

先前曾经提到，发炎反应也可能会攻击原本具耐受性的肠道菌。感染发炎性肠道疾病的患者似乎无法正常发挥肠壁的屏障功能，此外，他们的肠道菌群不但会改变原有的组成结构，多样性的程度和变异株数量也会明显减少。哈斯勒以那些因生活环境遭受破坏而发生的种族灭绝为例，说明这些变化及损失对患者来说是相当严重的，因为那些消失的细菌通常肩负了重要的保护功能，像是更新肠道上皮细胞具有保护功能的黏膜层。哈斯勒参与的另一项研究计划则首次证实，微生物和黏膜层之间的分子互动，按照这位基尔大学分子生物学家的说法，"几乎完全丧失"。

至于这些因素之中哪些才是真正引起发炎反应的原因，哪些只是伴随发生的现象，我们还无从得知。不过有不少医疗人员相信，只要这些因素当中的任何一项恢复正常，患者的不适就能获得明显改善。这一点我们可以从有时见效、有时效果则不如预期的各种疗法中得到印证，像是消炎药、免疫抑制剂、抗生素、含有丁酸的灌肠剂、养分转换，以及摄取益生菌等。不过就治疗克罗恩病来说，益生菌至今为止并无显著效果。倒是用来治疗溃疡性大肠炎的大肠杆菌 Nissle 1917 型经临床证实可产生良好疗效，名称中的"1917"标示着这型细菌被发现的年代，也就是1917年由当时在弗莱堡行医、同时身兼细菌学家的尼斯勒[①]从人类粪

---

① 尼斯勒（Alfred Nissle），德国医生、科学家，他很早就注意到肠内菌群对人类疾病的作用。——译者注

便中分离出来的,那时他正一心寻找能够治疗腹泻的药物(见第十八章)。

肠壁是一道兼具机械性和免疫性的防护墙,一旦这道墙不够坚实,感染源就容易侵入人体内部,食物性抗原也会循着同一条路径由肠道进入内腔。这么一来,人体的防护系统会陷入混乱,导致发炎反应一路由肠道蔓延到其他器官,加速肥胖症、糖尿病及心血管疾病恶化,至少目前的研究结果都显示出这样的迹象(见第十三章及第十六章),谁知道还会有什么其他的问题呢。

很多因素都可能让这道屏障失去应有的作用,例如外来的侵入者可能会驱逐负责更新肠道上皮细胞黏膜层的细菌。不良的饮食习惯也可能是其中一项因素,至少动物实验证实了饮食会造成剧烈影响。芝加哥的肠胃病学家张尤金(Eugene B. Chang)喂食带有肠炎基因的实验鼠大量乳脂,发现这些老鼠生病的概率比仅摄取低脂食物或食物中富含不饱和脂肪酸的老鼠要来得高。不过这项实验结果对人类并不具有太大的意义,因为我们不确定摄取多少乳脂会带来同样的效果,也不确定人类是否拥有助长或抑制这种效果的基因变异株,而我们又该在哪个时间点采取这种饮食方式,也没人知道。

话说回来,这类动物实验和毕希纳笔下穷困的沃伊采克接受的豌豆食疗法①几乎没有两样:给予一名先天条件不良的患者(在这个案例中就是一只具有这项疾病基因的老鼠)极度单一且不自然的食物(哪只正常的老鼠会以乳制品为主食?),最终得到一个再极端也不过的反应并不令人意外。不过从动物实验中我们至少还有些

---

① 沃伊采克出自德国剧作家毕希纳(Georg Büchner)的剧作《沃伊采克》(Woyzeck),沃伊采克是社会边缘人的代表,为了养家将身体卖给医生当实验品,每天只吃豆子,导致幻视、幻听和意识混乱,地位卑下也让他受尽歧视与讥嘲。——译者注

许机会获得一些线索，让我们得以循着某项可能存在的物理化学机制继续探讨深究。

## 胆囊之爱

乳脂其实并不容易消化，肝脏必须制造大量的胆酸才能分解这种养分，这样的环境对大多数的细菌来说都是不利生存的，除了沃氏嗜胆菌（*Bilophila wadsworthia*），如鱼得水的它们反而会迅速繁衍。正常情况下，这种细菌对肠道容易发炎的老鼠并不会造成威胁，不过只要受到正确刺激，它就会开始快速繁殖，瓦解肠道细胞上的黏膜层。一旦黏膜层受到破坏，免疫系统就会启动，让大肠出现发炎反应。[1]张尤金相信，西方典型饮食里的其他要素（糖！）也会让微生物相往不健康的方向发展，阻碍免疫系统正常运作。最起码对那些先天体质就容易发生这类问题的人们来说是如此。

这项乳脂的实验至少证实了食物的确具有不容忽视的影响力，就算实验条件和人类的实际状况还有一段差距。另一个说明饮食和肠道健康之间强烈联结性的例子则是乳糜泻，这是一种免疫系统会对麸质产生激烈反应的小麦蛋白质不耐症，会对肠道造成重大伤害。遗传因子也是可能的影响因素之一，不过后来的实验显示，肠道菌或许才是决定这种疾病是否暴发开来的关键因素。只要患者拥有健康良好的肠道菌群，就算摄取含有麸质的大麦或黑麦，免疫系统似乎就不会过度反应了。我们已经在第十二章详尽探讨过这个主题。

---

[1] Devkota et al.: Dietary-fat-induced taurocholic acid promotes pathobiont expansion and colitis in *Il10$^{-/-}$* mice. *Nature*, Bd. 487, S. 104, 2012.

许多不同的措施后来被逐一证实能补强漏洞百出的肠道屏障，虽然这些方法不见得对所有肠道发炎的患者都有效，但指出了维持肠道健康的重要性，好让肠道屏障功能持续正常运作。

肠壁上特殊的杯状细胞会分泌具有保护功能的黏液，这些黏液主要由蛋白质组成，与水接触时会剧烈肿胀；其他细胞则会制造抗菌蛋白质，能阻止错误的微生物在肠道定殖下来。肠道上皮的细胞膜会持续从内部干细胞巢不断向外扩展以进行更新，这段过程只需要短短几天，是人体细胞中存活时间最短暂的。然而，持续性的更新也说明了肠道在高度运转下不断上升的磨损率。因此，为了确保肠壁的屏障功能维持正常运作，长期的维护工作是必要的。只要肠道生态维持平稳，人类细胞就能从微生物那里获得协助。先前在第十二章介绍过的普拉梭菌就是一种特别勤奋的帮手，能将人体酶无法消化的纤维素代谢生成丁酸，而且是所有丁酸中结构最为简单的一种，主要负责替肠道上皮细胞运输能量，同时也能抑制发炎。丁酸会阻挡促发炎信号的分子，连带也会酸化肠道内容物，让沙门氏菌（*Salmonelle*）和其他致病菌难以生存。①

虽然我们还不清楚其中的原因和结果为何，不过慢性肠道炎患者拥有的普拉梭菌一向少之又少，丁酸浓度也普遍偏低。由于至今未曾有人利用普拉梭菌进行益生菌疗法，因此亦无法得知在菌群贫乏的肠道植入这种细菌是否有所帮助。至于摄取益生元或其他有助普拉梭菌成长，抑或是促进丁酸分泌的食物，是否就能改善菌群稀疏的状态，也仍是看似可行却未经检验的想法。我们唯一可以确认的是，部分大肠激躁症患者对食物里的纤维素会产生敏感反应，而

---

① Hamer et al.: Review article: The role of butyrate on colonic function. Alimentary Pharmacology & *Therapeutics*, Bd. 27, S. 104, 2008.

麸质成分则会明显让症状恶化。事实上，有好长一段时间纤维素都被视为对付肠道疾病的良方。

## 纤维素的角色

不过，至少就肠躁症来说，情况似乎正好相反。墨尔本莫纳什大学的肠胃病学家吉布森（Peter Gibson）和营养学家谢泼德（Susan Shepherd）早在十多年前就已经发现这一点，并且发展出一套不含纤维素的饮食方式，以减缓患者的不适。他们将这套放弃以细菌消化碳水化合物的概念称为"低FODMAP饮食法"，FODMAP指的是"可发酵性的寡糖、双糖、单糖和多元醇"，全都是可溶于水的纤维素，诸如洋葱、小麦以及其他蔬菜和谷类含的聚果糖都属这类纤维素，另外，乳制品里的乳糖、水果的果糖，还有苹果的糖和淀粉也是其中一员。事实上，禁止食用的食物清单很长很长，这也是彻底执行这种饮食法很困难的原因。

有许多植物分子是人体酶无法消化的，它们会原封不动通过小肠，成为大肠菌群的食物。而那些在正常情况下有助于细菌成长并且提升菌种多样性的物质通常会造成肠躁症患者的不适，因此吉布森和谢泼德并不建议长时间采取这套饮食法来减缓症状。另外，他们也不推荐非肠胃不适者采用，因为这么一来肠道原本的消化能力反而可能成为一种负担。基于同样的原因，一旦患者症状获得改善也应该立即停止这套饮食法，同时我们也能得知，他们被允许摄取那些食物，又该从中摄取多少分量。凭借这种刻意减少纤维素摄取量的方式或许能缓解慢性发炎性肠道疾病的病征，不过患者实际上获得改善的程度则仍有争议，但是无论如何，这些人都不该在病情正糟的时候尝试这种疗法。[1]

如果肠道缺乏代谢生成丁酸的菌群，那么还有另一种可行的办法。一系列的动物实验和医学研究显示，含丁酸的灌肠剂能减缓慢性发炎性肠道疾病患者的不适，不过这种做法的效果其实很短暂，不断重复这个流程绝对不是一劳永逸的好办法。

## 请开一帖安慰剂

事实上，要让肠壁恢复平衡，重新植入特定菌群才是更好的办法。目前经过系统性研究的益生菌已超过20种，虽然这些菌种在临床上的应用尚未出现完全康复的案例，不过确实能减缓部分肠躁症及溃疡性大肠炎患者的不适。以肠躁症患者为例，功效最明显的就属双歧杆菌属的细菌，不但能安抚肠道、调节水分摄取，还会刺激肠道蠕动。[2] 至于这些作用是否全都由细菌一手包办，则有待进一步研究，因为安慰剂同样能有效平复受到刺激的肠道，即便在医生告知实情后，仍不影响安慰剂的良好效果。[3] 不过，有些时候益生菌也可能让病情更加恶化，同时，我们也不应该期待在短时间内见到成效。在做出任何定论前，一般建议至少接受为期四周的疗程。

若是植入数种菌群后仍不见改善，那么或许就得依靠粪便细

---

[1] Gearry et al.: Reduction of dietary poorly absorbed short-chain carbohydrates (FODMAPS) improves abdominal symptoms in patients with inflammatory bowel diseasea pilot study. *Journal of Crohn's and Colitis*, Bd. 3, S. 8, 2009; Gibson & Shepherd: Personal view: food for thought-western lifestyle and susceptibility to Crohn's disease. The FODMAP hypothesis. *Alimentary Pharmacology & Therapeutics*, Bd. 21, S. 1399, 2005.

[2] Mc Farland und Dublin: Meta-analysis of probiotics for the treatment of irritable bowel syndrome. *World Journal of Gastroenterology*, Bd. 14, S. 2650, 2008.

[3] Kaptchuk et al.: Placebos without Deception: A Randomized Controlled Trial in Irritable Bowel Syndrome. *PLoS One*, Bd. 5, S. E15591, 2010.

菌移植术来挽救全面失衡的菌相。这项疗法的原则是：彻底清理不利细菌生存的肠道环境后，通过植入肠道健康者所捐赠的肠道内容物，试图打造一个全新的肠道空间。我们并不清楚到底有多少慢性发炎性肠道疾病的患者接受了健康者捐赠的粪便样本，可能有好几打，甚至上百或上千人。我们所取得的数据显示，这套治疗方式获得了相当广泛的良好成效。澳大利亚的细菌疗法先驱巴洛迪（Thomas Borody）就指出，62名接受这项疗法的溃疡性大肠炎患者当中，有42人再也没有出现任何不适的症状。至于这套如此成功的医疗方式为何迟迟无法成为标准疗法，我们将在第十九章进一步说明。

寄生虫、益生菌、益生元、抗生素、食物、消炎剂、免疫抑制剂、丁酸，还有粪便，这一长串都是我们已知可以用来治疗肠疾的选项，只要我们对细菌的作用认识得越多，相信这张清单就会变得越长。也许我们会发现各式各样足以塞满一整间小店的治疗方式，这么一来，一切将会变得更简单，人们再也不需要灌下细菌鸡尾酒或接受寄生虫疗法，而是只要吞下一些能将免疫系统和肠道菌相导往理想方向的分子。有不少致力于将细菌疗法商品化的新兴产业正要准备崛起，接下来的两章我们将深入探讨这个问题。

# 第四部分

## 微生物疗法

## 第十八章
# 喝酸奶延年益寿

理论上，益生菌或益生元可以修复受到破坏的肠道生态体系，富含两者的发酵食品便是一例。不过，它们真的这么神奇吗？

"摄取益生菌会使微生物群系产生变化，不过这是否就是患者症状获得改善的原因，截至目前仍尚未有研究能够证实。"这个沉重而残酷，却又让人无从反驳的句子取自近期一篇关于益生菌的科学评论性文章[1]，作者是一群对这个主题再熟悉不过的科学家。这么一来，我们似乎只需要用短短一句话就可以结束本书最精简的一章：益生菌的作用还未经科学证实。

然而，实际上可没那么简单，当然也不至于让人直接放弃。

再往下读几行，同样出自上述那篇评论性文章的另一个句子是这么说的："益生菌是活的微生物，提供足量的益生菌能为宿主的健康带来帮助。"这同时也是联合国专家咨询小组在2001年达成共识的益生菌定义。[2] 就算不是语言天才，想必你也能轻易解读这两

---

[1] Sanders et al.: An update on the use and investigation of probiotics in health and disease. *Gut*, Bd. 62, S. 787, 2013.

[2] 联合国粮食与农业组织（FAO）/世界卫生组织（WHO）: Health and Nutritional Properties of Probiotics in Food including Powder Milk with Live Lactic Acid Bacteri. Report of a Joint FAO/WHO Expert Consultation on Evaluation of Health and Nutritional Properties of Probiotics in Food Including Powder Milk with Live Lactic Acid Bacteria, 2001.

句话加在一起所要传达的意思：就现阶段而言，我们对于益生菌这个字眼儿所衍生的一切想象其实是虚幻不实的。

不过，缺乏一个有力的证据并不表示我们想要寻找的因果关系不存在，也许只是还没找到而已。

至于为何迟迟无法寻获一个严谨的科学证据，原因其实很平淡乏味：由益生菌所引发的肠道菌群变化可能会影响人体健康，然而，要找出其中的因果关系却相当不容易。因为真的要找到这些"因果关系"，就必须募集大量受试者进行实验，这整个过程不但繁复冗杂而且所费不赀。另外，假设我们让这批人服用益生菌两周后，问他们是否感受到任何改善，基本上也不会有太大的帮助。因为很可能会有其他因素让受试者感觉自己变得更健康了，甚至这种感觉只是想象出来的。

对每个人来说，只要自己亲身经历过一次——在不舒服的时候吃下一杯含有活菌的酸奶，之后就感到好多了——就算是一种强而有力证据。然而这种效果可能是某种安慰作用，或是身体某种自我疗愈能力所造成的，就算少了活菌，身体不适的状况依旧能获得改善。又或者，在我们吞下酸奶的同时，也吃进了其他真正纾解不适的因素？

不过我们倒是无须对上述这种简单的提议感到不安，毕竟目前可在市面上取得的益生菌，或是任何类似的产品，至少绝大多数都是对人体无害的（当然也有例外，我们稍后会针对这一点进行更多的讨论）。如果有人认为这些产品的确能帮得上忙——但同时又不抗拒其他可能的治疗方式，那么就应该亲自试试，而且最好是有一个对这种做法采取开放态度的医生陪同进行。要是患者的症状真的因此获得改善，那么我们就得好好恭喜他，就算专家认为这些不过是安慰剂所带来的效果，相信他们并不会放在心上。

找到普遍有效的因果联结性是一项艰巨的任务，对此，另一种可能的解释同时也说明了为什么每个人都应该亲自试验后，再主观认定某种因素是否有效：即便身体不适的患者服用同一种益生菌，也几乎不会出现同样的效用，这是由于不同个体的肠道内——处理的食物不同、基因构造不同、寄居其中的菌群结构和组成也不同——引起不适的原因千奇百怪。考虑到个性化的肠道菌群疗法至今仍未成气候，最好的治疗也就是找到几种可能行得通的方式，然后在尝试过程中不断加以调整或修正错误。

乌克兰的梅契尼可夫逝于1916年，享年71岁，整整超出当时的工业化国家男性平均寿命25年以上。[1] 不过梅契尼可夫并非出身贫寒，甚至还有贵族血统，这些条件让他得以比当时的一般平均寿命多活好几年。由于他生存的年代距今还不算太久远，让人不禁好奇，他如此长寿的奥秘究竟是什么。不管怎么说，梅契尼可夫是史上第一个以前文提及的方式，将自己当作实验对象进行治疗的人。他同时也是第一个在科学假设的基础上，试图通过后来被称为益生菌的物质来改善自身健康，甚至延长寿命的人。

当然，梅契尼可夫并不是什么江湖术士或崇拜某个在20世纪初大受欢迎的神秘宗教，他只是一名主持巴黎巴斯德研究中心的微生物学家。来自乌克兰的他注意到，同样邻近黑海，但另一个国家的居民似乎特别健康，而且也都相当长寿。这些人就是食用大量酸奶及发酵奶的保加利亚农民，而保加利亚的微生物学家格里戈罗夫[2]在1905年正是从这些再普通也不过的日常饮食中发现了一种独特的

---

[1] Hacker: Decennial Life Tables for the White Population of the United States, 1790–1900. *Historical Methods*, Bd. 43, S. 45, April–June 2010. Im Netz abrufbar unter: http://www2.binghamton.edu/history/docs/Hacker_life_tables.pdf.

[2] 格里戈罗夫（Stamen Grigorov），保加利亚微生物学家、医生，曾发明结核疫苗。——译者注

乳杆菌。梅契尼可夫确信，这些现在被视为德氏乳杆菌亚种之一的"保加利亚乳杆菌"（*Lactobacillus delbrueckii* subsp. *bulgaricus*）会在肠道制造毒性较低、推迟老化过程的物质。

几乎就在同一时期，梅契尼可夫也试图凭借出版推广健康细菌的概念，因此和艾里希共同获得诺贝尔奖，以表彰他为免疫系统所做的突破性研究。[1] 那同时也是一个人们对细菌认识得越来越多的年代，细菌因而得以逐渐摆脱坏名声（详见第六章）。这种情形延续了好几十年。

## 与微生物相关的间接证据

由于科学数据严重不足，当时的梅契尼可夫只能以超市贩卖的酸奶或从药店取得的烘焙酵母粉在自己身上进行实验。然而现今的局面已经截然不同，相对于无所依据的梅契尼可夫，我们不但拥有好几世纪以来所累积的经验，在此期间，专家学者们也投入了大量研究。如果上述两种成果仍无法为现代医学以及有关当局所寻求的因果联结提供足够的证据，我们还是有办法得出一些结论。假设某个地区的传统饮食包含大量的发酵食品，而当地居民平均的健康状态明显优于另一区没有这种饮食习惯的人们，也更耐得住特殊疾病的侵袭——甚至试图排除其他可能的影响因素后，最后得出的统计结果还是一样的话——那么这些现象就是一种强而有力的证据。或者，在一项研究中，如果服用益生菌的患者获得改善的程度要比吞下安慰剂的来得显著，那么这些结果通常都不是偶然的。

---

[1] Metschnikow: Beiträge zu einer optimistischen Weltauffassung, von Ilja Metschnikow. 德文译本已取得作者同意出版，译者为 Heinrich Michalski。

根据那些以老鼠、人类或其他动物为实验对象的研究报告，我们得知有些被视为益生菌的菌种至少会暂时改变肠道菌群的组成结构，或是改变肠道菌的功能。[1] 这一点甚至连最严厉的评论者都能证实：虽然没有确切的实证，但是现有的线索指出，益生菌能减缓某些不适症状，至少对某些人来说是有效的。

通常我们会用以测试为基础的间接证据来检视益生菌，让我们试着综观这些间接证据：

目前存在不少针对不同疾病和症状所做的益生菌研究，像是肠躁症、已有发炎前兆的腹泻、肠炎、新生儿坏死性肠炎，还有其他感染性疾病、过敏，或是癌症。这些研究各自发现了某种益生菌的功效，有些甚至相当明确。不过也有些研究的规模太小，易遭受无异于安慰剂的批评，有些实验则要么设计太差，要么接受过多的企业资助，也可能研究者本身就对益生菌的效用深信不疑，甚至还有些人只想利用它们来赚钱而已。

因此，医学专家和传染病学家在前段时间进行了所谓的元分析，做法是这样的：他们会先针对已发表的研究提出一个问题，例如"益生菌能有效改善肠躁症吗？"，然后以此为题进行验证。这类元分析目的并不在于重新检视当初的研究结果，而是要检验研究本身的质量与可靠性，比如，受试者是如何挑选的；受试者的人数是否足够；是否另有给予安慰剂的对照组；"盲法试验"的设计与安排是否充分完整（不论研究者或患者都不知道谁吞下了益生菌，而谁又

---

[1] McNulty et al.: The impact of a consortium of fermented milk strains on the gut microbiome of gnotobiotic mice and monozygotic twins. *Science Translational Medicine*, Bd. 3, S. 106ra106, 2011.

服用了安慰剂）[1]；益生菌的质和量是否一致；研究者是否一开始就预设立场，干扰实验走向以导出特定结论……令人惊讶的是，许多研究在开始进行元分析之前，就已经因为立论基础薄弱而站不住脚。

事实上，除非后续有新的研究采取更进一步的动作，否则同样的主题应该进行一次元分析就足够了。各种疾病的患者无不将希望寄托在益生菌上，然而益生菌有成百上千种，也带来了迥异的结果。

## 错误和欠缺的建议

首先，让我们以肠躁症为例。加拿大麦克马斯特大学的毛耶迪（Paul Moayyedi）和同事在2010年进行了一项元分析研究，证实益生菌的效用确实优于安慰剂。[2] 在此一年前，另一支由布伦纳（Darren Brenner）主导的团队则针对16个公认最好的研究进行了元分析，并指出这些研究大多数不是规模太小，就是实验时间过短，或是盲法试验的设计与安排不甚完整。其次，总共只有两份研究是他们认为可靠的，同时也证实了益生菌的疗效。有趣的是，这两个实验同样都使用了婴儿型双歧杆菌35624（*Bifidobakterium infantis* 35624），其中一项实验甚至观察到血液中信使的改变可能会影响疗效，这项观察至少让我们往一直在寻找的作用机制更靠近了一步。[3]

其他并非以肠躁症为主题，但同样采取这套流程的研究也会被

---

[1] 这种"盲法试验"（Blindheit）当然不是指直到最后都无法得知究竟谁吞下了什么东西，不过一直到研究结束之前，这些信息会完全封锁或只有未参与实验的人员才会知道。更多关于盲法试验的介绍：ebm-netzwerk.de/pdf/zefq/schulz-epidemiologie8.pdf。

[2] Moayyedi et al.: The efficacy of probiotics in the treatment of irritable bowel syndrome: a systematic review. *Gut*, Bd. 59, S. 325, 2010.

[3] O'Mahony et al.: Lactobacillus and bifidobacterium in irritable bowel syndrome: symptom responses and relationship to cytokine profiles. *Gastroenterology*, Bd. 128, S. 541, 2005.

挑选出来进行元分析。在此我们就不对其他病痛的相关细节和与其相对应的益生菌多做介绍，而只专注于元分析的结果。

感染性腹泻一向是发展中国家最感棘手的儿童病症，根据数据显示，使用益生菌的病童的确复原得更快，通常会比那些没有获得益生菌的孩子早一天，甚至在有些研究里会早四天恢复健康。[1] 人们同样希望能借益生菌之力来减缓院内感染所导致的腹泻，不过相关研究得出的结果是：时好时坏。[2]

新生儿坏死性肠炎是一种主要发生在早产儿身上的疾病，由于他们的肠道尚未完全发育，必须以人工方式喂食，并且经常给予抗生素。对一个健康的肠道生态来说，这种治疗方式并不是理想的发展条件，但是益生菌能协助改善其中的缺陷，而且在数个研究中被视为是一种可行的预防措施。这类研究通常以乳杆菌属、双歧杆菌属和酵母菌属（*Saccharomyces*）的组合为主，如果进一步以元视角加以分析，就能发现得病率和死亡率（通常是患病人数的30%，不过就算存活下来，也得对抗各种严重的并发症）确实呈现下降趋势。[3] 一项埃及的研究也显示，不论是活跃的，甚或是已经被杀死的鼠李糖乳杆菌（*Lactobacillus rhamnosus*）都能明显提升新生儿的存活率。[4]

另外，有三组采取随机对照试验并给予动物双歧杆菌属作为安

---

[1] Aponte et al.: Probiotics for treating persistent diarrhea in children. *Cochrane Database Systematic Review* 2010 (11): CD007401. Guandalini: Probiotics for prevention and treatment of diarrhea. *Journal of Clinical Gastroenterology*, Bd. 45, Suppl:S.149–53, 2011.

[2] Floch et al.: Recommendations for probiotic use–2011 update. *Journal of Clinical Gastroenterology*, Bd. 45, S. 168, 2011.

[3] Deshpande et al.: Updated meta-analysis of probiotics for preventing necrotizing enterocolitis in preterm neonates. *Pediatrics*, Bd. 125, S. 921, 2010.

[4] Awad et al.: Comparison between killed and living probiotic usage versus placebo for the prevention of necrotizing enterocolitis and sepsis in neonates. *Pakistan Journal of Biological Sciences*, Bd. 13, S. 253, 2010.

慰剂的研究最后并未发现任何突出的疗效。[1] 不过至今为止，有关当局亦未曾建议予以早产儿益生菌治疗，理由是"我们还需要投入更多的研究"[2]。然而，幼童是否应该接受益生菌治疗的问题最终还是取决于父母——他们是否知道这是一种可能的选项，以及儿童加护病房的医生是否对此种疗法采取开放态度。[3]

其他关于婴幼儿时期肠道发炎的研究，尤其是克罗恩病，则大多令人失望，虽然因为服用益生菌而获得改善的案例仍时有所闻。相对来说，在病情较不严重的溃疡性大肠炎上，我们反而有较多斩获，通常以双歧杆菌属、乳杆菌属、链球菌属，加上名为 Nissle 1917 的大肠杆菌属进行治疗，都能获得不错的疗效[4]，因为这些菌种似乎能阻挡疾病的攻击，而且平均复发率也比没有给予益生菌的情况要低得多。

益生菌对其他感染性疾病的帮助多到不胜枚举，不论是成人或儿童皆然。益生菌似乎能以不同的方式带给免疫系统正面的影响，即便我们还不是很清楚这套机制是如何运作的。同样地，一项针对

---

[1] Szajewska et al.: Effect of Bifidobacterium animalis subsplactis supplementation in preterm infants: a systematic review of randomized controlled trials. *Journal of Pediatric Gastroenterology and Nutrition*, Bd. 51, S. 203, 2010.

[2] Thomas und Greer: Probiotics and prebiotics in pediatrics. *Pediatrics*, Bd. 126, S. 1217, 2010.

[3] 任何向大众推荐的疗法都应该经证实的确安全有效，才显得严谨并且具备科学上的可靠性。其他婴幼儿时期的干预一直以来都被视为标准做法，然而我们从未真正厘清这些方式是否有助于婴幼儿的长期发展，或者甚至是一种伤害。例如，德国政府就建议每日给予新生儿500 IU（国际单位）的含氟维生素 D。尽管氟化物已被证实除了强化牙齿与骨骼以外，对人体健康其实是有害的，加上维生素 D 这类营养补充剂对新生儿健康长期发展的影响也仍然欠缺有力的研究证明。就算有研究发现摄取维生素 $D_2$ 和 $D_3$ 的成人并不见得总是可以获得正面效益，因为维生素 D 会影响肠道菌群，但我们还是无法从中得知这些补充剂对新生儿来说会有什么影响。另外，尚待厘清的还有维生素 D 所含的氟化物（一种细菌毒物）会如何对新生儿的肠道菌群产生作用。

[4] Tursi et al.: Treatment of relapsing mild-to-moderate ulcerative colitis with the probiotic VSL #3 as adjunctive to a standard pharmaceutical treatment: a double-blind, randomized, placebo-controlled study. *American Journal of Gastroenterololgy*, Bd. 105, S. 2218, 2010 ; Kruis et al.: Maintaining remission of ulcerative colitis with the probiotic Escherichia coli Nissle 1917 is as effective as with standard mesalazine. *Gut*, Bd. 53, S. 1617, 2004.

10个研究总计约3500名受试者所做的元分析也证实，服用益生菌的人发生上呼吸道感染的概率微乎其微，类流感症状也会比一般人来得轻微，发病的时间也连带缩短许多，不过益生菌对下呼吸道感染似乎没有明显帮助。[1]

研究指出，早期给予益生菌至少能降低患有遗传性过敏的儿童感染湿疹的概率，不过这并不表示他们日后就不会受到感染。[2] 至于有过敏症状的成人是否能因此获得改善，目前在科学上尚无明确解答，不过只要随便问问身边有这方面困扰的人，想必他或她会相当乐意分享益生菌是如何改善了他们原本的生活。这些说法或许可信，不过其中涉及了各式各样的饮食习惯与生活方式，也可能掺杂了某种安慰剂的效果。也就是说：你必须亲自尝试后，才会知道益生菌到底有没有用。

一般来说，利用富含乳杆菌的益生菌治疗"细菌性阴道炎"通常都能收到不错的成效，这是由于乳杆菌原本就是阴道里的优势菌种；不是原生的，就是被添加在食物里。不过也有一群专家在仔细分析过所有已发表的研究结果后，认为现有证据及数据仍不足以通过官方认可的标准。[3]

## 关于风险与副作用

我们在前面已经介绍过微生物和癌症的相关性，虽然有不少

---

[1] Hao et al.: Probiotics for preventing acute upper respiratory tract infections. *Cochrane Database Systematic Review* 2011（9）：CD006895.
[2] Folster-Holst: Probiotics in the treatment and prevention of atopic dermatitis. *Annals of Nutrition and Metabolism*, Bd. 57, S. 16, 2010.
[3] Mastromarino et al.: Bacterial vaginosis: a review on clinical trials with probiotics. *New Microbiology*, Bd. 36, S. 229, 2013.

医学专家也开始注意到这一点，但是这两者间的联结或许比他们所能想象的还要紧密，在疾病的预防和治疗上也扮演着更重要的角色。有些肠道菌明显会助长肿瘤的生成，体内没有肠道菌群寄生的无菌鼠虽然能正常成长，但整体而言，它们的健康状况并不理想；不过比起拥有正常菌群的老鼠，无菌鼠确实比较不容易罹患肠道癌。[1]

不少研究指出，肠道菌群的结构和组成不但会影响个体患病的风险，同时也关系到肠道或身体其他部分既存肿瘤的成长。如果能够通过益生菌影响体内的微生物群系，让那些不具危险性，甚至具有防护功能的菌种拥有并维持优势，那当然是再好也不过。

目前的研究其实还是提供了不少线索，像是在动物实验里，酸奶、发酵的牛奶和其他类似产品总是能达到预期的效果。[2] 不过进入人体实验的阶段就会困难得多，因为正常疗程通常还是以放射性治疗、化疗或开刀等方式为主，医生不可能单纯以益生菌治疗癌症患者。我们只知道，益生菌能减少肠道细胞的基因受损。一份研究报告指出，如果患者在诊断出肠癌并接受治疗后的四年间持续服用干酪乳杆菌，那么病情恶化的概率会远比没有服用这类菌种的对照组来得低。另一项为期十二年的研究则追踪了4.5万名长期食用酸奶的意大利人，并发现这些人患肠癌的概率比一般民众还要低。还有一些研究显示，益生菌能有效减缓化疗及放疗所带来的副作用和后遗症。但是总的来说，以患者为对象的研究其实还未能提供具有参考价值的有力证据，而且现阶段也没有任何专业研究者愿意正式

---

[1] Vannucci et al.: Colorectal carcinogenesis in germ-free and conventionally reared rats: different intestinal environments affect the systemic immunity. *International Journal of Oncology*, Bd. 32, S. 609, 2008.

[2] Saikali et al.: Fermented milks, probiotic cultures, and colon cancer. *Nutrition and Cancer*, Bd. 49, S. 14, 2004.

推荐这项疗法。

另外，当然还有关于其他病痛及诊断方式的研究，其中有一部分已经在其他章节做过详尽的介绍，例如益生菌可能对心理有正面影响，或是益生菌曾被发现具有降低血压的效果。[1]

总的来说：我们所发现的线索大多与益生菌的正面效益有关，当然也有一些让人对其作用不那么确定的结果。另外，我们也知道肠道内容物或肠壁里随时有大量微生物在处理或进行各种已知或较不为人知的任务——就算只是占住某个位置，也等于让坏细菌失去生存的空间。同时，人们也发现了一些方法可以让外部的细菌影响原本存在宿主体内的共生菌，或至少试图影响。但是在正式推广这些疗法之前，科学家必须尽可能让参与各种研究实验的受试者吞下大量的乳杆菌、链球菌或其他类似菌种，外加一堆安慰剂，然后经过多年的追踪观察与访谈，以确保这些疗法是安全无虞的。

至于益生菌是否绝对安全无虞、完全不伤害人体，这一点就连科学界也不敢贸然给出肯定的答案。因此，被大量用在动物身上的其实不只是抗生素，益生菌也不遑多让，例如专门制造动物用益生菌的厂商就打出"增重速度加快10%"这种令人反感的广告词。[2]另外，长期观察工业发展的评论专家也怀疑达能、养乐多和其他类似厂商所培养的活菌也会让人发胖，或至少会影响一部分人的体重。事实上，他们的疑虑虽非空穴来风，却也尚未有人能提出明确反证。

虽然只有少数证据显示益生菌疗法可能真的会有问题，但这也

---

[1] Lye et al.: The Improvement of Hypertension by Probiotics: Effects on Cholesterol, Diabetes, Renin, and Phytoestrogens. *International Journal of Molecular Sciences*, Bd. 10, S. 3755, 2009.

[2] Lawrence: Are probiotics really that good for your health? *The Guardian*, 25. Juli 2009.

已经更让人感到不安。比方说，急性胰腺炎患者如果在疗程中服用益生菌，其死亡率明显比没有服用的对照组要高。[1] 少数几个案例也曾发生原本应作为治疗之用的细菌却离开肠道，转而进入人体内腔后引起发炎。[2] 这些案例里的益生菌已经不再符合世界卫生组织的定义，然而"益生菌"这个词简单来说就是刺激细菌生长的东西。但人们有时会宁愿某些东西不要生长。另外，一些不好的基因，像是抗生素耐药性，也可能让益生菌转为病原体。"光凭这一点我就不会把这些细菌吞到我的肚子里，除非我真的生病。"开罗大学的微生物学家阿奇兹说。尤其是因免疫系统缺陷而必须服用免疫抑制剂的人更应该特别注意。

到底哪些细菌对哪些疾病来说是有帮助的，而且要以什么方式——益生菌、食物，甚至是（取代其他细菌的）抗生素——才能刺激它们以利于人体的方式成长，并且经由代谢机制生成有益的分子。关于这些，我们知道的仍然太少。同样的道理，我们也可以通过厘清细菌产生破坏力的原因及过程来达到同样的目的。

## 打开胶囊、放进细菌、合上胶囊

获得诺贝尔奖的益生菌研究先驱，同时也是免疫学家的梅契尼可夫认为，大肠细菌的生存环境其实是恶劣的——而且还不是因为那里发出的臭味。他视结肠为演化过程遗留下来的多余麻烦，里头尽是毒害身体的细菌，因此将它称为自体中毒。对不少人来说，这名出色乌克兰人是利用微生物调节人体健康的始祖，但我们必须提

---

[1] Besselink et al.: Probiotic prophylaxis in predicted severe acute pancreatitis: a randomised, double-blind, placebo-controlled trial. *The Lancet*, Bd. 371, S. 651, 2008.
[2] Snydman: The safety of probiotics. *Clinical Infectious Diseases*, Bd. 46, S. 104, 2008.

醒他们可别忘了梅契尼可夫对结肠的看法，他甚至认为，必要的话也可以通过开刀解除这条管子所带来的痛苦。在英国的确有好几十人接受了这项手术，莱恩爵士[①]就是因为发展了无菌手术技术而致富的（详见第二十一章）。

事实上，要让所有民众接受手术的想法听来或许太不切实际，梅契尼可夫因此转而寻求过程较和缓、费用更低，同时就经验上来说也较不复杂的取代方式，也就是利用保加利亚的乳制品。不出意料，这项新的替代方案获得了巨大反响，梅契尼可夫甚至让这些乳制品在"科学社群"中崭露头角，直到他死后仍享有盛名。

这项由梅契尼可夫所鼓吹的细菌疗法后来风行了好一阵子。曾经和梅契尼可夫在巴斯德研究中心共事，也是小儿科医生的亨利·提西尔（Henry Tissier）在法国研究儿童的腹泻症状，他从儿童的粪便中发现看起来呈 Y 字形的细菌，因此将之命名为双歧杆菌（*Bacillus bifidus*）。这种细菌经常出现在健康儿童的身上，而提西尔则是从仍在襁褓中的新生儿的肠道内容物中首度观察到这种细菌的。因此他提出利用双歧杆菌治疗病童的建议，帮助他们的肠道菌群及肠道环境恢复健康。[②] 不过就我们所知，提西尔所使用的方法从未被广泛采用。

尽管医生们逐渐确信肠道里根本不存在当时仍被称为保加利亚乳杆菌，同时也是梅契尼可夫最爱的细菌，因此这种细菌不可能在肠道发挥作用。不过人们之后也陆续发现其他像是嗜酸乳杆

---

① 莱恩爵士（Sir William Arbuthnot Lane），著名英国外科医生，专精肠道手术，率先发现并宣扬矫正肠道对人体慢性健康问题的重要性。——译者注

② Tissier: Traitement des infections intestinals par la methode de la flore bactérienne de l'intestine. *CR. Soc. Biol.*, Bd. 60, S. 359, 1906.

菌（*Lactobacillus acidophilus*）这种能轻易通过胃部的细菌。[1] 另外，前面曾经介绍过的大肠杆菌变异株 Nissle 1917则是在1917年由一位名叫尼斯勒的军人发现并且以自己的名字命名的，他是战友中唯一一名罹患志贺杆菌病但幸而康复的人。尼斯勒将培养皿培育的细菌装进患者吞服的药物胶囊里，然后把自己当作实验对象进行测试，不久就成功控制住志贺杆菌病和沙门氏菌感染症的病情。当时他所服用的胶囊后来成了被称为 Mutaflor 的药剂。

日本的代田博士在20世纪30年代发现了干酪乳杆菌代田株，并以此推出一款名为养乐多的产品上市。过去二十年间，益生菌似乎有重回世界舞台之势，然而早在这股复兴浪潮再起之前，养乐多在日本已是历久不衰、长销好几十年的热卖商品了。不过养乐多直到1996年才首度登陆德国。

回溯我们和细菌往来的历史其实有许多讽刺之处，所谓的细菌疗法就是其中之一：一开始我们尝试以友善的方式对肠道菌群造成正面影响，然而，这些意图良好的方法却在磺胺类药物和20世纪40年代的抗生素问世后，突然显得有些多余。其实，当时利用细菌进行治疗在本质上就是一种抗菌疗法，因为我们所做的不外乎是凭借细菌来让其他细菌变得不具伤害力。不过一旦发现可以直接消灭所有细菌的方法，我们就不需要那么麻烦，还要通过一群活跃的细菌来消灭另一种族群。

人们发现抗生素能让大量牲畜迅速成长后，这种杀菌药品便成了各大药店公认的超级巨星。日本人还是持续饮用养乐多，不过主要是因为它很好喝。在苏联则仍有少数研究机构认同梅契尼

---

[1] Cheplin und Rettger: Studies on the transformation of the intestinal flora, with special reference to the implantation of Bacillus acidophilus, II. Feeding experiments on man. *PNAS*, Bd. 6, S. 704, 1920.

可夫的观点，相信好细菌的存在并持续寻找，只是他们的处境其实更像是罗马帝国时期高卢地区的某些农村，坚持为细菌奋战而绝不妥协。

然而，在这波抗生素崛起的趋势中，这些与人类和牲畜互利共生的细菌也正重新以另一番面貌逐渐复苏。我们从牲畜身上观察到的现象说明了细菌在动物体内不只是游手好闲的无用之物，或引发病痛的罪魁祸首，事实上细菌可以做的事比我们想象的还要多。

看似战无不胜的抗生素其实带来了更多未知的风险和副作用。人们不但发现了第一批具有抗药性的细菌，也注意到艰难梭菌感染的比例之所以在一夕间暴增，显然和先前的抗生素治疗脱不了干系。

不久，微生物就被公认为是肠道最重要且必要的居民，就连"益生菌"也被当作"改善微生物平衡的活体微生物营养补充品"。[1]也因此，对动物，尤其是反刍动物来说，微生物有助于消化食物已是不争的事实。或许我们可以在各种不同情况下利用细菌，也就是生命或生物，取代抗生素来清除或消灭特定的坏细菌，这种做法在现今已经成为一种充满企图的革命性概念。而就我们的记忆所及，这个概念其实源自20世纪一名住在法国的乌克兰人和他所发现的保加利亚细菌。

## 发酵、发酵、发财让人哈哈笑

21世纪初期的益生菌是一种市场商机价值连城的产品。根据透明度市场研究2011年的报告，益生菌创造了高达2800万美元的市场

---

[1] Fuller: Probiotics in man and animals. *Journal of Applied Bacteriology*, Bd. 66, S. 365, 1989.

价值。这项产品之所以能带来如此巨大商业利益，主要是因为使用者必须持续服用才能维持其功效与作用，相对地，一旦细菌被吞进人体，就会永久地定居下来，坚守岗位并贡献一己之力。酸奶和开菲尔都含有益生菌，可能是粉状、稠状、锭状或胶囊的形式，而且不管人类或动物皆能食用。过去人们利用牛奶或叶菜、芽菜、黄豆，还有其他类似食材制作发酵食品，乳制品里将乳糖发酵为乳酸的细菌也会在蔬菜发酵的过程中制造乳酸，另外先前提到的大肠杆菌变异株 Nissle 1917 以及我们介绍过的酵母菌属也都能用来发酵。药品说明书上最常见到的则是乳杆菌属，提西尔发现的双歧杆菌属、链球菌属也会出现在其中，有时也会有真正的杆菌。

益生菌这个概念据称是由德国倡导纯素生食的发起人科拉特（Werner Kollath）在20世纪的50年代初期提出的，他将益生菌定义为一种健康生活不可或缺的"活物"，不过科拉特指的显然不只是乳酸菌，还包含食物里未经烹煮的酶、细菌或霉菌。

如果我们以过去几年间的研究成果为基础，进一步追问那些给予肠道菌群及人体健康协助而不会造成伤害的东西具体来说究竟是什么，或许是比较有意义的做法。这样看来，那些以益生菌之名在市场上销售的商品似乎就是我们要找的答案，当然还要算上那些散布在乡村或农场生活的细菌，或是在运动过程中和其他运动员交换到的，甚至是经由性交获得的那些（详见第八章）。

此外，只要不是真正活生生的食物成分，看来也都属于这类东西的范畴，其中尤以植物性纤维和糖链居多，而它们就叫益生元。事实上，"益生元"这个名称一直到1995年才正式出现[1]，在此期间，

---

[1] Gibson und Roberfroid: Dietary modulation of the human colonic microbiota: introducing the concept of prebiotics. *The Journal of Nutrition*, Bd. 125, S. 1401, 1995.

人们也一点一滴地不断调整对于这个概念的认知。一开始，人们认为益生元是无法被消化的，不过后来他们发现有些肠道菌可以消化某些纤维素，因而重新调整了原先的观念。到了今天，益生元正式被定义为"可被选择发酵的食物成分，能促进胃肠道菌群的结构组成及活跃程度发生特殊变化，进而对宿主的健康及身体舒适产生助益"。[1]

提出这个概念的罗勃弗伊德（Marcel Roberfroid）认为有两种分子正好满足这项定义，例如大量出现在菊芋块茎的菊糖（Inulin），以及由乳糖而来的半乳寡糖（Galakto-Oligosaccharide）。有些食品专家则会将范围放得比较宽，把乳酮糖（Laktulose）、果寡糖（Oligofructose）及棉子糖（Raffinose）这类较长的分子也都算进来。当然，不论就严格或不那么严格的定义来说，还有一些物质也符合我们对益生元的想象，只是它们的功效尚未被证实，或者仅有少量难以测得的数据，但仍旧对肠道菌群的变化具有影响力。

无论是罗勃弗伊德心目中的前两名还是其他分子，都有丰富的证据指出，它们的确会影响消化道菌群的结构和组成，并且为健康带来正面效益。通常我们至少能测得一些可作为患病风险指标的数值变化，比如血压。另外，益生元对于改善免疫反应或肠道的矿物质吸收能力等生理功能也有帮助。同时也有数据显示，摄取大量益生元的人不容易罹患肠癌或其他类似的疾病。根据主要以老鼠为对象的实验结果，这是因为肠道上皮的菌群结构特别容易受到益生元作用的影响，其屏障功能可获得大幅改善，进而有效阻挡细菌和其他不受到欢迎的分子入侵，连带降低慢性发炎发生的概率，这对预

---

[1] Roberfroid: Prebiotics. The concept revisited. *The Journal of Nutrition*, Bd. 137, S. 830, 2007.

防任何疾病，甚至是肥胖症来说都是一件好事。[1] 如果我们给予肥胖症患者菊糖或果寡糖这类益生元，就能测得肠道菌群以及重要代谢过程的具体变化，不过他们并不会因此就拥有模特般的身材。[2]

至于使用益生元到底会在人体内部引发什么效应？物质分子间繁复众多而精细巧妙的转换机制和路径，最后又是哪一套产生了效用？关于这些问题，我们目前所知道的就和我们对益生菌的认识差不多。不过，几乎每个礼拜都会有新的研究进展，例如法国图卢兹第三大学的塞奇尼（Davide Cecchini）和同事在2013年9月经由人类肠道内典型但部分仍然未知的细菌发现了能迅速消化大量益生元的酶。[3]

总体来看，短链脂肪酸似乎是其中一个关键性角色，像是已经提过很多次的丁酸在益生元分子的作用下，产量会明显增加。各项实验数据也证实了益生元可带来大量正面效益，例如促进细胞以对健康有利的速度进行分裂。就算是退化的细菌也能从中获益，再次恢复正常运作。不过我们也发现，益生元在特定的生理条件下也可能会造成负面影响（详见第十三章）。

基本上，益生菌是一种活体媒介，能促进肠道菌群发生对身体健康有益的变化，而益生元并不具有生命。理论上，两者同时作用所产生的效益会比各自运作时来得强大，而事实上，也已经有研究证实了这个假设。近来有篇评论文章指出："如果要让决定大肠癌发生与否的生物标记发生变化，那么使用混合了益生菌与益生元的

---

[1] Delzenne et al.: Targeting gut microbiota in obesity: effects of prebioticsand probiotics. *Nature Reviews Endocrinology*, Bd. 7, S. 639, 2011.

[2] Dewulf et al.: Insight into the prebiotic concept: lessons from an exploratory, double blind intervention study with inulin-type fructans in obese women. *Gut*, Bd. 62, S. 1112, 2013.

[3] Cecchini et al.: Functional Metagenomics Reveals Novel Pathways of Prebiotic Breakdown by Human Gut Bacteria. *PLoS ONE*, Bd. 8, S. e72766, 2013.

共生质（Synbiotics）会比单一的益生菌或益生元更有效率，就我们至今的观察，这样的现象还未曾出现过例外。"[1]

## 多吃酸菜！

标示共生质的生命性前缀 Syn- 也混合了益生菌前缀 Pro- 和益生元前缀 Prä- 之意，表示集两者之力能产生更大的效益。我们也可以用一般大众更容易理解的字眼儿来说明这种现象：假设相关研究所得出的结论都是正确的，那么摄取含菌发酵食品以大量植物纤维素的人会活得比较健康。主要的原因或许是这种饮食能对肠道菌群造成影响。

多吃一点酸奶和菊芋，多喝一些酸菜汁和开菲尔！这么一来，那些益生菌、益生元和共生质研究所要传达的信息就会更加清楚，至少就我们所知，这些物质几乎不具伤害性，对人体健康的好处却超乎想象。

不过，如果可以认识到更多关于这些物质具体的作用机制，再根据不同目的摄取菌类、植物纤维或长链糖，甚至根据特殊需求提升或改善这些物质个别或整体的效能，那当然是再好也不过。因为"治疗潜能和实际上的临床应用存在着差异"，一群食品科学家在一份2013年出版的研究现况总结报告[2]中指出了益生菌和益生元在理论和实践之间存在着让人不得不正视的差异，而这一点不免让深信细菌疗法的医生倍感压力。

---

[1] Sanders et al.: An update on the use and investigation of probiotics in health and disease. *Gut*, Bd. 62, S. 787, 2013.
[2] 亦可参照本章221页注①。

## 个性化的细菌疗法

在临床应用上仍停留在理论阶段的疗法之一就是个性化治疗，唯有更深入了解每个患者实际的状况及其体内与不同疗法相对应的微生物群系，我们才有可能突破现有的困境。不过或许还有简单一点的做法，因为我们不见得非要针对不同个体——量身打造专属疗法。以发炎性肠道疾病为例，目前我们已从人类基因组辨识出超过100种和这种疾病相关的基因变化，虽然每种变化都是独一无二的，但也都不出以下三种范畴：

· 影响肠道黏膜上皮功能；

· 造成免疫调节失序；

· 妨碍辨识和防护功能正常运作。

只要知道患者是在这三大基因群之中的哪一个出了问题，至少我们就能尝试影响细菌，让它们恢复正常运作或减轻它们的负担。假设遭遇的是第一种状况，那么我们也许可以凭借共生质来协助拥有正确功能的细菌成长，进而强化肠道黏膜上皮的屏障功能。FUT2是一种决定黏膜上皮能否正常发挥屏障功能的基因，一旦克隆氏症患者的FUT2基因发生突变，几乎也都会有微生物生态失衡的问题[1]，而益生元能为他们补充身体所需的细菌。

对药厂来说，这当中吸引人的地方在于他们能借助益生菌和益生元之力在工厂而非肠道制造益于人体健康的元素——最好当然是（这里指的不见得是患者或医疗保险，更多是就股市而言）还可以获得专利。

---

[1] McGovern et al.: Fucosyltransferase 2 (FUT2) non-secretor status is associated with Crohn's disease. *Human Molecular Genetics*, Bd. 19, S. 3468, 2010.

事实上，还有其他论述认为患者摄入的细菌产物剂量应该受到控制，像是一种由鼠李糖乳杆菌制造、会影响免疫系统的分子 p40[1]，或是由脆弱拟杆菌（Bacteroides fragilis）分泌的多糖 A（Polysaccharid A）。[2] 另一种可能的做法则是在处理慢性肠炎这类疾病时，先利用可的松或抗生素等传统药物加以清理，阻止发炎持续恶化，再依据不同目的通过益生菌和益生元——或是有机菌，也就是移植健康者的粪便——让真正的老朋友进驻肠道，压缩害菌的生存空间。利用生物反应器制造混合菌群不但卫生，而且能按照患者需求操控菌群基因。若是能够以此种技术取代现行的粪便细菌移植术，想必有助于相关当局、医界以及患者同意并接受这种细菌疗法。

## 生物性预防与未来的益生菌

未来的益生菌——或者那些被叫作共生质、细菌药剂，抑或肠道疗法的东西，极有可能与它们现今的面貌大相径庭。长久以来，专家学者一直寻求一种可能，希望能根据不同目的改造细菌基因，让它们在肠道或生物反应器里制造出更加完善、甚至拥有全新功能的物质。相当受到推崇的圣路易斯微生物学家戈登就预测，"接下来的五年内"市场上将出现从人类肠道分离出来、含有我们较不熟悉菌种的"新世代益生菌"。

或许今后的益生菌也不具特别值得一书之处，例如加拿大皇后大学医学专家彼得罗夫（Elaine Petrof）所带领的研究团队认为

---

[1] Yan und Polk: Lactobacillus rhamnosus GG—an updated strategy to use microbial products to promote health. *Functional Food Review*, Bd. 4, S. 41, 2012.

[2] Mao et al.: Bacteroides fragilis polysaccharide-A is necessary and sufficient for acute activation of intestinal sensory neurons. *Nature Communications*, Bd. 4, S. 1465, 2013.

未来将出现一种将粪便细菌移植术稍加改良的"微生物生态体系疗法"。[1] 肠道生态体系失去平衡或发生病变的患者将接受一种近似子宫切除术的手术，以尽可能全面清除肠内所有细菌，接着再重新植入全新、健康、优质、稳定且功能完备的菌群。唯有在执行手术前可能必须注意新的生态体系和宿主的基因条件是否达成一致，经扫描确认没有新的致病菌后，才能重新植入具有特殊功能的菌群。彼得罗夫及其团队相信，和植入单一菌种的繁复过程相比，这种经健康捐赠者测试的全新微生物相会是一种更好的可行办法，因为这么一来我们就不用先确认（每种不同的）微生物是否具有疗效；又是以什么样的机制运作；以及它们是否会受到微生物相里其他菌群的影响，又会如何受到影响。因此，他们建议应该"好好利用那些健康状态特别良好的个体所提供的微生物群系"。比起那些借助酸奶或是纤维素让肠道生态体系重新恢复平衡的简陋手法，彼得罗夫和她的团队提出的方式的确更具有实质意义。

然而，有件事是未来细菌疗法和生物性预防绝对不会舍弃的：一种让人类及其共生菌共同健康成长的饮食方式。只是在谈及各种机能保健食品的完美效能，像是全麦燕麦粥、菊苣，以及保加利亚酸奶等，或是食品里那些已知或有待厘清的分子作用之际，其或在进行元分析时，有一点必须牢记在心：进食最主要的意义还是心满意足地饱餐一顿，享受食物的美味。由于现有的研究仍不足以厘清分子之间是如何影响彼此，产生交互作用，使得我们只能再次回到自体实验的老路上，至于实验材料，则轻易就能从厨房、花园、周

---

[1] Petrof et al.: Microbial ecosystems therapeutics: a new paradigm in medicine? *Beneficial Microbes*, Bd. 4, S. 53, 2013.

末市集或是贩卖生活用品的商店随意取得。

下一章的主题是先前提过的影响肠道菌的可能性,届时我们可就不建议读者以身试法了。

## 第十九章
# 为健康捐赠的十亿

消化道内活生生的内容物逐渐被视为独立的器官,也就是一个名为微生物的身体部位。如果这个部位无法正常运作,可以通过移植手术来协助。然而这种不用流血的器官捐赠并非毫无风险。

大多数人都觉得粪便恶心。尽管撷取的粪便中含有数十亿有助消化的细菌,也无助于提高人们对粪便的评价。事实上,我们的肠道内容物绝对值得更多的尊重,因为我们逐渐发现,这些细菌的能力远不止单纯帮助消化。粪便可以作为具有疗效的药物,拯救人类的生命。

人们将它称为细菌疗法、粪便细菌移植术,或是优雅一点儿的说法:微生物群系修复工程,又或者如英文里的 Transpoosion 听来也不错(Poo 即粪便之意)。这种将他人捐赠的粪便植入患者肠道进行治疗的方法听起来就像是中世纪一点一滴啃噬掉霉菌的炼金术,但是现今全球的医学研究对此无不跃跃欲试。不过这套治疗方式的重点并不在于从人体排出的废弃物,而是里头数十亿活生生的细菌。

一开始,只有少数几名极具勇气的医生破例使用了这套备受质疑的方式治疗艰难梭菌感染,但在短短数年间,它已经成为治疗重症的常见方法之一。在美国、欧洲国家和中国,也有人利用它来协助肥胖症患者。除了无数成功治疗严重肠道疾病的案例,更有大量的个案报道指出粪便细菌移植术也能用来对抗多发性硬化、抑郁症、痤疮、失眠症、口臭，甚至有助于改善自闭症。

通过持续掺入不同的单一菌种，人们可以将失衡的微生物生态重新导回正确方向，就像我们利用益生菌那样，或是我们也可以凭借益生元来改善细菌的生存环境。比起粪便细菌移植术，这两种方法不但更加精细巧妙，也会彻底更换掉整个生态体系——如果不只在技术上，而且在生物性上也成功的话。又或者，如果人们能以科学家的眼光将肠道菌群当作微生物器官看待，那么那些又老又病的器官就会被来自捐赠者的健康器官所取代，同时，这种解释也再次验证了移植这个概念。

这种疗法在临床应用上会先利用抗生素治疗及大肠水疗将受损且生病的微生物相清除得一干二净，然后经由鼻泪管探针将新的微生物植入小肠前段，也可以通过内视镜或是灌肠剂植入大肠。如果一切顺利，那么微生物就会在肠道内繁衍、成长、茁壮，成为全新的稳定生态，患者的症状也能因而获得改善。当然，前提是捐赠者必须健康而且通过病原体检测，同时至少在一年内没有服用抗生素的记录。由于生活方式——是否有抽烟习惯、运动量的多寡，以及最重要的，都吃些什么东西——就和基因一样会影响我们的微生物群系，所以在挑选捐赠者时也应该注意到这些方面。一旦确定了捐赠者，粪便样本就会被溶解在生理食盐水中，经过过滤后就完成了移植体，虽然外观和浓稠度看来就和巧克力奶昔无异，不过味道可就骗不了人了。

## 古老的方法

这段时间不光只有各种关于这项疗法的传闻，就连遭受病痛折磨好几个月的患者也在科学出版物里证实其疗效。胃痉挛发作犹如身处地狱，每天至少要跑厕所二十趟以上，而且体重会急速下降。抗生素通常只能压制住艰难梭菌几天，之后这些细菌就会重整旗鼓，再次攻击腹腔。部分接受移植的患者在手术结束一天后就不会再感到疼痛，可以马上出院，不过直到复诊日之前仍无法完全康复。同过程烦冗的抗生素治疗相比，由于住院时间明显短缩，因此能节省不少支出。不过目前尚未有保险公司愿意受理这笔医疗费用的给付，这一点和许多必须长期住院的传统疗程倒是不同。身为乌尔姆大学附属医院的胃肠专家，同时也参与了德国第一个针对粪便细菌移植术发表个案报告的医疗团队，索伊弗莱估计一套完整疗程大约需要花费3000欧元："捐赠者必须接受相当烦琐而昂贵的测试，光是病毒诊断大概就得花掉500欧元。"这笔费用包含在医院待上两到三天，以及特殊的结肠镜检查或鼻泪管探针的使用。

事实上，认为人类排泄物具有某种疗效是一种相当古老的观点。最初利用人类粪便进行治疗的时间点现已不可考，目前所知最早发表于专业杂志的案例是在1958年，至于粪便疗法的相关报道甚至早在一千六百多年以前就已经出现。

公元4世纪的中国晋代曾有一位名为葛洪的名医，流传至今的粪便悬浮物口服处方便是由他所发明，据传他借此治疗腹泻和食物中毒的患者，拯救了不少人的生命，他当时的做法也因而被视为奇迹。这些资料详载于中国第一部临床急救手册《肘后备急方》，书里同时也记录了如何利用成长一年的艾草治疗疟疾。由于艾草含有青蒿素（Artemisinin）的药效，直到今天都还被用来治疗疟疾。"据我们所知，这是第一份传承至今的粪便细菌移植术记录。"大量涉猎粪便疗法相关文献的南京医科大学胃肠病学家张发明说。

到了16世纪的明朝，陆陆续续出现更多案例报告。在这些案例中，粪便经过发酵、稀释或干燥处理成为药材，用来治疗腹泻、发烧、疼痛、呕吐和便秘。这些疗法也被记录在中药学最知名的经典《本草纲目》等古籍中。为了不让患者受惊，当时的医生多半使用诸如"黄汤"[①]这样无害的字眼儿来形容这种药物。

一名勇敢的《恶习》(Vice)杂志女记者在不久前尝试了韩国传统的"粪酒"(Ttongsul，原始报道里则使用了 Poo Wine 这个词)。要制作粪酒，医生必须将取自儿童的粪便溶解在水中，然后让混浊的液体静置24小时，隔日加入新鲜煮好的米饭和酵母后，再置于30摄氏度到35摄氏度的温度中发酵七天。这名女记者浅酌一口之后的感想是："尝起来很像米酒，不过从嘴巴呼出来的气味闻起来就像粪便。"而医生则回应说："那只是你想象出来的。"或许这种酒精浓度约9%的药酒的确帮了一些患者的忙，但是显然这位女记者并非其中之一。她费了好大一番工夫才把这口酒吞进喉咙里，不过为她准备这杯酒的治疗师倒是很享受这种饮品。不久，她回到了街上，那口好不容易吞下的酒再次经过喉咙，但这次是往另一个方向。[②]

大约在和"黄汤"处方出现的同一时期，意大利解剖学家法布里齐奥[③]也分别利用健康和生病的动物通过口服及植入直肠两种方式进行粪便细菌移植术的实验。他可能是观察到有些动物会吃掉自己或同类的排泄物，因而产生帮动物进行粪便细菌移植术的念头。这些主要都是草食性动物，它们的消化系统和住在里头的微生物无法在第一次循环就分解较坚韧的植物部位。

---

① Zhang et al.: Should We Standardize the 1700-Year-Old Fecal Microbiota Transplantation? *The American Journal of Gastroenterology*, Bd. 107, S. 1755, 2012.
② 粪酒的报道影片：http://www.vice.com/de/shorties/ how-to-make-faeces-wine（此网址撷取于2013年12月）。
③ 法布里齐奥（Girolamo Fabrizio），解剖学、外科先驱，第一位详细描述静脉瓣、胎盘和喉的学者，被尊为"胚胎学之父"。——译者注

## 来自上天的礼物

最晚在17世纪末前后，欧洲医学界终于将粪便疗法应用在人类医疗上，不过我们无法找到这些案例最终治疗结果的任何记录。德国医生保里尼（Christian Franz Paullini）在1697年出版《疗愈的秽物药店》(Die Heilsame Dreck-Apotheke)，书里记载了大量利用粪便和排泄物的内服与外用处方。这本作品不但成为畅销书，还多次再版，保里尼在书里将人类的排泄物描述为来自上天的礼物。[1]

即使引起很大反响，粪便疗法在西方医学的光谱中还是一闪而逝，直到1958年才重新崛起。丹佛的医生艾斯曼（Ben Eiseman）成功为四名肠道严重感染葡萄球菌的患者植入健康者的粪便。数据显示，自此有超过400名患者接受了粪便细菌移植术的治疗，而实际接受治疗的人数可能接近1万人。光是澳大利亚胃肠科专家、同时也不遗余力推动这套新式疗法的巴洛迪从20世纪80年代末期就为3000名以上的关节炎、痤疮、口臭、失眠或抑郁症患者进行粪便细菌移植术。[2] 巴洛迪以"具有说服力的改善程度"形容他的患者，不过他并未发表过任何医学比较研究报告，只是陈述他的实际医疗经验。[3]

---

[1] "重点并不在于使用'秽物'这个字眼儿来取代粪便或泥土，其实意思都一样。人类就是泥土，而大地是我们所有人的母亲，一切都是由尘土而生，并复归于尘土。……腐坏赋予生命时间上的永恒，让时序更迭生生不息。……上帝是永远的老陶匠，利用粪土在他的转盘上形塑流转万物。那么我们要怎么获得完整的健康？如何再次拥有堪比上帝却已经失去的宽容胸怀？通过草叶、根茎、动物以及矿物制作而成的药方。一旦探究这些物质从何而来，你会发现它们最终也不过是秽物。……鄙视粪土之人，也就是鄙视自己最初的原点。"出自：Paullini, C. F.: Heylsame Dreck-Apotheke, Frankfurt am Main 1696, 2. Ausgabe. 在线全文：diglib.hab.de/drucke/xb-3174/start.htm。

[2] de Vrieze: The Promise of Poop. *Science*, Bd. 341, S. 954, 2013.

[3] Borody et al.: Fecal Microbiota Transplantation: Indications, Methods, Evidence, and Future Directions. *Current Gastroenterological Reports*, Bd. 15, S. 337, 2013.

至今为止，最常利用这种方法修复肠道菌群的疾病就是艰难梭菌感染。正常来说，艰难梭菌无法在人体内存活，除非与其竞争的菌种受到抗生素威胁，才让它们有机会窜起坐大，开始分泌毒素，引发可能让人丧命的严重腹泻。这种细菌经常出现在养老院或医疗院所，尽管人们试图利用抗生素加以消灭，不过它们会一再卷土重来，而且一次比一次难缠。就算艰难梭菌不堪化学药物的攻击，它们的孢子也会存活下来，并且在抗生素消失后逐渐萌芽，更在缺乏竞争的有利条件下迅速繁衍，对人体造成新的危害。感染艰难梭菌的患者在结束首次治疗后，复发的概率约有四分之一，即便之后不断更换新的抗生素，疗效仍然非常有限，甚至每况愈下。

长久以来，粪便细菌移植术也被用来治疗其他病症，像是溃疡性大肠炎或克罗恩病这类肠道疾病，也有医生用它治疗慢性便秘、多发性硬化、帕金森病或是阿尔茨海默病。然而，目前在临床应用的研究上，除了艰难梭菌感染和肥胖症这两种疾病，尚未有关于其他疾病的具体结果（详见第十三章）。根据一份荷兰的开创性研究报告，尽管受试者当中没有人体重变轻，不过研究人员至少测得了受到影响的生理数值，值得我们系统性地加以研究。

这项后续研究的筹划尤以德国和中国的学界为最。张发明在客座位于巴尔的摩的约翰·霍普金斯医院期间得知了这项疗法，并在返回中国后开始积极研究大量相关资料。他和同事崔伯塔在发炎性肠道疾病患者身上首次尝试使用这项疗法，这名患有Ⅱ型糖尿病的50岁女性患者接受粪便治疗后，不只肠道的疼痛获得大幅改善，胰岛素的注射量也缩减许多。另一名患有Ⅰ型糖尿病的病人虽然对胰岛素的需求没有减少，不过疼痛感还是明显好转。这两个偶然间的观察促使张发明和同事在2013年为一项糖尿病的研究计划招募了更多病人，一开始愿意参与的受试者并不是很踊跃，但是没过多久就有一堆女性争相报名。她们之中绝大多数有肥胖的问题，希望能够通过粪便细菌移植术减轻体重，至少截至目前我们在老鼠身上的确得到了这样的结果。尽管有意者兴致勃勃，不过除了糖尿病患者，其他人就不具备参与这项研究计划的资格。

## 徒劳无功的研究

虽然粪便细菌移植术在临床应用上已行之有年，不过直到2012年，这种疗法才首度在一项随机分派的（受试者同样也是根据随机原则挑选并分配到不同的实验组别）安慰剂对照医学研究里接受测试。这项研究最初是由阿姆斯特丹学术型医学中心的纽德柏带领一群实习医生共同进行，而实验对象则是120名重度感染的肠梭菌患者。不过有关单位的安全委员会在第42号受试者的实验结束后便阻止了这项研究计划。理由是：这些专家发现治疗效果实在太好，相对剥夺了实验组患者的就医权益，而这是不道德的。16名先接受万古霉素疗程，再通过鼻泪管探针将捐赠的粪便样本植入小肠的患者中，有13名在短时间内就感受到这项新式疗法所带来的效果。①研究人员又利用另一名捐赠者的粪便帮剩下的3名患者再次执行相同动作，在这之后，其中两名获得痊愈。作为对照，接受标准疗程的患者中有13名只被给予万古霉素或是抗生素加上灌肠处理。标准疗程结束数天后，共计26名受试者里头仅有7名的症状获得改善。对于这套疗法，纽德柏的同事一开始还存有疑虑，甚至有人以嘲讽的语气问他是否也想以同样方式治疗医院里的心脏病人。不过现在已

---

① Nood et al.: Duodenal Infusion of Donor Feces for Recurrent Clostridium difficile. *New England Journal of Medicine*, Bd. 368, S. 407, 2013.

经有越来越多人想和他共事了。①

上述实验结果或许能引来不少注目,然而距离成为标准疗法仍有一段不短的路途,有太多问题还等着我们厘清。例如,我们要如何确定捐赠者的粪便不会带有病原体?通常捐赠者会从血缘亲近的家庭成员中挑选出来,不过就算这样,还是无法彻底隔绝那些捐赠者本人并不知情,甚至连实验室检测都无法发现的病原菌。一般来说,每位采取这套疗法的医生都会将捐赠者的粪便样本植入不同受试者体内进行测试,只不过这道流程并没有明确的守则。每个人对于最理想的程序和步骤都有各自的看法,有些医生认为捐赠者提供的粪便样本必须经过广泛且漫长的测试,而且倾向于在移植之前将这些粪便冰冻起来,以确保样本不致腐坏。另外也有人主张应该尽快将捐赠的粪便植入患者体内,以避免疗效流失。

有些肠道专家将正在这个领域上演的一切描述为"医学界的蛮荒西部",那里没有任何章法,只要走进厕所就能制造出具有疗效或理论上具有类似效果的东西。每个人都能成为提供这种医疗服务的治疗师,医疗质量和安全标准参差不齐,有些或许很优良,有些则可能完全不注重。长久以来,各大网络论坛也充斥着各形各色的应用说明,指导人们如何自己在家进行粪便细菌移植术。这种发展态势迫使美国食品与药品监督管理局决定从2013年年中开始制定规范。由于粪便细菌移植术并没有合法的治疗形式,因此美国管理单位要求每次执行移植手术前都必须事先提出申请。这项决策不仅无法获得戈登等微生物学家的认同,也招致众多来自胃肠病学界的不理解与批评。许多人担心,这么一来他们的患者就无法尽快获得照料,更可能因此转而寻求其他协助。有时关键就差那么几天,患

---

① de Vrieze: The Promise of Poop. *Science*, Bd. 341, S. 954, 2013.

者根本无法为了一张许可证等上好几个礼拜,一位女医生在社交网站上说,她担心这项新规定会迫使许多患者转而在亲友间或网上自行寻找捐赠者进行治疗,疗程中需要的各种器材能轻易从各大药妆店、药店或是网上取得,而使用说明则同样从网上就可以随意搜索,如同先前提过的那样。

然而,不管是自己动手(Poo-it-yourself),还是在医疗院所进行的粪便细菌移植术,人们对于实际上可能发生的风险认识其实很有限。至今也只有零星的几篇报道介绍过这种治疗方式可能涉及的复杂方面,不过这种情况不应该持续下去。身为在美国首先采用这种医疗形式的先驱之一,布兰特认为严重的副作用迟早会出现。"可能是急性感染或是过敏性反应,抑或长期的后遗症,因为患者体内独特的肠道菌群会逐渐往捐赠者的方向改变。"他在一段评论中这样写道。[1] 在重建微生物生态平衡的漫长疗程中,粪便细菌移植术才只是第一步。

德国慕尼黑工业大学的营养医学专家哈勒尤其担心布兰特提到的第二种风险,不过他认为人们只需要接受病原体检测,就可以控制感染风险。"但假设我们现在对于微生物群系所做的论述都是对的,那么每一次的粪便细菌移植术其实都有其风险,比如可能对患者的代谢作用或是心理层面造成长远的影响。"举例来说,一名感染艰难梭菌的患者因为接受健康者捐赠的粪便细菌移植术而恢复健康,就当时的研究标准来说,他或许就此摆脱了肠梭菌。然而,这些细菌除了驱逐肠梭菌,转移到另一名宿主身上的它们其实还拥有许多不同的特质。这些特质对捐赠者来说也许原本就是一颗不定时

---

[1] Brandt: FMT: First Step in a Long Journey. *The American Journal of Gastroenterology*, Bd. 108, S. 1367, 2013.

炸弹，搬迁到新宿主体内后，更是无法预测会产生什么样的效果。因为新宿主不但有截然不同的遗传基因和生活习惯，就连年纪可能也不尽相同。这些全新的菌群可能引发抑郁症或糖尿病，甚或助长肿瘤生成。"如果我必须治疗一种可能致命的传染病，那么也只有在风险是可掌控的前提之下，"哈勒望着感染艰难梭菌的患者说，"不过要是人们尝试以这种方法治疗肥胖症，其中的风险是否仍是可承担的呢？"

## 寻找合适的捐赠者

其他有待厘清的问题有：一个理想的捐赠者看起来应该是什么样子？怎样才算是正确的混合菌群？真的存在一种植入任何患者体内都会发挥同样疗效的细菌组合吗？移植体的多样性程度越高越好吗？其中是否有些菌种的重要性比其他几种高？如果是的话，又是哪几种比较重要呢？捐赠者和接受者是否应该同龄，还是说年纪并不会影响最终结果？最好采用远古时期健康蒙古人的粪便，还是亲叔伯的粪便？捐赠者和接受者的性别与体格差异，甚至道德认知是否相近会影响移植结果吗？而采样又该如何进行呢？究竟谁才是真正合适的捐赠者呢？西方国家过度讲究干净用水及无菌饮食的生活方式严重伤害了微生物群系，我们是否应该试图寻找那些仍幸免于这些卫生习惯的菌群？如果要模拟人的话，坦桑尼亚的黑猩猩或许是更合适的捐赠者？

最后的这个想法其实并没有那么异想天开。加州大学戴维斯分校的艾森是备受全球微生物学家尊崇的学者，他在一次访谈中被问及"谁才是理想的粪便细菌移植术捐赠者"时回答道："由于人类和黑猩猩在基因上的亲属关系相当密切，因此我认为我们可以合理假设,同生病的人类相比,黑猩猩的微生物群系反而和健康人类所拥有的更相近。"①

为了厘清混合菌群应该包含哪些微生物才算是理想的(或至少是必要的),加拿大的研究团队建造了一台制造人工粪便的生物反应器。他们从2011年开始以橡胶和玻璃打造消化道,并在完成后给这条"机械肠道"喂食由一名41岁健康妇女捐赠的粪便样本。另外,为了避免细菌与氧气接触,他们还用无法消化的纤维素和淀粉封住了气密系统,这么一来就与大肠实际的状况相当类似了,也就是一团看来恶心的棕色黏糊状物。

加拿大贵湖大学的艾伦-维尔克及其研究团队只从原始的粪便样本分离出62种细菌在实验室进行培育。假设原本的女宿主拥有正常菌群,那么拒绝在培养皿成长的菌种就有1000种以上,而它们也借此躲过了辨识检测。艾伦-维尔克和同事针对那些可培育的微生物进一步测试了它们的危害性以及抵抗抗生素的能力,最后得到33种应该不致危害人体,而得以用来进行实验的细菌。研究人员让这33种细菌各自在无氧状态下的培育温床持续成长,最后再将它们全部溶解在食盐水里成为一杯鸡尾酒。

就算少了人工肠道的协助,研究团队也许还是可以经由持续不断的测试直接从这位女士的粪便里找出这33种微生物。不过这台仪器可以依照实验需求设定处理程序或培育菌种,证明它其实还是很有用的,而原则上它也的确发挥了应有的效能。研究小组将那些产自人工肠道和培养皿的实验粪便称为"RePOOPulate"。②就浓稠度、

---

① 谁是比较理想的粪便捐赠者——人类还是黑猩猩?艾森的答复:http://humanfoodproject.com/a-fecal-transplant-from-a-healthy-chimpanzee-or-average-joe-which-would-you-choose。

② RePOOPulate 即是 repopulate(有再生、种群恢复、重新增加人口之意)加上 poo(粪便)组合而来,中文可大致译为"恢复种群的粪便"。——译者注

外观和气味来说，这项人造产物与天然的粪便其实毫无相像之处。和一般用于粪便细菌移植术的悬浮物相比，它或许更接近超市贩卖的益生菌发酵奶，只是人造粪便无法饮用，只能通过内视镜被送到需要的地方。

这些繁复的前置作业就是为了制造出一种绝不含病原体，而且只由已知并通过测试的菌种组成的族群。艾伦－维尔克和同事希望粪便细菌移植术能自此成为一种可控制的疗法。

两名症状严重且重复感染艰难梭菌的女性患者准备接受替代性粪便的测试。第一位女性患者在服用抗生素后，短短一年半内重复感染了六次艰难梭菌。所有扰人的症状却在植入人工合成粪便后随即消失，十天后医生们就再也找不到任何艰难梭菌的踪迹，六个月后的追踪检查也得到了一样的结果。虽然她在这段时间又因膀胱炎必须再次服用抗生素，不过并没有再次发生腹泻的状况。

第二名女性患者则已年过七旬，她同样在服用抗生素后首次感染艰难梭菌。不过从这些细菌发动第三次攻击开始，一般的药物就完全使不上力了。这群加拿大医生帮她治疗后，腹泻的状况在三天内就彻底销声匿迹了。即便她多次因为其他感染而必须服用抗生素加以治疗，但是艰难梭菌的感染再也没有复发。

## 人造粪便疗法

利用33种细菌混合调配的"鸡尾酒"对抗艰难梭菌的疗效大致如上。其实另外还有一些值得注意的现象，例如第一位女性患者在接受治疗前就拥有高度的菌种多样性，这一点就她的病情来说其实是不寻常的，因为一般来说，感染艰难梭菌的肠道多样性通常是贫乏状态，菌种数量甚至会在治疗后短暂下降，不过很快就又会回复到原本的水平。第二名女性患者的菌种多样性则如预期般偏低，接受治疗后明显有上升倾向，之后也持续维持在高点。根据基因分析的结果，这33种细菌之中至少有些是全新进驻，而且并不像惯用的益生菌那样很快就离开人体。[1]

  2013年初前导研究发表后，加拿大健康管理局出面要求中止所有后续实验，因为他们将这种混合物归纳为必须通过药物核准才允许广泛应用的人造产品。不久，一名原本任职于美国食品与药品监督管理局的员工就在靠近加拿大南部边界的明尼苏达州罗斯维尔成立了Rebiotix公司，着手进行加拿大管理当局不乐见的第二阶段患者研究。Rebiotix制造的产品基本上和RePOOPulate的作用大致雷同，不过里面应该含有数百种不同的细菌。至于实际效果如何，可能直到2015年早春之前都无法有明确答案。[2]

  也许利用人工合成粪便能让我们克服先前提到粪便疗法所面临的种种困境之一：为了减少厌氧细菌的痛苦，应该尽量缩短捐赠和移植之间的时间。另外，捐赠的粪便样本应该经过彻底的病原体检测，但这个过程至少需要耗费好几个钟头。虽然我们后来得知移植体的菌种在冰冻过程中并不会大量流失，不过更聪明的做法还是从完全密封的冷冻库取出确定没有受到致病菌污染的粪便样本后，就立即植入患者体内。

  取自加拿大妇女的33种细菌虽然在前两名女性患者身上发挥了效用，不过，没有人知道为什么会有这样的结果。比如，为什么艰难梭菌再也没有重返，反而是许多来自另一名宿主的细菌定居了下

---

[1] Petrof et al.: Stool substitute transplant therapy for the eradication of Clostridium difficile infection: ›RePOOPulating‹ the gut. *Microbiome Journal*, Bd. 1, 2013.
[2] 本书原文的出版时间为2014年3月，成书时尚无关于这项研究的最新进展。——译者注

来？因为这33种微生物阻止它进入肠道？还是只有其中的一两种，抑或三种？如果在上千种细菌中，正好有个足以抵挡艰难梭菌的菌种被混入了最后的合成鸡尾酒里，那么这就是一个偶然的意外，毕竟许多菌种都有这种本事。一般粪便细菌移植术的样本通常含有上千、甚至更多的细菌，但是人造粪便只混合了33种就达到同样疗效，其中的原因究竟是什么？

或许这杯人工合成的鸡尾酒拥有一套截然不同的作用机制？又或者它们会在肠道引发一种让艰难梭菌无法驻留的反应？还是肠道经它们刺激后产生了防御能力？就和我们现阶段对粪便细菌移植术是如何产生疗效仍存在许多疑惑一样，这些臆测也有待进一步的研究和验证。

基尔大学的感染科医生、肠胃科专家奥特怀疑，我们是否真的可以将至今为止的成功案例都归功到移植细菌身上。根据他的看法，如果人们还是以传统的方式——就像多数已发表的研究那样——从厕所取得移植样本，那么他们采集到的微生物群系其实也就只是"细胞废料和新陈代谢的产物"。

奥特相信，一旦样本离开捐赠者的身体，微生物组成的结构就会改变。他认为这个过程中可能会有不少细菌死去，根本无法在新宿主的肠道存活下来。另一个与粪便样本该如何应用相关的问题则是：我们仍然不清楚关键性的微生物存在肠道的哪个区域。只要比较一下藏身在粪便里和那些附着在肠道表面的菌群，就能发现它们在组成结构上明显的差异。奥特因此计划了一连串移植实验，他打算从捐赠者肠壁的生物样品中取得样本，然后在严密隔绝氧气的情况下植入新宿主体内。事实上，按照奥特的说法，他所提出的疑虑和截至目前大多获得良好疗效的粪便细菌移植术并未构成矛盾，因为粪便细菌移植术疗法所带来的改善，很多时候也可能是样本里的短链脂肪酸或其他代谢产物造成的效果,不过利用加拿大人造粪便所进行的实验性治疗倒是不在此限。就我们现有的认知来说,这些问题或许还不是首要必须解决的。"我们之所以这么做是因为这是有效的方法,"奥特说,"不过至今还是没有人知道这整个过程中到底发生了什么事。"

屏除明显的缺陷不谈,粪便细菌移植术疗法到目前为止的优异表现为奥特指出了一条未来可行的道路。如果细菌并非患者症状获得改善的唯一功臣,而是肠道可能在这个过程中经由夹杂在粪便样本里的代谢产物而得以再次筑起防御工事,那么只要我们找出真正关键的物质,并且将它植入患者体内,也能得到同样的效果。这么一来,我们就不用再依靠细菌,连带也能摆脱感染的风险或全新菌群可能带来的长期后遗症。遗憾的是,目前还没有人能证实这项假设,或是指出决定疗效的关键物质。一旦找到这个问题的答案,我们或许就能发现新的方法让对的物质在正确的位置发挥作用。比方说,我们可以利用胶囊装盛细菌活性物质,并且让它们抵达肠道后才开启;或者像奥特所想的,通过给予特定物质来刺激原有的肠道菌制造具有疗效的关键性物质。不管怎样,想必最为此感到开心的非各大药厂莫属,因为届时他们就可以制造并贩卖这些药物。

不过也许到时问题又会变得更复杂。像是为什么感染艰难梭菌、克罗恩病、肥胖症以及多发性硬化等不同疾病都是用同一种处方治疗?或许在某些情况下,我们必须借助细菌之力重建失衡的生态系统;换成另一种状况时,就必须利用短链脂肪酸来修补损害;再有不同于前面两种情形的遭遇则是给予特定物质,刺激细菌作用,为宿主带来效益。无论如何,重点都在于调控我们体内的生态体系以从中获益。我们必须成为照顾自己体内微生物群系的园丁。

为了尽快替业余爱好者和专家学者们——也就是一般民众与

医生——写出好的园丁指南，越来越多的科学家投入这项主题的研究，他们的任务就是在这些入门手册里详载各种适合普罗大众使用的方法，当然也必须兼顾个体差异提供合适的秘诀。至于这些各形各色的秘诀听起来如何，我们将在下一章讨论。

## 第二十章
# 细菌策略：为个人微生物群量身打造的医疗

个性化医疗仍是一种还未成为现实的未来想象。微生物及其基因或许将为我们开启全新可能，因为比起人类遗传基因，它们更容易受到影响。

医疗的艺术主要由三根梁柱组构而成：护理、诊断与治疗。就德国医疗保险的给付习惯来说，通常诊疗费用（也就是生病）会占其中一大部分，治疗费用相则对偏低（也就是试图恢复健康的过程），至于预防就更不用提了（也就是努力不要成为病人）。仔细想想，这样的配比实在是很奇特。同样让人感到纳闷儿的还有诊断和治疗其实只有在理论上才是清楚而明确的。被确诊得到"类流感"的人通常会有咳嗽、鼻塞、喉咙嘶哑，伴随着发烧、头痛等症状，有时也会打冷战，或是更多其他症状。然而，光靠这些观察无法让我们得知究竟是哪种致病菌引发了感染？是身体内部或外部出现了漏洞？抑或是其他因素所导致的？如此一来，当然也就无法对症下药（要击退哪些致病菌？又该补强免疫系统的哪个部分？或是对抗哪些引发不适的特殊病原体？）。

一般来说，如果只是轻微的咳嗽，通常一个星期以内就能自然痊愈，并不是什么大问题。然而，一直以来有许多医生并没有先以验血报告作为依据，或至少凭借明显征兆判断病原体真的是细菌，就直接按照标准流程开列抗生素，实在很难不让人联想到石器时代的医术。要不是一方面后来情况有所改善，像是建立更精确的病历、根据验血结果或类似的检验做出更精准的诊断，另一方面又有诸多风险与副作用持续威胁，例如因误诊导致病情拖延或出现抗药性及肠道菌大量死亡等现象，我们或许就没有机会摆脱这种建立在或然率之上的医疗——毕竟，几乎所有的病发过程或多或少都有细菌插了一脚。

## 一种临床表现、多种致病因素

除了咳嗽和鼻塞这类症状，许多患者的临床表现还潜藏着一个大问题。如果有人因为单一或多个检验数据而被确诊为甲状腺机能低下，病情却在服用医生开列的标准处方后明显改善，那么他可以说是个幸运儿。不过同一名患者之后会陆续出现越来越多的状况，例如从机能亢进一夕间转为低下，症状也可能从原本的疲劳变成心搏过速——简单来说，这一切都只是因为诊断不够精确。失控的甲状腺会导致患者无法维持原有的正常生活，只有更加谨慎小心的诊断才有可能找出最适合患者的治疗方式：问题是从何而起？或许是某种自身免疫病所引发的？为什么甲状腺的标准用药似乎无法发挥效用——也许它们应该转换更多具有生物活性的甲状腺激素？又或者是其他因素造成的影响，例如肠道菌群或肠壁受损？

许多"诊断"也有类似情况，背后涉及的成因五花八门——不论是致病菌、毒物，还是分子或基因的突变，或者先天性因素。正常来说，医生通常会花时间了解患者病情，并且研究病历后，再通过各种可行的办法去限缩某种症状的成因。事实上，他们这种在有限的框架中不断尝试的做法正是一向被视为未来愿景的医疗：为个人量身打造的治疗。自从20世纪初完成人类基因组测序，最常和这种口号联结在一起的就属遗传疾病和癌症了。

人们一方面希望通过基因治疗来修复基因缺失或功能异常基因，另一方面根据个人基因或某个肿瘤基因的特殊表现打造的分子标靶疗法则应该取代现行的化学疗法与放射性治疗。[1] 比起直接从肿瘤生成的部位着手处理，针对肿瘤特殊之处加以调整的治疗方式想必能大幅提升治疗效果，因为实际上并不存在所谓的乳癌或前列腺癌。

## 散弹式疗法

现今的医疗技术基本上已经能做到了。一群美国的肿瘤科医生在数年前就以实验证明了这一点，他们只花了不到四周的时间就替两名肠癌——也就是黑色素瘤（Melanom）——患者完成了肿瘤基因的测序，并且发现了上百个突变基因，其中有一些已有医疗研究找到相应的治疗药物，正在进行测试。然而，他们后来才察觉这两名患者的状况并不符合任何医学研究的设定：像是其中一名男性患者就拥有经常与乳癌一起出现的基因突变，尽管目前专门的治疗药物已经进入测试阶段，他却无法参与这项实验，即便这种测试用药可能对他很有帮助。因为他不是女性，也就不可能罹患乳癌。这个理由听起来当然很荒谬。

然而这些荒谬的论调全都属于这个系统的一部分，例如在没有发现致病菌的情况下使用抗生素、缺乏病因诊断的甲状腺治疗，以

---

[1] 化疗和放射线治疗主要是用来对付快速分裂的癌细胞，不过这两种方式也会伤及其他进行分裂的正常细胞，像是皮肤、毛囊、肠道或免疫系统，这也是为什么这些治疗经常会导致脱发或严重缺乏食欲等副作用。

及集束炸弹[①]式的癌症治疗。一旦治疗成效良好的案例达到一定比例——就算只比癌症患者的平均寿命多存活了几个月——也就能顺势成就下列三件事：药厂收益良好（好一点甚至会大发利市，因为更加精确的诊断使得医生只会开列患者真正需要的药剂，实际的用药量势必会减少，但患者支付的医药费还是一样多），减少医护人员的工作量与医疗资源的浪费，进而降低医疗系统的支出——至少乍看之下是如此。不过对患者来说，这就像是买乐透彩——药效只会在幸运者身上发挥作用。不过按照赌博原理，那些没有中奖的人会在几个月后再依据病情发展，尝试更新的药物。

## 个体基因、个体的细菌基因

过去几年出现不少关于个性化医疗的文章，内容多是谈论根据个人基因型或是特别为彼此基因型相似的小群体开列的药物，主轴也都绕着一种在不远未来即将实现的可能性打转，而这样的医疗绝对不便宜。

假使患者真的可以在未来的某一天获得针对他个人体质量身打造、对症下药的医疗，而并非和其他拥有类似基因变异的患者接受同一套疗程，这将会是真正的一大进展。同时，这些突破也表示我们已经通过充满假设和挫败的第一关，继续往下一个全新阶段挺进，那些先前总是一再宣称"有机会在不久的将来得到证实"的研究结果正要开始——兑现它们的承诺了。目前至少已经有一些特殊的机构着手分析乳癌患者和她们肿瘤的基因特质，之后再利用和前

---

[①] 集束炸弹，将小型炸弹集合成一般空用炸弹的形态，利用数量的特性增加涵盖面积和杀伤范围。——译者注

些年相比明显更特殊、更符合需求——通常也更加缓和——的方式予以治疗。

包含前面提过的基因治疗也在让人失望无数次之后再度崛起，主要是因为我们掌握了新的方法，能够从一再失败的经验中找出原因并加以修正。举例来说，制药厂诺华就通过和美国堪萨斯大学的耳鼻喉科医生施特克尔（Hinrich Staecker）共同合作，希望凭借基因治疗让听障者能够辨识声音，或者说重获听觉。[1]

不过这一切和肠道菌有什么关系？

如果肠道菌会影响所有生命的程序、健康、患病风险、生命的修护、情绪、精神能力，以及其他诸如此类的东西，那么在讨论医疗的同时，我们也应该把它们与其基因当作身体构造的一部分一并纳入考虑。我们不但可以想象一种不以个人基因，而是以人人皆异的共生菌基因作为基础的个性化治疗，这种医疗模式甚至可能在许多情况中更贴近实际需求，可行性也更高。此外，比起追踪某些分布在全身或引发疾病的特殊基因，将一些具有合适基因的细菌植入肠道绝对要简单得多，而且分析现有微生物及其基因也不会比解读人类基因困难。

我们的细菌及其DNA应该被列入精确诊断的一环，如此才能对症下药，选择最合适患者的疗法。

医生们应该将微生物群系与人体构造视为同属人类超级生物体的不同部分，就像研究学者们长期以来所认知的那样。一旦累积越多研究结果与实际的医疗经验，就会有更多治疗方式可供选择，这么一来，治疗也就不再仿佛散弹式地乱枪打鸟，而是从激光枪精准

---

[1] Baker et al.: Repair of the vestibular system via adenovector delivery of Atoh1: a potential treatment for balance disorders. *Advances in Otorinolaryngology*, Bd. 66, S. 52, 2009.

发射的一枚子弹，在正确的时间点对症下药。[1] 然而，要实现这种可能或许还得等上一段时间，除了得视后续的研究热忱和研究结果而定，同样关键的还有投入研发的资金，以及是否有地方政府与国家层级的大型机构将这类研究列为重点辅助对象。

事实上，试着加快研究脚步绝对是值得的。原因在于：要借助微生物群系之力治疗或预防疾病之前，我们必须对肠道菌与其基因——包含身体或肿瘤细胞及其基因——有某种程度的了解，甚至最好能清楚地知道该怎么利用它们。然而我们目前对肠道菌医学的掌握——如果已经有这种专业领域存在的话——明显远不如与癌症相关的研究和医疗。

## 理想的淘汰赛

但是，我们有充分理由相信这种医疗方式很快就会迎头赶上，因为就算肠内有成百上千种细菌搅和在一起，与肿瘤研究相比显然还是简单许多，毕竟肿瘤是由各式各样突变程度及攻击能力不一的细胞群所组成。过去几年间出现许多新的研究方法，使得我们对人体微生物群系的认识比以往还要多更多，不但发现了各形各色的种类与族群，更得以进一步分析整个微生物群系和它们所拥有的基因与各种可能的基因功能。此外，不论在健康或生病的人体里，许多细菌产物也和我们早就得知的信号转导或代谢路径相符，这一点我们先前在第十五章就曾经介绍过。它们有时会以代谢研究里"失落的环节"现身——或许并非遗漏的最后一块拼图，却是让我们更加

---

[1] Kinross et al.: Gut microbiome-host interactions in health and disease. *Genome Medicine*, Bd. 3, S. 14, 2011.

清楚整幅图像的关键。

在许多情况中，干扰细菌显然比影响身体细胞、肿瘤细胞及其基因容易得多。假设有人希望通过基因治疗处理囊肿性纤维化的问题，那么他就得先找到一个健康的基因，或是一个可以消除病征却又不造成其他伤害的基因，然后让它进入无数肺部细胞里。当然，他同时也必须设法让这个基因留在这些细胞里，甚至最好可以随着细胞分裂不断地复制。另外，他也必须确保这项疗程不会对身体造成其他伤害。相反地，如果我们想关闭某个害菌的基因功能或瘫痪其运作，通常只要使用抗生素就够了。抗生素的效力从20世纪中叶开始就已经被证明过不下千百万次，尽管拯救了数百万人的性命，我们却很清楚它可能带来的后遗症，也因此在使用上仍存有疑虑。

也许原本就存在人体内或仍有待培育的益菌就足以将坏细菌驱逐，这可能是常见甚至是最常发生的情况。而要得到这种效果，人们其实用不着吞服细菌或让它们从人体另一端的开口进入，而只需要和拥有好细菌的人群接触。此外，人们也必须尽可能改变原有的饮食习惯，这么做能增加获得好细菌的概率。戈登以实验证实了同样给予正确饮食的前提下，好细菌具有传染性而坏细菌则没有。同时，这项结论也真的"有机会在不久的将来得到证实"。[①]

至于何谓精确的诊断并采取与其相符的细菌治疗，举例来说，阿布雷乌（Nicola Abreu）和同事发现了引发慢性鼻窦炎的结核硬脂酸棒状杆菌（*Corynebacterium tuberculostearicum*），利用含有沙克乳杆菌（*Lactobacillus sakei*）的鼻腔喷雾剂就能加以抑制，至少

---

[①] Ridaura et al.: Gut Microbiota from Twins Discordant for Obesity Modulate Metabolism in Mice. *Science*, Bd. 341, S. 6150, 2013.

我们从实验鼠身上得到了这样的结果。①

但我们必须把话说得更清楚：至今为止尚未有真正健全且精确的方式利用细菌进行的个性化医疗。就算借助幽门螺杆菌之力能减缓溃疡性大肠炎——也就是对付某种特定的细菌——散弹式的疗法还是不免让许多不相干的微生物一起陪葬。

## 害群之马

只要是现存的都算是候选人，不过有些已经揭露的机制则让我们发现其实还有更多选项尚未浮出台面。在十六章我们曾提及来自密尔沃基的研究团队，选择性地利用抗生素或益生菌影响了实验鼠罹患心肌梗死的风险与严重程度，他们也在后续的报告中指出："为了找出个体微生物群系的组成与结构对心血管生物学有何影响，未来的研究必须开启一个以个性化医疗为主的全新领域，确保各种关于微生物群、心脏、诊断与治疗之间的信息彼此相通。"②

所谓个性化医疗不必然只有针对癌症而言，不过在这个范畴里当然还是有让人期待的可能性。例如，隶属于拟杆菌门的脆弱拟杆菌似乎会导致肠癌形成并影响其发展，因此一般被视为健康益菌的拟杆菌门也连带成了害群之马。我们的意图当然是希望凭借相同菌种的其他细菌加以取代，或者至少不借助普遍使用的抗生素，而是通过专门对付这种菌门的药剂加以阻挠，降低癌细胞分裂速度，同时提升它们自灭的比例。

---

① Abreu et al.: Sinus Microbiome Diversity Depletion and Corynebacterium tuberculostearicum Enrichment Mediates Rhinosinusitis. *Science Translational Medicine* 2012, doi: 10.1126/scitranslmed.3003783.

② Lam et al.: Intestinal microbiota determine severity of myocardial infarction in rats. *FASEB Journal*, Bd. 26, S. 1727, 2012.

长期感染艰难梭菌的患者对于这种细菌所带来的诸多不便与困扰再清楚也不过。面对这种疾病，我们同样可以尝试利用其他细菌来取代特定致病菌，相比之下，发展至今的粪便细菌移植术就可能因为不具针对性而引来批评。

利用益菌进行的治疗也面临了类似困境。对那些体内缺乏益菌，因而对此有需求的患者来说，我们必须想办法让后来补充的益菌长期停留在他们身体里。然而，要达到这个目标必须克服重重困难，因为许多研究指出，个体的微生物群系大多非常稳固，对于外来的入侵者几乎一概以敌军论之，就算陌生来者是个满怀善意、纯粹只想伸出援手的全新好细菌也无济于事。① 另外，我们也必须在此加以界定：为了确保某一门细菌对人类只有帮助而毫无害处，也许每回都还得投入巨额的研究经费。

然而，钻研医学的专家们清楚知道，就影响肠道菌来说，除了某种程度被视为普遍有效或至少可以让多数人获益的方法，个体的差异以及针对这些差异的预防或治疗选项也是他们必须关注的重点，而且不论哪个领域都是同样道理。好比我们都知道，食物纤维和细菌对肥胖症及代谢综合征患者的肠道菌群有正面影响，然而，为了真正有所进展，"厘清个体之间肠道菌群的差异对疗效的影响"是重要的，而菌群对益生元的回应也同样值得重视，瑞典隆德大学的雅各布伯斯多提尔（Greta Jakobsdottir）和同事持如此看法。②

看来似乎有些细菌能用来预防疾病，有些甚至会助长疾病发生或变本加厉。关于这些细菌的讨论，包括如何至少在某种程度上针

---

① 细菌并不具有性格特质，所以当然也就不可能怀有良善用意或别有居心，否则它们就成了人类，或者至少是狗或座头鲸，抑或诸如此类的生物。事实上，细菌及其意图只有从宿主的视角来判断时才会有所谓好坏之别。

② Jakobsdottir et al.: Designing future prebiotic fibers targeted against the metabolic syndrome. *Nutrition* 2013, doi: 10.1016/j.nut.2013.08.013.

对特定目标予以回击，甚至先发制人，我们已经在第七章介绍过了。布莱泽认为，长期以来被证实会引起胃癌的幽门螺杆菌其实可以预防食道癌发生，假设他的看法是对的，那么我们就必须持续照顾这种细菌——如果它们不存在的话，甚至应该予以补充——仿佛它们不会造成太多破坏，而是会好好发挥应有的防御作用。不过之后我们就必须适时关闭其运作。

## 肿瘤所培育的细菌

另一种值得尝试的办法则是，面对经常有特殊菌种寄生的肿瘤，也就是拥有自己微生物群系的肿瘤，我们也能从微生物的角度切入加以处置。这里同样有大量的研究工作等着我们：哪些细菌总是固定伴随哪种肿瘤出现？这些细菌在疾病进程中是否扮演着关键性角色，抑或只是无关紧要、连带发生的现象？单次的抗生素或杀菌剂治疗是否会对肿瘤造成影响？我们有可能利用抑癌的微生物取代肿瘤里助长癌症生成的那些吗？

事实上，我们至今仍然不清楚大多数的癌症菌群究竟是致病原因之一，还是得病后才衍生的结果。不过就某种程度来说，这件事其实也不是那么重要，因为最先提出的几份研究报告里至少都指出了一点：只有当肿瘤微生物已经寄生在肿瘤上时，才会助长肿瘤生成。它们会驱赶促发炎物质或酸化周围的组织，让肿瘤能持续扩散增生。

我们都知道癌细胞在发展的过程中——也就是它们在人体或动物体内的演化——会善加利用所在器官可能提供的所有资源促进自己的生长。它们会征募血管、挟持免疫系统、要求肝脏为其制造大量食物、彻底将宿主的代谢功能转为己用，以及诸如此类的事情。

这么一来，假设癌细胞也会利用微生物的推论听起来也就没那么荒谬了。按照这个逻辑，只要阻断微生物援助，甚至将微生物之用转为攻击癌细胞的力量，就可能抑制癌症的想法也不再是异想天开。为什么我们不可能找到或发展出一种特洛伊菌，正好可以命中肿瘤的阿喀琉斯之踵呢？

只是这些全都属于"有机会在不久的将来得到证实"的范畴，或许更适合"有趣的主意"这个类别。就算利用肠道菌群进行的个性化医疗还未成为惯例程序，就我们目前所知，已经有一些案例采用这种治疗方法了。我们在第十章就曾经提过，治疗人员必须熟知药物和细菌以及细菌产物之间会如何相互影响，又会产生什么效应，才能配合不同疗法开列与之相符的处方。如果患者的肠道菌会将扑热息痛转换为有毒物质，那么主治医生或许应该以布洛芬（Ibuprofen）或是另一种止痛剂来取代，而这一点只要通过粪便测试就能加以确认。不过测试的重点并不在于找出某种特殊的细菌，而是造成不良效果的细菌基因。当然这项检测也能同时找出其他会影响健康的细菌基因，甚至如果直接以粪便样本进行代谢功能分析，事情显然会简单许多。不过，单是从个别菌种或它们的活性基因当中，我们无法获悉任何关于代谢功能的信息，而是——根据由科尔（Helmut Kohl）所提出的"重要的是隐藏在后面的东西"原则——必须从完整的过程来判断：我们所关注的物质经由什么方式以何种程度被转换成什么东西。如此一来，我们就能得知相关的细菌是否发挥了应有的功能。①

---

① Clayton et al.: Pharmacometabonomic identification of a significant host-microbiome metabolic interaction affecting human drug metabolism. *PNAS*, Bd. 106, S. 14728, 2009.

## 边喝酸奶边等待

同样的道理，我们也可能发现有些患者的肠道菌能善用药物，比如促进疗效。第十章曾提过的佐能安在这里就是一个极端的例子，佐能安本身其实无法发挥效用，必须经由肠道菌活化才会转为解痉剂的形式。如果总是可以事先知道患者的肠道菌是否具有这样的能力，那当然是最好不过了。

按照这个原则，我们也能判断某种饮食习惯对于某个人来说是好是坏，或者没有特别的影响。好比说大豆与前列腺：如果有人想要借助细菌之力将大豆成分代谢成雌马酚以便预防前列腺疾病，那么我们会建议他先测试自己的肠道菌群，确认体内真的有预期中用来辅助这项转换功能的工具。要是没有的话，他也能在专业医师的协助下，接受调整微生物群的治疗并服用药物，让必要的细菌进驻体内，并且定期喂它们吃大豆制品。同样地，假设患者体内有助长癌症生成的脆弱拟杆菌，我们也能通过微生物群系分析得知，并尝试利用其他拟杆菌群予以取代——这么一来，最后绝大部分的拟杆菌就都会是益菌了。当然，针对个人需求调配专门对付或协助特定细菌的药剂也是一种可行的方案。

然而，上述这些方式至今尚未在任何地方成为惯例疗法。有一些其实早就可行，比如在个体肠内寻找有用的微生物。相比之下，其他的做法就没那么容易执行，比如借助其他细菌之力取代特定的有害微生物或是有目的地植入益菌。要是有任何医学专家、临床或其他治疗者宣称他们还知道其他方法，我们也都应该先抱持怀疑态度观之。

但是这样的情况会改变。只是在那之前我们必须先耐心等待，多吃含有活菌的酸奶和富含纤维的菊芋，并期盼这些食物确实能带来帮助——同时督促医生、专家学者和管理当局加速与这个领域相关的各项研究。这对患者或保险公司来说也是美事一桩，因为这么一来，他们就能更加确定细菌疗法或类似的处理方式是否值得他们付出大笔医疗费用。至于那些想借此大发利市的人，或许也能帮得上忙，只要他们没有夸大疗效。这部分我们会在本书的最后加以讨论。

# 第五部分

## 向钱进

# 第二十一章
# 清洗、净化、修复、收费

> 一般认为，解毒疗程与清洗肠道能重新修复负荷过重的消化道，提供相关服务的业者更是因此获得了可观的利润。不过这些方法是否真的有效仍有待商榷，毕竟它们很可能不只伤荷包而已。

凡是骨头曾经断裂，又重新经螺丝固定而复原的人，想必脑海里都曾有那么一瞬间想到莱恩爵士这个人。莱恩爵士可谓现代外科医生的开路先锋，必须好好感谢他的绝对不只是粉碎性骨折的患者。不过对他无数的患者来说，这名医生对于治疗的热情也不见得总是好事。

莱恩于1856年7月4日出生在苏格兰乔治堡。16岁那年，他跟着父亲前往位于伦敦的盖氏医院，并且在那里展开他的习医之路，日后也继续在这家医院度过了他绝大部分的执医生涯。1892年，由他发起的一项革命运动让他获得了"整形外科之父"的称号。

当时已有不少关于复杂粉碎性骨折的轶事报道，内容指出曾有医生尝试利用银线将碎片重新固定在正确位置上，让断裂的部位重新恢复运作。莱恩见过许多人在骨头断裂后，由于未接受矫正导致畸形愈合，造成终其一生都无法摆脱疼痛的遗憾。他认为应该终结这种错误，于是开始将破裂的骨头重新锁在一起，有时还会塞进铁片加强固定。

莱恩的做法激怒了不少同事，因为这名年轻医生大费周章地进行手术，竟只是为了修补他们一般只用木板夹片进行固定的破碎骨头。虽然也有人按照莱恩的方法处理骨折，却造成了更严重的后果，因为他们并不知道这项手术必须在无菌的条件下进行。在那个年代里，只有少数人讲究划开人体时必须确保纯净无污，而莱恩正是其中之一。他发展出一套严谨的临床试验计划，详细说明手术环境应该先以碘和无菌布彻底消毒，护士也必须使用消毒过的镊子将缝合线穿过针孔。另外，他还为此特地定制了握柄加长的手术工具，确保任何经过双手碰触的部分都不会直接接触到患者的伤口。

由于莱恩手术的技巧实在精炼娴熟，很快地，甚至连腹部手术他都能轻松应对，尽管腹部这个区域没有骨头，但需要仰赖手术修补的地方还是不少。

德国医生科赫在1876年首次全面证实细菌会导致疾病形成，自此，人们不免开始怀疑人体寄生菌是否也会对我们的健康造成威胁。毕竟长期便秘——或者像莱恩所称的"慢性肠阻塞"——之所以会引发自体中毒，也就是所谓的"肠毒血症"，很有可能就是人体寄生菌在背后搞的鬼。然而当时除了灌肠也别无他法——否则就只能动刀。莱恩的看法是：大肠与肠内那些活生生的内容物都只是源自史前时代、历经漫长演化过程残存下来的多余承载物，要是少了这些东西，相信每个人走起路来一定轻松许多。所以应该把它们全部拿出来，或者至少其中一部分。而他实际上也真的开始着手替那些严重便秘的患者切除他们的大肠。

## 成为超级巨星的外科医生

经过一段时间后，莱恩只需要不到一个小时就能完成结肠切除手术，而且如果当初的记录属实，绝大多数的案例都是成功的。接受手术后，根据当时留下的叙述，患者们的体重逐渐增加，重新"恢复健康活力，气色也明显改善，挥别无精打采的生活，再次拥抱亲人与好友"[1]。至于术后的长期观察，由于找不到相关记录也就无从得知了。另一个见证这一切的人则深深为莱恩一双巧手所展现的过人技艺赞叹不已，那时他已被应聘为英国皇室专属的外科医生。光是一个上午，莱恩就帮一名发育异常的婴儿重建了软腭，然后再替另一个人切除了下颚，接着又把一根支离破碎的手臂重新紧紧锁在一起，最后还切除了一条大肠。[2] 他无疑是那个年代外科医生中的超级巨星，享有的盛名几乎与后来的绍尔布鲁赫[3]和巴纳德[4]无异。《名利场》（Vanity Fair）在1913年最初出刊的前几期中，就曾经有一期以专题介绍了名医莱恩，报道中提及，在萧伯纳[5]1906年创作的《医生的两难》（The Doctor's Dilemma）剧作中，有一名角色正是受到莱恩的启发。另外，创造出夏洛克·福尔摩斯的柯南·道尔也曾研习医学，后来同样成为一名外科医生的他则承认自己笔下的天才神探有一部分设定就是套用了莱恩的观察力及其个人特质。

然而莱恩拥有的可不只是这些崇拜者。一如他轻巧利落的手法，他也总是以轻松无虑的态度处世。凭借切除大肠治疗便秘的做法不但用现今的眼光看来有些失当，同事们也批评他没有负起身为一名医生应该承担的责任。不过，后来第一次世界大战爆发，更多亟待解决的医疗问题陆续浮出台面，莱恩和反对者的争论也就没

---

[1] Moynihan: Intestinal stasis. *Surgery, Gynecology & Obstetrics*, Bd. 20, S. 154, 1915.
[2] Brand: Sir William Arbuthnot Lane, 1856－1943. *Clinical Orthopaedics and Related Research*, Bd. 467, S. 1939, 2009.
[3] 绍尔布鲁赫（Ferdinand Sauerbruch），德国著名外科医生，史上第一位成功进行心脏手术的医生。——译者注
[4] 巴纳德（Christiaan Barnard），南非外科医生，史上首例人类心脏移植手术的实施者。——译者注
[5] 萧伯纳（George Bernard Shaw），爱尔兰文学家、剧作家。——译者注

有进一步激化。战争使得莱恩在某种程度上调整了看待事物的方式，对他来说，消化不良一直是个棘手的问题，不过现在他不再坚持非用外科手术来解决不可，反而更希望可以从健康饮食着手加以改善。

到了1943年，时值第二次世界大战，德军的连番轰炸使得伦敦笼罩在一片烟雾弥漫中。彼时已87岁高龄的莱恩，因一场由于视线不佳而酿成的车祸离开了人世。

事实上，因排泄不顺而导致自体中毒的概念并非首见于19世纪。据传，古希腊时期的希波克拉底[①]早就确信人体的四种体液彼此和谐混合。而在他之前，苏美、中国和埃及的医生也已发展出类似理论，他们利用缓泻剂与灌肠剂减少毒物和肠壁接触的时间。另外，"帕奇卡玛"（Panchakarma）则是一种阿育吠陀医学固有的净化排毒疗法。肠道在历史的进程中面对了"从上方投下的缓泻剂弹药，由下方灌入的水疗冲击，还有与外科医生的正面对决"，英国肠胃病学家赫斯特[②]在1921年一场对同事发表的演讲上控诉人类是如何对待他们的消化器官。[③]

距离莱恩成功以粗糙的方法解决便秘问题约一百年后的今天，消化道的净化工程再度成为一种流行。然而，与当初那些显得有些极端的措施相比，今日所谓的"肠道修复"其实也没有提出更有力

---

[①] 我们在这里也可以将"据传"两字删去，写成"希波克拉底早就确信……"，因为希波克拉底（Hippokrates）的作品里确实出现了与这个主题相关的论述。只不过根据目前的研究结果，这些内容极有可能不是或者根本就不是出自希波克拉底之手，这也是为什么直至今日没有人能够明确肯定那些思想的确是由这位古希腊时期的大师所提出的，而哪些又是后来弟子们的观点。

[②] 赫斯特（Arthur Hurst），英国医生，英国胃肠病学会（British Society of Gastroenterology）创办人之一。——译者注

[③] Hurst: An Address on the Sins and Sorrows of the Colon. *The British Medical Journal*, Bd. 1, S. 941, 1922.

的科学论据，有时患者必须承担的风险甚至与旧时无异。至于修复的方式则有肠道清洗（可能是在一间通常由物理治疗师执业的专门诊所里，或者也可以在家按照网络影片分享的步骤自己动手）、腹部按摩、禁食疗法，以及服用营养补给品等各式各样琳琅满目的论调与偏方，任君挑选。只是到目前为止，上述各家所宣称的疗效并没有任何一种真正经过科学的检验与证实。

## 肠道的清洗设备与保养工具

如果有人出于一时好奇在搜索引擎输入"肠道修复"，他将在短短几秒内得到这样的印象：整个网络世界仿佛就只是为了贩卖某种类健康概念而存在的市场平台，这些现象的背后则显然有一个规模庞大且完整的减肥排毒产业在运作与操控。从亚马逊的网页上我们也能见到类似景象：光是关于如何正确照料肠道的德文书籍就超过90本，另外用来净化这条消化管道的相关商品，诸如营养补给品与清洗肠道的设备以及各式配件等，则有数百种。

如此庞大的供应量想必是为了应对源源不绝的需求才可能存在。其实无论男女，不管是谁的消化道都可能偶尔出现一些小毛病，这是再正常也不过的现象。而其中最起码有10%的人会一再面临腹泻、便秘、腹痛或是胀气等状况，面对这些问题，通常只要排除了其他可能的起因，医生就会诊断为肠道激躁症。我们并不清楚这些疼痛发作起来是如何地要人命，患者的生活质量却会因此受到严重破坏。正常来说，一直到确诊为肠道激躁症，然后在医生的协助下找到合适的解决办法以前，患者通常早就已经花了好几年时间尝试各种不同的自我人体实验或是肠道净化工程。当然情况也可能刚好相反。假使医生迟迟无法提供让人满意的疗效，那么我们可能就会在某个论坛里读到类似这样的发言:"传统医学"实在是孤陋寡闻,竟然不知道这个或那个替代方案的效果实在棒透了。有些患者就这样如奥德赛般在一个又一个医生和治疗师之间流转来去,无视自己的消化器官已经奄奄一息的事实,依旧想方设法地予以打击。

美国肠胃病学专家、海军医生阿科斯塔(Ruben Acosta)和卡什(Brooks Cash)前一段时间搜集了297篇讲述大肠水疗有何益处的文章,之后,他们得出的结论是:完全找不到一篇足以证实水疗法有任何效用的文章[1],甚至在多数案例中,这种疗法只会让情况变得更复杂。[2] 不过令人感到讶异的是,水疗法几乎不会造成身体孔洞或肠上皮破损,如果真要计较的话,最常发生的大概就只有反胃、呕吐或疼痛感这类副作用。"清洗肠道会让身体失去许多水分,同时也会打乱身体矿物质含量应有的平衡。"身兼美因茨大学医院主任及德国消化与代谢疾病协会董事会委员的加勒(Peter Galle)指出。后续还可能引发血压骤降,甚至肾脏衰竭。尤其对患有克罗恩病、溃疡性大肠炎、心血管或肝脏疾病,抑或先前已接受过肠胃道手术的人来说,当然也包含痔疮患者在内,清洗肠道会造成不堪设想的严重后果。"每年都会有几个情况相当危急的患者被送到我们医院来。"加勒表示。此外,购买一堆无用的器具、书籍以及设备也是一笔不小的支出。加勒认为,只有在一种情况下才会需要利用缓泻剂清理肠道:就是准备进行结肠镜检查之前。"否则就医疗上来说,就没有其他理由这么做了。"

典型的肠道清洗会将多达10升的液体从肛门灌进身体里,有时

---

[1] Acosta und Cash: Clinical Effects of Colonic Cleansing for General Health Promotion: A Systematic Review. *American Journal of Gastroenterology*, Bd. 104, S. 2830, 2009.
[2] 德国另类医学(Alternativmedizin)研究学者恩斯特(Edzard Ernst)也得出了类似结论,并认为目前宣称的疗效皆不具科学实证性,同时将这种疗法大受欢迎的现象称为"忽视科学的胜利"。

是一般用水，有时则会在水里另外添加一些增进效果的物质，比如咖啡。另外，为了刺激肠道，还要不停冷热交替变换水温。也无怪乎人们在过程中会感到兴奋了，因为这种打着自然疗法名号的做法和肠道实际上的运作一点关系都没有。基本上这种疗法只会让人想起后柯赫时代的卫生狂热，两者之间只有两个地方不同：其一，肠道清洗并非直接冲刷或擦拭外在的表层，而是从身体的内部清洗内部；其二，针对外部表层所进行的清洁工作在某种程度上自有其意义，这一点无可辩驳，否则小狗、小猫、各种鼠类，以及其他动物就不需要每隔一段时间认真梳理自己。据我们所知，目前还尚未有任何动物演化出专门高压清洗肠道的器官。

不过从网络论坛上成百上千篇分享个人亲身经历的文章看来，确实有不少人认为清洗肠道后明显获得缓解，整个人也轻松许多。

听闻这样的感想，医生们并不是太讶异，加勒就是其中一例。清洗肠道的过程中，肠内压力会大幅增加，一旦这些压力释放后，就能获得一种"仿佛牙医停止钻牙"的解脱感。

光是靠着"释放疼痛的感觉真好"这种空洞的描述来说明为什么大肠水疗会获得这般热烈的回响——至少从商业效应以及肠疾患者的观感来看是如此——显然仍有些不足，或许还得再加上极具说服力的安慰剂效应，以及可想而知必然会随着排便而来，却是便秘患者苦求不得的舒畅感。肠道清洗看似有效的结果也许真的帮了某些人的忙，但也可能只是白忙一场。事实是，至今为止这些所谓的实质帮助对任何人、任何疾病或任何征兆来说，就连某种程度的科学实证都算不上——尽管有些徒劳的尝试。伴随而来的风险倒是一点儿都没少。

## 足浴疗法不为人知的伎俩

同样地，肠道净化、去酸排毒，以及其他经口服修复肠道的方式也只有屈指可数的科学文献证实其效力。贩卖这类排毒疗程、茶叶或药丸的厂商宣称自家产品能将我们在日常生活中经由快餐、酒精、香烟，或者药物形式——比如残留在食物中的农药或其他破坏环境的药剂——所吸收的毒素排出体外，这些广告内容无疑架空了人体的功能，仿佛它再也无法自行处理任何生理机制所制造出来的废物，同时维持正常运作，因此我们必须不断进行大扫除。

熔渣其实是在燃烧过程中变得具有黏性的残余物，它们会堆积在熔炉底部，所以每隔一段时间就必须清理干净，以维持熔炉的正常运作。"但是这种想象简直错得离谱，"加勒表示，"肠道可不是烟囱，而是一个复杂的系统，同时也是许多生物生存并活跃其中的空间，我们才正要开始好好认识这个地方。"尽管如此，民众还是经常在自家厕所拍下照片，寄给那些给予净化疗程负面评价或抱持怀疑态度的杂志社，希望借此驳斥刊登的报道内容，而照片底下就写着："如果这不是熔渣的话……"

这当然不是有效的论述，它们更适合由冲水按钮出面处理。不过关于这项主题或相关内容的讨论，我们本来就不该期待见到太多有理有据的发言。

除此之外，这些自认为能修复肠道的治疗师惯用的宣传空话还有：不含糖、非精制食品、未添加白面粉。保守一点儿的营养学家大概也会对此表示赞同。

可以让"消化功能恢复正常"的方法或许有成千上万种，迈尔（Ernst Xaver Mayr）发明的迈尔疗法便是其中之一，有不少电影明星和名人因为相信迈尔诊所在官网上所宣称的疗效而争相前往。

不仅如此，这套疗程据称还能使肠道 pH 值重新恢复平衡，"以温和的方式净化胃肠道、释放压力，并且排毒"。疗程结束后，"不但体重减轻，皮肤也会明显变得更加紧实、色泽红润，而且光滑无皱纹。同时，精神也会跟着提升，整个人更有活力"。这套疗程对动脉粥样硬化（Arteriosklerose）、Ⅱ型糖尿病、痛风、风湿症、偏头痛，以及"胆固醇过高"等症状或疾病都甚有帮助。上述这些宣称的效果虽然缺乏可靠的科学实证，却没有任何客户因此打退堂鼓，依旧心甘情愿掏腰包，付出至少1000欧元的代价换取为期一周的疗程。有些诊疗中心除了提供清淡饮食，还会附上利用电波共振治疗的盐水排毒足浴。我们经常可在杂志上见到这种疗法的相关介绍，按照报道的说法，一旦毒素经由脚部毛孔排出体外，水的颜色就会变深。事实上，只要拿一颗电池，用两根铁针当电击器，然后再加上一碗盐水——只差没把脚放进去——不管是谁都能在家里制造出一模一样的效果。①

另外也有业者利用分子生物学提供有别于其他肠道净化疗程的选项。只要人们把自己的粪便样本寄给他们，除了可以获得不错的报酬，还会收到一张附带医疗建议的评分表。"如果有人带着这张表格来找我，通常在打开来看之前，我就已经知道里面写了些什么。"小儿胃肠及营养学协会的恩宁格（Axel Enninger）说。业者提供的基本上都是同一套治疗，也就是益生菌，当然还有其他各式各样的特定产品。提供这些产品的厂商通常会和某家检验机构登记在同一个地址，但拥有自己的公司名称。

恩宁格说，曾经有好几年，他每隔一段时间就会要求这些厂

---

① 班·高达可（Ben Goldacre）说明排毒足浴究竟是怎么一回事：http://www.badscience.net/2004/09/rusty-results/。

商提供推荐产品的科学依据，不过从未获得回应。因此，他认为如果有人前往这些大肆宣称不实疗效的诊疗中心接受肠道微生物群检测，最后的结果基本上几乎没有效力可言。"很明显地，等到这些粪便样本跨越整个德国寄达实验室，里面所含的菌种已经和一开始装填进试管里的那些不一样了。"一名任职于斯图加特医院的儿童肠胃学家说。最后重点还是在于这些活物脱离了原本不含氧、且维持在37摄氏度的生态体系。这也是为什么作为研究之用的粪便样本通常会被装填在真空袋里，全程冷藏寄送，以尽可能维持内含微生物群的原貌，降低发生变异的概率。

## 更干净的肝与危险的霉菌

据说净化肝脏也会产生不可思议的效应。配方大概是通便用苦盐、葡萄柚汁，加上橄榄油，然后使用者早上起床后就可以好好往马桶里瞧一瞧。这套方法是从1999年刊登在知名医学杂志《柳叶刀》（The Lancet）上的某篇文章衍生而来的，主要是通过通便剂引发腹泻，导致粪便呈软泥状后，从肝脏导管清出含有脂肪的沉积物。只不过那些浮在水面上的小球根本不是身体的胆固醇，而是果汁和油的混合物。[①] 这一点早就经过多次证实了，但是网络上仍然流传着各种如何进行这套疗程的做法，附带的标题通常是"年度身体大扫除"。不可否认，将这些物质混合之后的确有缓和通便的效果，新鲜的葡萄柚汁和天然橄榄油也确实对人体有益，很可能两种物质都发挥了促进健康的功效。不过最后出现在马桶里的绿色泥状物和肝脏的清洁其实一点儿关系都没有。

---

[①] Sies und Brooker: Could these be gallstones? The Lancet, Bd. 365, S. 1388, 2005.

霉菌感染则是另一个热衷肠道修复者想要对付的问题。十名健康者当中，有八个人的粪便被发现带有霉菌，它们大多是也会寄生在皮肤上的念珠菌属（*Candida*）。大量文献（其中不少富有学术色彩）几乎一边倒地证实，无声无息的细菌感染症正是导致肠疾、情绪不稳、极度饥饿，以及粉刺等症状爆发的罪魁祸首。

真正具有压倒性的其实是惊人的文献数量，包含质性研究搜集的调查资料也提出了无可辩驳的反证，证实霉菌可能会损害健康状况并无大碍者的肠道。在分析近200篇专业文章后，罗伯特·柯赫研究中心特别任命的委员会认为，不论从临床流行病学的研究还是治疗试验看来，并没有任何线索指出念珠菌会引发综合征。[①] 尽管酵母菌会随着食物进入消化道，我们有很好的理由相信在身体各处流转的它们并不会产生变异，也不致造成明显波动或影响。它们的确待在那里，却什么都没做——如果我们信仰的是科学证据而不是印度教的导师。它们没有导致任何症状生成，也没有引发任何综合征。

消化道几乎不可能发生霉菌感染，如果真的受到感染，那么多半也会伴随着与癌症同等级的疼痛与不适。相对于综合征，霉菌感染的诊断相当容易。对免疫系统严重失调的人来说，念珠菌属可能会造成不堪设想的后果，例如霉菌经常会在艾滋病患者的嘴里引起感染。不过正常来说，它们原本就是人体生态系统动态平衡的一部分，平时受免疫系统的防御力监控，有时可能也会受制于细菌。

然而对许多治疗师来说，霉菌可是一门足以带来丰厚收入的好生意。由于疑似霉菌感染的各种征兆和普遍常见的症状并没有太大差异，只要身体受到刺激，几乎都可能归因于霉菌感染，这么一

---

① *Bundesgesundheitsblatt*, Bd. 47, S. 587, 2004.

来，即便多数时候仍未达申请保险给付的条件，患者还是会选择接受粪便检测。多数人经检验后都会发现一些问题，诊疗中心便得以借机向他们推销各种霉菌疗程，即便两者间的关联性仍缺乏科学证据支持。

上述案例只是举出肠道修复与其他肠道疗程较不为人知的一些方面。肠道的修复、净化、排毒——有些人认为我们能直接取出存在身体里的特定毒素，并且将这个过程称为"排出"。然而，它们事实上都只是未经医学定义的概括性概念，每个人在使用这个字眼儿时都有自己的认知，有些人想的是毒素，另外一些认为是细菌，有些则是指酸性物质，还有一些不但综合了所有人提到的东西，甚至把灵魂的净化也算了进来。不可否认地，的确有很多疾病源自肠道，但这些并不是在网络平台贩卖，或是刊登在有机商店及健康食品超市提供的免费杂志背页广告的疗程可以轻易解决的，尤其是它们完全无法提出任何可信的证据。

到了最后，这些我们在这里大致带过的、可信度仍有待商榷的疗程，以及其他不足以使人信服的方法反倒会让真正有效的处理方式失去了应有的价值与意义。恩宁格就提到，基本上，试图利用细菌治疗肠道失衡的想法是个好主意，"我们似乎理所当然地认为菌群会影响人体健康，只是还没有人知道应该将这股影响力引导至哪个方向，或是我们该如何对它们发号施令"。也许有些患者在接受看似有用的肠道净化及排毒治疗的过程中，也一并获悉了一些调整饮食的建议，结果因此改善了原本不适的状况。人类虽无法消化富含纤维素的食物或食品，但这些物质经过转换后会成为对微生物有用的分子，或许能允许益菌就此定居下来。"人们应该试着提醒自己，不要总是摄取固定相同的食物，"恩宁格警告，"否则可能会危害健康。"有些时候，甚至连受人推崇的益生菌或益生元疗法也可能会对人体发动攻击，当然有些具有安慰剂的效果，但绝大多数其实并无特别的实质效益。

两个世界在此相遇。一边是试图要了解肠道运作机制，并从中发展出合适疗法的科学；另一边则是疯狂蔓延的江湖医术，这些偏方或秘技有时或许用意良善，但多数时候业者为了商业利益根本不把求助者当回事。有些医生担心，这些目前仅提供肠道净化疗程的业者日后甚至会跨界到粪便细菌移植术的领域。在肠疾患者的网络论坛里，我们已经可以见到在自家执行这种疗法的相关讨论。而对业者来说，要以此发展出新的商业模式只是时间问题而已。然而，在没有医生陪同指导，又缺乏捐赠者和受试者实际参与的大量实验测试作为基础的情况下，粪便细菌移植术很可能会带来难以预期、完全不是清洗消化道或扑杀霉菌可比拟的严重后果。

至于其他打算利用活菌及其所具备的神奇疗效大发利市的产业则正蓄势待发。接下来我们将介绍一种源自日本、后经巴伐利亚地区改良的操作模式。

第二十二章
# 有效微生物：拯救世界的 80 种微生物

一名日本教授发现了一种似乎无所不能的混合菌群，不但能复育自然环境，还可以治愈人类和动物，简而言之，就是拯救世界！不过这种"有效微生物"到底多有效呢？

只要是曾经前往德国基姆高地区拜访费舍尔（Christoph Fischer）的人想必都对这趟旅程留下某种程度的深刻印象，这多半要归功于一股弥漫整个村落、闻起来甜美却又恶心的气味，飘散在空气中的味道仿佛在诉说着：这里有东西腐烂了。不过这也不完全是坏事。费舍尔在看来壮观的设备里加进了微生物，但他可不是随便抓了一把，而是刻意挑选了"有效微生物"（Effektive Mikroorganismen，EM）。

制造厂房里很温暖，细菌就喜欢这样。两只巨大、擦拭得发亮的发酵罐高耸直至天花板，一旁还有一些小一点儿的罐子里培养着各种不同的微生物。剩下的空间则多半被装满各式成品的桶子所占据：饲料添加剂、土质改良剂、家庭清洁剂、除草剂、植物生长剂、杀虫剂、水质净化剂、室内芳香剂、防尘剂、护木漆、除霉剂——还有更多尚未详加标示，只简单注记了"EM"两个字母在上面。

这群据悉由大约 80 种不同细菌和霉菌所组成的混合物有段神话般的起源：20 世纪 80 年代，任职于日本冲绳国立琉球大学的农学研究者比嘉照夫（Teruo Higa）教授试图要寻找一种能让土地重新恢复生命力的物质，他利用了各种微生物进行实验，却迟迟一无所获。直到有一次，他在失望之余一口气将所有培育失败的霉菌及细菌全都倒进花园里，那时他心想，至少这些养分充足的混合物还能当作肥料吧。后来，这块小园地竟开始接二连三不断冒出新芽来，他这才明白，单靠一种微生物还不足以恢复地力，而是必须集众菌之力才可能办得到。按照比嘉照夫的理解，那桶泼洒到花园各个角落的满满微生物显然不只发挥了肥料的作用，而是让这块遭受破坏的土地重新建立起原有的平衡。

他构想出一套理论，更贴切地说，是一种哲学，来解释这些现象。根据这套哲学思想，我们可以将所有微生物分成三类：第一类负责自然界所有的发展与生长，第二类管理退化和腐烂，而第三类则被比嘉照夫描述为总是趋附强大势力的机会主义者。一旦破坏力量当道，土地就会生病；换作微生物占有优势，土地自然肥沃健康。比嘉照夫认为这套规则同样也适用在动物身上，人类当然也不例外。

基本上，哈内曼（Samuel Hahnemann）的遭遇也很类似。他从一路颠簸不平的运输过程中发现，经过稀释的药水在摇晃后反而更能释放出潜在的效能，这即是今天我们应用的顺势疗法与其完整理论的由来。至于比嘉照夫光是靠着那段因丢弃细菌反让日式花园繁荣茂盛的逸事，就足以建立起一系列打着"有效微生物"名号、涵盖范围惊人且历经三十年仍不衰的各式产品。比嘉照夫的EMRO基金会（主要支持有效微生物研究的组织）不但发给世界各地调配菌群的认证，同时也出口这些混合物。而他的理念也经由地方团体、社交网站、网络论坛及有效微生物指导团队传播至各个角落，其他诸如协会组织、杂志，或是一堆堆得老高的书籍则多半是由贩卖有效微生物相关产品的人一手创立或编辑撰写的。另外，当然也有专门销售有效微生物产品的店家，不过这些东西大多仍是通过网络

第二十二章　有效微生物：拯救世界的80种微生物

流通。

　　根据肥料管理法，有效微生物在德国属于土壤改良剂，不过比嘉照夫的市场营销则认为这种混合物的效益绝对不只如此。举例来说，有效微生物能让死亡海域[①]起死回生，重新变得清澈，也可以让贫瘠的土壤恢复地力。当然，有效微生物也足以取代家用清洁剂，或是让肥料不再臭气冲天，而且有助于让具有毒性的氨气挥发散去。此外，有效微生物不但能让生病的动物健康起来，也可以协助人体微生物群系恢复平衡状态，使伤口更快愈合，肠道运作更加顺利。

　　这东西听起来像是拥有无限的神奇魔力。然而，就和许多神奇的物质一样，这些仿佛无所不能的效果最终完全禁不起严谨且有系统的检验。有不少研究试图要为这些宣称效果提供证据，不过总的来说，那些一心想替有效微生物证实其功能的研究在理论上——谨慎来说——是有弱点的，而且事实上他们急欲证明的那些功能与作用也能由其他微生物代劳，例如同样也能在发酵蔬菜汁液里存活的单一乳酸菌。

　　似乎只有在农业经济上我们才见得到有效微生物发挥改善土质的效用，然而，就算在使用前经过加压加热处理，导致内含微生物群全面阵亡，仍不影响有效微生物溶剂的功效。显然这些微生物群的营养剂对土壤来说形同肥料——这也是当初比嘉将这些东西扔到花园里的主要原因，若是以此当作检验理论，势必也更站得住脚。尤其当土壤越是贫瘠，就越能彰显有效微生物作为肥料的效益，这一点和比嘉在第一块实验土地上观察到的惊人成长力不谋而合。其

---

[①] 大量施放于土壤中的氮肥、磷肥等化学肥料，随着雨水、灌溉水流入海里，使得藻类大量生长，隔绝了海中的阳光，于是水中植物和动物相继死亡，而成为死亡海域。——译者注

他如汉诺威莱布尼兹大学细菌学与真菌学系主任克鲁格（Monika Krüger）所进行的研究则显示，有效微生物能改善马厩的情况，减少环境中对马匹有害的细菌。不过同样的效果单一乳酸菌也办得到。

## "世界上有些东西是无法解释的"

费舍尔认得这种评论，他认识不少在知名实验室工作的研究者就是无法接受把某些效果当作童话故事看待，而且"世上所有的东西不见得全都可以用人类建立的科学概念加以解释"。他说得没错，但显然他在这里也把"具有生命"或"能量"的水和"微妙能量的加持"都算了进来，甚至以此为基础发展出一套无人能敌的强大论述。凭借着这套玄说理论，顺势疗法的拥护者们不断地要试图证明，成千上万使用者所经历的亲身体验绝对具有凌驾于科学研究之上的优势："如果有效微生物一点儿用处都没有，那么为什么地方上会有超过800名农夫愿意使用？"这个问题的答案或许就和顺势疗法的境况一样：有效微生物虽然没有发挥作用，但至少是有益的。

首先，有效微生物为创造者比嘉照夫及其企业EMRO，及EMRO在德国的分支Emiko带来丰厚利润，当然还有许多其他的制造商也连带接受这些利益的润泽，例如费舍尔，而他也不过是欧洲众多厂商之一。费舍尔评估，光是德国市场就有2亿欧元商机，每年仍持续强劲成长，"而我们现在的客户群还不及全国人口的两成"。

在畜舍及农场上使用有效微生物的农夫似乎也因此获得不少好处，多数反映畜舍状况明显改善，动物也较不容易发生感染。不过我们无从得知这些变化是否全是因为农民喷洒了某些细菌的关系，毕竟会利用细菌照料自家牲畜的农民，本来就会比较留心各种可能影响到动物的因素。可以确定的是，只要使用有效微生物一年，费舍尔的流通平台就会另外帮他们的产品贴上"EM极品"的标签，而客户也一向很乐意为了这张贴纸再多掏出一些钱，就算那些面条或蜂蜜里根本找不出任何有效微生物。

这些仅有薄弱证据支持的细菌功效竟能创造出这番惊人成绩，令人费解的程度一点儿也不输长销不坠的顺势疗法——而且这些微生物还不只对人类有效，也能用来治疗动物，甚至还可以拯救花园与海洋。

也许通过一堂"有效微生物入门课程"可以帮助我们更加了解这种现象。

2013年夏初的慕尼黑：一家专门贩卖有效微生物产品的商店邀请民众参加一堂为时两个钟头的研习课程，由于开放名额有限，必须事先报名登记。当天出席的有十二名女性及三名男性，其中大多都顶着一头白发。不过要在中午过后这种时段出现在这个场合，正常来说，大概也只有退休人士才有这样的美国时间。课程主讲人站在前方，脸上戴着一副配有方形镜片的无框眼镜，衣着则是简单以牛仔裤搭了一件格纹T恤，然后套上一件双面刷毛的夹克，脚上踩着一双户外休闲凉鞋。她先自我介绍说她是一名香药草讲师，同时也在德国环境及自然保育协会提供导览服务。接着话题一转，开始说明土壤是如何形成，以及土壤表层在农业经济的机制下是如何受到耕作及化学物质的破坏。

才过不到5分钟，她已经清楚让我们知道，有效微生物"当然"不属于基因改造技术。紧接着她又讲述了有效微生物从无到有、破世而出的神话，但要不是拜比嘉照夫的教授之名所赐，这段逸事或许也就没什么特别值得一书之处了。她一面口沫横飞地奋力称颂有效微生物除了不能拿来浇花，几乎无所不能的神奇效用，一面也递了两杯液体给台下的听众亲自"闻香"一番。盛在第一个杯子里的溶液闻起来像是糖蜜，第二杯则让人想起发酵的苹果汁或是费舍尔的发酵厂房——这款产品的确是从那里来的。

她花了将近30分钟逐一介绍有效微生物各类产品，并说明EM抗电磁波陶瓷贴纸是如何发挥作用，"因为让人们了解到背后的原理是重要的"。看来这些贴纸的设计和"震动"以及"秩序"有点关系，不过我们无法从任何书籍中找到类似说法，除了那些可能凭借这种论调获得好处的作者以外。听众群中有四名女性显然早就对有效微生物的神奇魔力深信不疑，讲师每介绍一项产品，她们至少都能再想出一种没有标示在该产品包装上的功能。她们分享了自己如何利用EM液按摩发痒的皮肤、对抗头皮屑、让刀子变得更锐利、将窗户擦得透亮无痕、战胜唇疱疹，甚至和洗洁剂一起倒进洗衣机里，据说这么做可以让衣服变得"非常柔软"。不过讲师并不赞同最后一种做法，至于是担心衣物可能因此受损，还是那些被扔进去的微生物，这点她倒是没有进一步厘清。除此之外，整场下来，她对参与群众发表的各式心得都没有表示任何意见，只是静静地在一旁听着。对此她解释道，根据德国的药物广告管理相关法规，她的发言内容不得表明这些微生物可能对健康带来什么样的效果，也正因如此，建议使用者内服或涂抹在皮肤上的行为是违法的。但另一方面她又暗示："据说有效微生物也会刺激性早熟并且使人勇于尝试新事物。"

最后登场的是一款极其古怪的产品。她的建议是，只要放置数根"EM管"在装有饮用水的容器里，就能"分解自来水在输送管线中受到的污染"，有效改善饮用水的质量，而一小包跟手掌差不多大的陶瓷管就得要价10.7欧元。然后她将目光转向墙面上摆满茶壶及杯盘的层架，上面全是EM瓷器。虽然细菌会在烧制的过程中

第二十二章　有效微生物：拯救世界的80种微生物

死去，但是它们的效用仍以一种神奇的方式保留了下来，按照讲师的说法，摆在EM盘上的水果可以延长保鲜期。比嘉照夫发明了一种方法让"微生物的组成结构维持不变"，而这套方法显然和我们自启蒙时期以来对物质世界所累积的知识和逻辑相互矛盾。尽管如此，笼罩在这股有效微生物迷雾之中，或者说沉浸在里头的有效微生物入门新生们还是忍不住在活动结束前将现场的细菌溶液和瓷器全部一扫而空。

## 飘浮在第七层云端上的教室

这些东西大多堆在费舍尔家的地下室，当然还有更多其他的品项。他有自己的网络平台销售并配送这些商品，而地下室就是物流中心，里头存放着贴有"EM极品"标签的面条，一旁则有依照月亮周期制造的油品与装盛混合菌群的容器。另外还有来自基姆湖绅士岛"采取EM优质养蜂法""在新月之际摇取"的青柠花蜂蜜。至于瓶身标示"第七层云端"[1]的"能量喷剂"，按照费舍尔的说法，只要一喷，就连最躁动的班级都能冷静下来。

当我们不免追问"里面含有什么成分"时，费舍尔的回答只有："人们不是为了其中的成分而购买这项产品，而是因为它有效。"摆在喷雾旁的则是EM陶瓷棒。有人向费舍尔请教这些棒状物的作用原理，他答复："我的解释是完全无法验证的，那就是：只要放入EM陶瓷棒，就会产生一种秩序，而这股秩序的架构是经由陶瓷传导的。"

---

[1] 原文"Wolke 7"直译为"第七层云端"，也可解为"第七层天堂"之意，在德文里常用来形容最纯粹的喜悦或陷入热恋的高昂情绪。——译者注

不可思议的是，人们还是争相购买了这些东西——那些拥有计算机、网络以及贝宝（PayPal）电子货币包账户的人。狭小的室内空间里有两名女士正忙着将那些通过网络下单的货品装进塞满回收包装材料的箱子里，这么做能避免商品在运输过程中受损。费舍尔的企业目前共有十四名员工。

他的经营项目不仅限于自家商品，同时也兼售其他厂商的产品。比嘉照夫虽以跨越国界的网络、卡特尔式的企业联盟①经营他的有效微生物事业，却已无法独占这个市场了。由于这个产业并不受专利保护，所以只要愿意，而且拥有必要的相关设备，人人都可以生产自己的混合菌群。

费舍尔的微生物事业始于1995年，那台出现在老旧照片上的混凝土搅拌器就是他一开始用来进行实验的器材。通过类似粪便细菌移植术的手法，他利用了健康的液态粪肥让几乎濒死的土地重新恢复平衡。首次听闻有效微生物的消息后，费舍尔便于1999年动身前往日本拜访那时仍是青年的比嘉照夫，后来甚至还去了第二次。然而没过多久，这个大型集团横跨四十几个国家的营运模式就让他感到严重受限，于是着手创立自己的有效微生物事业。

费舍尔讲述这段过往的神情语气，隐约带有大卫对抗歌利亚②的传奇意味。现在的他则是从一名奥地利供货商那里取得所谓的原液，经发酵后生产更多可贩卖的培养液。不久前刚取得饲料添加物许可的混合菌群正是依此模式制造而成，不过根据产品使用说明，这些混合物也能用来复育海洋死区。地方上为他制作乳清的奶酪农场虽然同样会在包装上印制"EM"字样，其内容物当然不含有效

---

① 卡特尔为企业间为取得最大利益所缔结的正式或非正式联盟协议，容易形成垄断。——译者注
② 源自《圣经》的故事，通常用来比喻弱势者出乎意料击败强者的胜利。——译者注

微生物，因为奶酪农场并不具有制作食品的许可。他说，他的孩子们则喜欢在结束疯狂派对的隔日喝下一种混合绵羊及山羊乳清、谷物、青柠和洋甘菊的饮品来解酒醒脑，否则他们对这门生意根本一点儿兴趣都没有。

对研究学者来说，有效微生物是一种难以诠释或理解的现象。我们并不否认农业上的细菌确实能为人体健康带来不少益处，这一点已有多项实验报告加以证实。一旦少了土壤里无数活跃的微生物，举例来说，植物就可能无法吸收生长所需的氮元素，更不用说植物的生长原本就必须依靠一套由各种霉菌和微生物共同运作的复杂网络。然而，如同先前曾经提过的那样，绝大多数的研究几乎没有发现任何有效微生物产品所带来的正面效益，尚且不论产品本身不具特殊"功效"，它们甚至就连帮助人体获取其他"微生物"也使不上力。

此外，当人们连研究目标都搞不清楚时，要谈研究就更是难上加难。比嘉照夫的原始配方始终是个谜，后来仿效这个配方制造的产品其实都与原版相去不远，但绝非完全一样。事实上，有效微生物的组成与结构并没有清楚的规定，每个人都可以随意将任何一种混合菌群称作EM，它并不是一个受到保护的概念。我们无法确保由比嘉照夫出品的所有产品都含有这名教授最初混合80种微生物调制而成的配方，例如营养补充品Emikosan就只含有乳酸菌。"EM-X黄金极品"听来像是富含多种微生物，实际上却一种都没有，而是只放了它们的排泄物。究竟谁该来监督这些东西？而且，又该针对什么进行测试？

对管理当局来说，这个范畴所涉及的东西等同处于灰色地带。"科学无法加以解释，"任职于德国柏林联邦风险评估研究院的生物风险常务委员会会长勃伊宁希（Juliane Bräunig）说，"我并不想宣称这类产品在作用过程中可能产生致病菌，只是成分标示不清这一点让我很反感。"而其中最常让他们感到头痛的问题是，人们轻而易举就能在网络上找到一堆如何在家制作有效微生物的指导影片。"不用说，换作是我也一定会在里头添加一些有别于原版混合菌群的东西。"

就目前看来，人们购买的溶液至少没有造成任何损伤。然而，只要培育细菌的环境没有受到严格管控，菌群的结构和组成就不可避免会发生变异。举例来说，原本飘散在空气中具轻微危害性的细菌随时可能趁机渗入，诸如促进霉菌孢子增殖的细菌，然后因此产生毒素。

勃伊宁希希望持续关注这项议题。2012年3月，委员会首次对此发表声明。根据会议记录，"委员会认为含有有效微生物的产品可能具有风险，因此主张消费者必须受到保护"。然而之后始终没有任何人着手进行系统性的研究。"也许官方所属的监督单位必须对贩卖这类产品的商家是否确实遵守相关法规的规定详加确认。"举例来说，不得进行宣称健康功效的广告行为。

不过所谓的广告行为根本就不需要由店家亲自操刀，网络上有的是让人自由发挥的空间。特别是那些有勇气在饮用水里滴进有效微生物喝下的民众更是得以与众人分享其中的滋味，反倒是那些神奇微生物的忠实拥护者拒绝轻易尝试，毕竟那些液体的气味实在令人难以忍受。

另外还有一种微生物医疗的商业模式不只有教授级人物予以背书，甚至还有一整群真正的科学家在背后撑腰。不过这类营运模式至今尚未有值得注目的成功案例，但情况或许会改变。接下来我们将介绍几个有趣的例子。

第二十二章　有效微生物：拯救世界的80种微生物

## 第二十三章
# 肠道有限公司

生物技术产业还未从千年之交的泡沫幻灭中恢复元气，新一波淘金热却已然蓄势待发，而细菌正是"下一个大事件"。

时值千年之交，人类遗传物质尚未完全解密。对科学家来说，这个领域仍是一块未经探索的处女地，而我们清楚地知道，就在这片神秘大地的某处，蕴藏着丰厚的金矿矿脉。也就在这个时期，人们首次将难以计数的赌注押在基因可能带来的商机上。当时只要是生物系的学生，没有哪个人不曾在学生餐厅的餐巾纸上随手写下赚钱的好点子。那是生物技术产业的黄金年代，遗传学的新知催生了各种天马行空的想象。什么都可以通过基因工程测序，然后就能药到病除！大发利市！投资人大排长龙，争相挹注资金给最疯狂的想法。生物技术类股横扫股市，相关企业也如雨后春笋般冒出头来。

时至今日，其中绝大多数早已偃旗息鼓，有些虽勉强维持营运，却因遭其他新兴事业合并，或被大型集团收购而换了招牌。

泡沫年代的生物技术公司无不致力于将知识转换为花花绿绿的钞票。人们深信，过不了多久他们就能掌握人体以及生命运转的奥秘。基因检测、新型药物、创新疗法，一切都按照患者基因量身打造，包括饮食也依据个人基因设计调配，这些全是当时承诺疗效的做法，其中有些也的确在日后一一应验。例如，部分癌症患者经由基因测试决定了后续的治疗方式，有些抑郁症患者则通过分析某些特定基因事先得知各种抗抑郁药物可能产生的不同效果，至于带有稀有突变的癫痫患者，则可以凭借基因检测获悉哪些药物具有副作用。

然而，这些过往的自信却在许多案例中遭遇无所适从的挫败，探究其因，主要是我们高估了自己掌控人类基因组的可能。人们不得不忍痛破除美好想象并且认清：光是靠已在某种程度上成为当代图像学的 Ts、As、Cs 和 Gs 基因序列密码，我们根本无从着手，除非我们先了解自然是如何精确地将遗传分子的生物化学密码转译为生命的 DNA。

## 细菌疗法即经济成长力

2013年，新的希望再次出现。美国执行人类微生物群系计划已历时五年，这次的押注对象不再是人类基因，而是转投微生物与它们的遗传基因。虽然我们尚未全面掌握人类基因，对微生物群系的认识更是少之又少，不过随之衍生的各种奇想还是"钱"景一片大好。细菌仿佛成了生物技术公司的万灵丹，业者除了极力发展具有疗效的益生菌，同时提供检测服务，以便患者选择最适合自身体质条件的疗法。此外，与微生物群系相互搭配的饮食、促进或抑制细菌生长的活性物质，以及专杀坏细菌的抗生素也都是相关产业关注的重点。

"影响微生物群的可能性是极大的，这块市场大饼同样也是。"比利时布鲁塞尔自由大学的微生物学者拉埃（Jeroen Raes）在2013年年初接受专业杂志《自然生物科技》（*Nature Biotechnology*）访问时如此表示。① "十五年后，我们每个人都会喝着个人专属的益生菌鸡尾酒。"他预言道，并且鼓励所有健康的人先将自己的粪便样本冷冻起来，以便日后因病接受移植时取用。

尽管还没有人知道所谓正常未受损的微生物群系看起来应该是什么样子，不过受到业者大肆宣传炒作肠道菌的影响，相关领域的专利数目明显上升，世界各地的创业公司也接连不断冒出头来。光是从2002年到2012年，与这个主题相关的专业刊物就增加十倍以上，而每年申请专利的案件也增长了六倍左右。②

此外，其中潜藏的商机亦未曾缩减。各大连锁商店以药物名义贩卖的畅销产品，仅一年就能创造超过10亿美元的业绩。根据最新统计，单单在欧洲因感染艰难梭菌而引发的生态失衡每年都能带来高达30亿欧元的增长③，也难怪各路人马莫不前仆后继争相抢夺这块市场大饼。假设这套专从微生物下手的治疗方式真有一天实现接近百分之百的高治愈率，想必届时会出现更多让人目不暇接的超级商品。

然而，波士顿创投公司 PureTech Ventures 的奥勒（Bernat Olle）在2013年春季出刊的《自然生物科技》中指出，真正主导这波生物技术荣景的还是既有的食品制造商，也就是绝大多数专利申请的所有者。其中的领头羊正是国际食品大厂雀巢和达能的关系企业，大型药厂则至今仍无法与之匹敌，奥勒写道。这些食品制造厂优先申请专利保护的对象多以不可消化、能有效促进益生元长的纤维素为主。一般熟悉的益生菌当然也在重点投资的套装中，这些则多属容

---

① Translating the human microbiome. *Nature Biotechnology*, Bd. 31, S. 304, 2013.
② Olle: Medicines from microbiota. *Nature Biotechnology*, Bd. 31, S. 309, 2013.
③ Jones et al.: Clostridium difficile: a European perspective. *Journal of Infection*, Bd. 66, S. 115, 2013.

易培育加工的乳酸菌属和双歧杆菌属。

至于需要投入大量研发的创新配方，这些大厂就留给各个新创小公司竞相发挥了。以下我们将列举数例：

美国 Rebiotix 公司致力于研发一种能够掌控粪便细菌移植术成效的人造粪便，正因如此，Rebiotix 谈论的不再是粪便细菌移植术，而是微生物群系的修复治疗（Mikrobiota-Restaurationstherapie，MRT）。这家公司的研发人员从实验室培育出一种原先名为 RBX2660 的混合菌群，当然，之后市场营销部门会以更响亮的品名予以包装（也许没多久后就会叫作 NeoPoo、OptiStool，也或者是 BacPack？）。他们从2013年10月开始以那些一再感染艰难梭菌的患者为对象，利用这群混合细菌进行一连串的临床试验，然后大约在2014年夏季有了初步报告。事实上，在执行这项实验计划前，Rebiotix 长期以 MikrobEx 公司的名义持续提供进行细菌疗法的医生粪便样本，让他们用于治疗感染艰难梭菌的患者。这项政策一直到2013年2月才停止，不过显然这并不是一种成功的营运模式，当然也可能和美国药物管理当局为粪便细菌移植术疗法设置的重重监管关卡有关。

同样位于美国的 Viropharma 公司则试图利用单一菌种减低艰难梭菌复发的可能性。这类菌种将取代坏细菌原本占据的位置，阻止它们定居下来。根据这家公司提出的一份初期报告，这套方法成功让大约一半的患者免于感染复发。

另一家美国公司 Osel 同样尝试利用乳杆菌治疗一再发生泌尿道感染的女性患者，并且在首次临床试验中得到理想的结果。照理说，这套治疗模式也有望提高人工受孕的概率，只是目前我们所掌握的数据仍不足以证实这一点。Osel 同时还计划将历史悠久的日本益生菌宫入菌芽孢型（Miya-BM）引进欧美市场，这种由丁酸代谢产物丁酸梭菌 MIYAIRI 588（*Clostridium butyricum* MIYAIRI 588）组成的菌种能有效抑制服用抗生素所引发的腹泻。除此之外，研发人员也希望这种形态的细菌能发挥一般熟知的丁酸功能，改善大肠激躁症及其他肠道疾病。

英国企业 GT Biologics 目前则是将他们研发清单上最受瞩目的菌种全力投入克罗恩病儿童患者的治疗，也就是借助肠内多形拟杆菌（*Bacteroides thetaiotaomicron*）制造抗发炎物质的能力来缓和慢性发炎的情形。

美国的 Vedanta Biosciences 公司同样想通过细菌之力来压制肠道的发炎反应。这家创立于2010年的公司试图混合常见的肠道菌来刺激免疫系统的防御细胞。出乎意料的是，现阶段后势最为看好的候选者竟是梭状杆菌，不过当然只有那些不会制造破坏性毒素导致宿主生病的族群。[①] 而它们首要处理对象是肠道发炎，之后才是自身免疫病。

## 经基因科技改造的乳酸菌

有不少企业其实只利用了调节免疫系统的活性物质，其中亦不乏大型食品厂。理论上这些活性物质的作用就等同于健康人体内训练免疫系统的无害细菌，可以避免无害的食品成分或身体结构遭受免疫系统的攻击。

其他寻求过敏及自身免疫病解决之道的厂商同样偏好从活物着手。例如位于德国盖尔森基兴的 Protectimmun 公司从2007年起便

---

[①] Atarashi et al.: Treg induction by a rationally selected mixture of Clostridia strains from the human microbiota. *Nature*, Bd. 500, S. 232, 2013.

致力钻研预防过敏发作的物质，他们观察到住在农庄的儿童比起其他不常有机会接触畜舍的同龄孩子，几乎不易发生呼吸道过敏的情形。于是在波鸿大学科学家的协助下，共同研发出一种让新生儿的免疫系统处于仿真畜舍情境的药物。而目前最具发展潜能的有力候选就是无害的乳酸乳球菌，估计日后将会和其他免疫调节剂一同调配制成专用的喷鼻剂。

并非所有企业都把摆脱病痛的可能性局限在健康的人类肠道里。像是比利时的 Actogenix 公司就直接调整乳酸乳球菌的遗传物质，让这类细菌制造出抗发炎活性物质散布到肠道里。由于这些微生物单纯负责制造及载送有效成分，和免疫系统之间并不会产生任何互动，因此患者可以直接吞服，无须再依靠含有活性物质的喷剂。在一份最初的临床试验报告中，一种名为 Actobiotics 的细菌至少没有造成损害，甚至还减缓了某些患者的症状；除此之外，这些调整过的细菌也明显改善了实验鼠疑似糖尿病的症状。[①] 这套治疗模式基本的运作概念就是凭借经基因科技改造的细菌尽可能仿制出人类体内所有的信使。

美国的 Vithera Pharmaceuticals 公司也进行了类似的实验。这家公司利用基因科技改变原本不具杀伤力的肠道好细菌，让它们制造出抑制发炎的蛋白质内生多肽（Elafin）。其实人类的肠道细胞自己就会制造这种具有保护作用的物质，不过当这类物质匮乏或发炎情况严重时，Vithera 公司生产的细菌可以提供必要的协助。同时，这家公司也致力于研发让鸡免受沙门氏杆菌感染的细菌。

同样位于美国的 Enterologics 公司则专门向其他企业及研究单

---

① Takiishi et al.: Reversal of autoimmune diabetes by restoration of antigen-specific tolerance using genetically modified Lactococcus lactis in mice. *Journal of Clinical Investgation*, Bd. 122, S. 1717, 2012.

位购买 Knowhow，再予以改良。Enterologics 的研究人员希望利用大肠杆菌 M17 型协助患者摆脱大肠长期处于发炎的困扰，外科医生缝合小肠及直肠的环状切口处是不少患者数年后容易再次发炎的区域，而这种细菌可以抑制类似情况发生。现阶段研发人员虽然已从动物实验中取得良好成效，但是他们仍旧必须进一步厘清这类细菌是否可能对人类有害。

## 细菌的奥秘与商业机密

法国的 Enterome 与瑞典的 Metabogen 是最早想从微生物群系找出治疗处方的两家企业，他们利用测序仪从粪便样本里找出和疾病或疾病风险有关的基因标记，希望有朝一日能为受到破坏而失去平衡的菌群提供一帖重建原有秩序的良方。现今最受关切的热门议题是：我们是否也能从成群的患者间找到疾病标记？这些标记究竟是疾病的后果还是起因？再者，如果我们拥有更多关于修复微生物群系的知识，是否就表示可以找出更好的疗法？不管怎么说，理论上我们确实可以根据患者的微生物群系将他们大致分成适用不同疗法的群组，身兼法国 Enterome 公司创始人之一及董事会成员的海德堡微生物遗传学家勃尔克这样说。至于这家公司主要致力于哪些疾病药物的研发，勃尔克并不愿多谈，他只表示：与多数民众容易发生的毛病有关，也因此牵涉庞大商机。不过这些产品无法直接贩卖给一般消费者，而是以提供给医生和医院使用为主。相关的检测想必也绝不便宜，勃尔克估计大概需要花上"好几千欧元"。

美国的 Second Genome 公司则并没有尝试将活物运用到医疗上，而是希望通过"微生物群系调节器"（也就是消化道内所有的微生物基因）控制人类的第二基因组。基本上这只是一个在"益生元"一词逐渐陈腐之际代之而起的新市场概念,重点在于:混合菌群经由正确的饮食习惯往健康的方向调整,并借此改善诸如糖尿病、慢性发炎性肠道疾病或是感染等问题。这是一项极为艰巨的任务,还好列表上可能符合条件的活性物质也不是特别多。尽管如此,制造药品及清洁用品的强生集团仍选择在2013年6月挹注资金给 Second Genome(同年秋天这家大厂则展开与 Vedanta Bioscoences 公司的合作),不过这项研发计划直至目前还尚未进入临床试验的阶段。至于这种疗法可行的程度具体有多高,只要瞄一眼专业顾问团的名单上出现多位美国顶尖科学家的名字就不难想象了。

另外也有公司为了避免可能衍生的抗药性问题,试图在不依靠广谱性抗生素的前提下对抗细菌。奥勒在他的文章里列举了其中一些,而规模最大的就属2013年10月被 Cubist Pharmaceuticals 兼并的美国 Optimer Pharmaceuticals 公司。有种名为 Fidaxomicin 的活性物质据说不但可以有效对抗艰难梭菌感染,而且不会一并扑杀所有益菌。目前已有不少类似这样具选择能力的抗生素处于研发阶段中,例如美国公司 AvidBiotics 就想借助蛋白质来达到这个目的,因为一般来说,蛋白质可以促进细菌增加防御能力。相反地,法国创业公司 Da Volterra 则选择专注于降低艰难梭菌感染的破坏力。在这波竞争激烈的候选名单中,发展前景最受看好的活性物质已经从2013年春天开始在患者身上进行临床试验,这些有效成分的任务便是及时制止过剩的抗生素分子全面扑杀肠道益菌。

## 把细菌当成药

各制药大厂虽然积极投入研发,但据我们所知,实际上的态势仍是保守观望居多。举例来说，畅销花粉症药物 Ceterizin 的制药厂 UCB 利用实验室老鼠测试人体微生物的效能，希望找出对人体健康有益的肠道菌产物；ClaxoSmithKline 公司则试图了解疾病和发生变异的混合菌群间有何关联。[1] Second Genome 的首席执行官迪劳拉（Peter DiLaura）表示，对这个产业来说，现有的数据还不足以说服他们投入更多成本，相信未来某一天我们将能通过控制微生物群系治愈疾病，因此赚进大把钞票。[2]

与钱的问题相比，回答关于康复，或者至少改善症状的可行性的问题都要简单得多。

既然粪便细菌移植术疗法成功击退了纠缠不清的艰难梭菌感染，说明个体身上的微生物群系可以轻易被另一群取代。从某种程度上来说，这就像复制粘贴，只是这类干预性治疗的长期效果仍属未知数，日后很可能会出现不可避免的风险。不过这套疗法一方面显示了微生物强大的影响力，另一方面也证明了我们具有影响微生物的能力。看来把细菌当成药（bugs as drugs），也就是微生物疗法，至少在原则上是可行的。

至于我们又该如何从中创造商机，目前的食品及营养补给品制造商多以贩卖含有益生菌的酸奶、饮品、粉末、滴剂及胶囊获取利润，然而这些产品对消费者或患者的效益却至今未曾经过任何客观或至少具有公信力的检验，只是就现阶段来说，如果保持原状也尚能接受。

或许要为昂贵的研发费用找到投资的金主才是其中最大的挑

---

[1] Schmidt: The startup bugs. *Nature Biotechnology*, Bd. 31, S. 279, 2013.
[2] SecondGenome 首席执行官彼得·迪劳拉接受《福布斯》杂志专访全文：http://www.forbes.com/sites/matthewherper/2013/06/05/jj-pairs-up-with-a-human-microbiome-focused-biotech/ abgerufen im November 2013。

战，因为细菌很可能根本无法获得专利认证，这也是它们迟迟无法获得药厂青睐的原因。多伦多麦克玛斯特大学研究肠道及大脑之间生物化学及神经学连接的比恩斯托克认为，现阶段有办法从中嗅到商机的还是以食品及营养补给品制造商为大宗，但他们多半会舍弃严谨的检测过程。

这可能是一种诅咒，或者说是救赎。不管是两者间的哪一种，都不太可能是纯粹碰巧的机遇。假设真的有人找到有效的混合菌群，同时没发现任何副作用，或者至少不是严重的副作用，我们不但能立即加以运用，而且费用也比药厂推出的新药便宜。万一效果不如预期，消费者顶多就是不再掏出钱来购买这些细菌，最糟糕的情况则是微生物产生意料之外的效果，导致使用者生病，甚至死亡。由于这些营养补给品可自由购得，医生无法掌握或追踪消费者服用的情况，因此要判断突然死亡的原因便有一定的困难。

比恩斯托克说："假设我今天吃下一杯益生菌酸奶，然后猜想这种东西对我有益还是有害，为什么会这样。答案就是：我不知道。"古语有云："没有不具备副作用的效果。"这句话相当适合拿来形容肠道菌疗法的境况，姑且不论细菌一旦被调配为处方就可能失去它们原本在肠内运作的机制与功能。归根结底，肠道菌的存活、繁衍、代谢生成有效物质或许只在特定条件下才可能发生或成立。正因如此，就现阶段而言，要在不久的将来从超市买到调节微生物群系的相关产品几乎是不太可能的事，更别提就连这类产品许可的相关规范都还不存在。

## 进程中的高压

至今为止，这些企业运用的都是人们长久以来熟悉的细菌，真正让人感到期待的反而是国际间各个微生物群系计划可能发现的新菌种。截至目前，我们对自己同居室友的认识还是相当浅薄，它们绝大多数都住在人体的肠道里，有时也允许我们在实验室加以培养。这些小家伙大多还未拥有自己的名字，不过我们可以经由分析粪便样本看见它们的遗传物质浮游其中，或是通过测序仪捕捉到前所未见的DNA片段。这一小片段可能属于某个全新的菌种，又或者可以被归纳到某种已知微生物的范畴里。每种新的细菌都可能成就一派新的生物疗法，或是成为人体生态系统中不可或缺、同时可通过活性物质加以调节的一员。

每个人的微生物群系都含有成千上万种菌种，不同的两个人所拥有的菌种也会有部分出入。至于到底有多少不同的种类与变异株，而这些细菌又有多少不同的代谢基因和可能影响人类心理的基因作用，我们目前所掌握的信息微乎其微。基本上，这些细菌的变异株，甚或是每个细菌基因，都可能成为医疗用途的药物。同部分生物技术创业公司仅锁定数个具有发展潜能的活性物质加以研发的情形相比，连接人体胃部和肛门的管道反而塞满了各种各样的有力竞争者。不过，哪些才是真正具有疗效的菌种，我们又该如何加以利用，仍有待更多深入的研究。

法兰克福未来研究所在《2013年趋势报告》中将附着或寄生于人体内外的细菌称为"尚待研究的庞大市场商机守门人"。根据一家机构"透明度市场研究"的估计，光是2018年全球的益生菌收益就可望高达4500亿美元，而其中最大的一部分将来自亚太地区及欧洲市场。①

---

① 2018年益生菌消费研究：http://www.transparencymarket research.com/probiotics-market.html。

倘若我们今日对微生物群系的描述只有部分经过证实，那么由此衍生的各种市场绝对极具吸引力。然而耸立在我们前方的守门人不但寡言少语，还硬生生张开双臂顽固地横阻在通往无限商机的道路上。至今为止，即便我们加快脚步（forsch）也无法穿越这道屏障，但若持续研究（forschen），或许终有一日可以跨过这道阻碍。

# 结　语

敬重你身上的共生菌。

——杰弗里·戈登

　　将肠道视为生存空间的研究基本上和洪堡在1799年展开的拉丁美洲探索之旅并没有太大差异，我们对这个藏在人体内的世界虽不至于一无所知，却也不甚了解。尽管坊间充斥着关于这个世界的各式传闻及逸事，然而其中经过科学方法检验的却寥寥可数。这是一个崭新的世界，只不过今日的研究者不再是抓着捕虫网和植物采集箱穿过茂密的灌木丛，而是利用测序仪分析那些隐藏在我们体内的伪影。借助上述两种迥异的研究工具，我们不但发现了一种异常少见、甚至前所未闻的生命形态，更对这些生命彼此间的互动往来，以及它们与周遭环境的联系感到好奇。

　　洪堡和同事邦普兰（Aimé Bonpland）带回欧洲的大量物品中，仍旧有不少堆置在各大博物馆的储藏室里，尽管历经两百多年，我们还是无法以科学方法全面地一一检视。至于当代微生物研究从肠道发现的东西则一概收入基因数据库，这些线索当然也需要经过科学的解读与诠释，虽然希望这次的速度能更快一些，不过分析微生物的科学工作并没有变得轻松：人体有超过六成的细菌虽实际存在，但由于它们无法在实验室的培养皿里繁衍生长，因此也没有人能够取得进一步的认识。我们只知道它们是简短但陌生的遗传序列，在分析微生物群系所有细菌基因的过程中，通常可以见到它们的踪迹。这种情况就好比古人类学家在肯尼亚裂谷的某处发现了一颗原始人的犬齿之后，就必须试图用其拼凑出原始人的模样和生活模式。

人类微生物群系的研究之所以迟至21世纪初期才真正起步并非出于偶然。在首度完成人类基因组的测序后，许多实验室里的测序仪突然闲置了下来。引领生物科技的先锋文特尔一度让人类基因解构成为一场备受媒体瞩目的竞赛，参与这场赛事的正是由他一手创立的塞雷拉基因组公司（Celera Genomics）和国际人类基因组组织。① 现在的他则开始利用闲置产能研究海洋微生物：他航行至世界各地采集海洋样本，并且着手替海洋微生物的多样性进行归纳与分类。这可不是什么创造就业机会的方案，好让那些没事可做的研究人员和闲置的测序仪重新启动运转；而是人们逐渐认识到，仅将目光聚焦在人类、老鼠以及其他多细胞生物的基因上，很容易让我们忽略生命中另一个围绕着我们且占比甚重的部分。

以及我们体内。因此，其他研究者决定厘清人类粪便所含微生物的结构与组成。为了彻底解开人体微生物基因之谜，雷尔曼和伐尔柯（Stanley Falkow）两位加州斯坦福大学的微生物学家在2001年5月启动"人类第二基因组计划"。事实上，这项行动的发起距离人类首次完成基因组测序的媒体发表会也才过了三个月。②

对现今的微生物学来说，测序仪就如同旧时代的显微镜。近年

---

① HUGO：国际人类基因组组织（Human Genome Organisation），关于人类基因组计划（Human Genome Projects, HGP）详见：web.ornl.gov/sci/techresources/Human_Genome/index.shtml。

② Relman und Falkow: The meaning and impact of the human genome sequence for microbiology. *Trends in Microbiology*, Bd. 9, S. 206, 2001.

来，这种仪器的处理速度几乎是以倍数成长，上千名研究者耗费十年才完成人类基因组约30亿个DNA碱基对的测序，现代的DNA分析仪却只需要几个小时就能搞定这项工程。对世界各地的研究者来说，这些仪器已经成为他们探索人体内在世界不可或缺的重要工具。至于研究所需的经费则多数由国家资助，例如美国国家卫生研究院[1]就投注了1.7亿美元到该国的人类微生物群系计划，欧洲则有人类肠道宏基因组计划（MetaHIT），另外还有加拿大的微生物组计划（Canadian Microbiome Initiative）、国际人类微生物组联盟，以及一系列由私人赞助或基金会执行的计划。总计到2013年已有2.89亿美元投入人类微生物多样性的相关研究。[2]

如果我们将这些研究成果换算成一堆一堆的纸张，势必会是相当可观的一幕景象。若以年度结算与人类微生物群系相关的科学出版品，光是在2002年到2012年就增加了十倍之多。不仅如此，就连医学报道的数量也急遽上升。[3]

## 身体的核心领域

在所有探索身体核心领域的研究当中，有一项在2011年进行的实验获得了众多瞩目。海德堡欧洲分子生物学实验室的勃尔克和他的同事相信，他们发现了三种不同的"肠道形态"（Darmtypen，比较科学的说法是 Enterotypen），而世界上的每个人都能分别对应其中一种。很快地，报纸上就刊登了消息，说这三种肠道形态不但大

---

[1] 美国国家卫生研究院（National Institutes of Health, NIH），人类微生物群系计划（Human Microbiome Project）官网：commonfund.nih.gov/hmp/。
[2] Olle: Medicines from microbiota. *Nature Biotechnology*, Bd. 31, S. 309, 2013.
[3] 同上。

致与血型分类相符，甚至可能还比这种旧有的区分更值得重视。

在对外发表这项研究结果之前，身为基因学家的勃尔克一向过着平静无波的学者生活，或忙于提出研究申请，或埋头写作，还要拨出时间参与研讨会议或和同事相互切磋、交换意见。这样的生活方式却在后来发生了剧烈而深远的改变。勃尔克回忆道，成果发表后两天，就有两名来自韩国的医生登门拜访，希望可以获得更多相关信息；接着记者们也跑来争相采访，没过多久，各方科学家的合作邀约更是纷至沓来，众人无不期待能与他共事。

然而，现实旋即跟着登场。

另一间实验室的团队试图复制勃尔克的研究成果，不过无论他们怎么尝试，最终都只得出两种肠道形态；但是也有其他实验室同样找到了三种。事情就这样陷入你来我往的反复争论，在此期间，光是探讨人类肠道到底可以分为几种形态的专业论文就有30篇以上。目前可以确定的是，这个问题的答案主要取决于研究者使用哪一种数学方法来分析实验数据。然而，鉴于算法在不断发展进步，我们求得的答案也愈加明确清晰。换言之，现阶段看来实际上最多只可能存在两种肠道形态，其一会带有大量普雷沃菌属（Prevotella），另一种则刚好相反，只拥有极少量的该属细菌。至于这项结论的实质意义为何，与人体健康又有何关联，目前则仍没有进一步的解释。

对勃尔克来说，这个例子正好说明了处于关键阶段的人们是如何过度解读仅有的少量数据——或者根本没有好好花心思解读。不过就算如此，这种态度仍属求知过程中一个重要阶段，他说。

人们容易在忘我的陶醉感中犯下错误，或者平心而论：同样的观察虽然可能会有不同解读，人们理解和研究的工具却会与时俱进，那些经不起考验的看法或观点自然会在知识发展的过程中逐渐遭到淘汰。

当你阅读或书写任何有关微生物的著作时，必须随时谨记这一点；或者，当任何人向你建议看似正确或对微生物群系有益的做法时，你也应该不断提醒自己这一点。又或者，当你听闻有人赞扬某种产品或疗程能让肠道菌变得更强壮时，更应该谨慎以对。

早在求学时期，勃尔克的免疫学教授就不断给他灌输一个重要概念：每两份公开发表的研究报告中至少就有一部分含有错误信息。传染病学家约安尼季斯（John Joannidis）甚至设定了一个更严格的界定标准。[1] 这里指的当然不是蓄意造假的研究结果，而是本质上不可避免的过度解读或者是预设立场的影响。事实上，就算发现所有和微生物群系相关的描述都有此嫌疑，姑且不论是已发表的或未来即将发表的，想必包含勃尔克在内的许多研究者也都不会感到太惊讶。"现阶段什么都和微生物脱不了干系，"这位基因学家表示，"我想这的确有点过头了。"

市场研究员通常会将一种新兴技术必须历经的不同阶段称作"技术成熟度曲线"。勃尔克认为微生物群系的研究进程同样会有类似的高低起伏，而且这些波动无论在哪个阶段都不会超越"过度预期的高峰"，套用市场研究员的行话来说，就是投入研究初期那股兴奋的劲头。一旦过了巅峰，就得面临"跌落谷底的挫败"，直到消费者、研究者和投资者修正原先抱持的过度期待，然后重新振作。不过勃尔克倒是认为在这波可预见的打击之后，微生物群系反而会释出一股"巨大的"潜能。不过为了躲避坠落谷底的惨痛教训，也有其他的微生物群系研究者试图要拉住一开始那股

---

[1] Ioannidis: Why Most Published Research Findings Are False. *PLoS Medicine*, Bd. 2, S. E124, 2005.

过头的热度，像是圣路易斯华盛顿大学的戈登便是其中一例。如果这条技术成熟度曲线很快就趋于平稳，我们或许可以就此推论，很可能是挹注给该研究领域的资金在第一个波段结束后就开始慢慢捉襟见肘。

"人们还是可以持续在知名的专业杂志上发表简单的观察心得。"勃尔克指出，不过情况很快会有所改变。所谓"简单的观察心得"对勃尔克来说，就是指出一名患者的微生物群系在组成结构上异于健康者所拥有的，或是委内瑞拉原住民的微生物群系含有柏林居民所没有的菌种，又或者是其他诸如此类的观察。例如描述受试者在实验过程中因为摄取了大量糖分或是一杯酸奶，或者舍弃了某种食物或服用了某种药物，导致微生物群系发生了什么样的变化。这类型的研究被称作关联研究，单是2013年，每个星期就有好几篇这种调性的文章产出。文章内容虽然不乏有趣的发现，但是基本上就和主张南美洲的蝴蝶有别于欧洲品种的论述没什么不同。换言之，研究者单纯将观察到的现象记录下来，却没有进一步加以说明。然而，如果我们希望这些研究结果可以在将来的某一天发挥实质效益，那么光是知道谁出现在哪个生态系统中的哪个地方，以及这个谁叫作什么名字，是绝对不够的。[①]我们必须深入了解作为观察对象的有机体在所处的生态系统中扮演着什么样的角色，比方说，是肠内的细菌或是草地上的飞蛾。

---

① 物理学家费曼（Richard Feynman）曾在某次访谈中提到，幼年时期的他是如何向其他玩伴吹嘘自己认识许多鸟类的名称。针对此事，他的父亲只说："你或许有办法以世界各地不同的语言指称某一只鸟，但即便如此，你对这只鸟还是一无所知。这样吧，让我们仔细观察这只鸟，并且留意它的一举一动。只有这么做，才算是真正的认识。"正因如此，根据费曼的说法，他"很早就学习到，知道某个东西的名称和真正认识这个东西是截然不同的两回事"。

## 你们是谁？都在做些什么？

所以，究竟是什么原因导致肠道菌群的组成和结构在人类生病时跟着发生变化？如果我们让肠道恢复正常状态，是否就能有效对抗疾病？如果是，又该怎么做？在回答这些问题之前，我们必须先掌握肠道菌的功能，以及它们的作用会对身体其他部位造成什么影响。厘清这些前提的同时，我们也发现了为什么人们在研究资金逐渐紧缩后，会慢慢不再执意探寻的原因：因为实验室里的研究团队、生物技术公司的行政高层以及风险资本家早就认识到，描述肠道环境以及住在里头的居民或许轻而易举，不过若要进一步解开上述那些困难程度不一的问题可就没那么简单了。

慕尼黑科技大学的营养科学专家丹妮尔（Hannelore Daniel）每每谈到与日俱增的关联研究都难以压抑语气中的激动情绪。"这些内容谈论的多是预言，而且泛滥程度教人不可思议"，真正的运作机制却极少成为这类研究关注的重点，"人们还停留在关联性的层次，所以才会在专业杂志里利用思考来填补这些缺口"。对丹妮尔来说，这就和倒退回过去没什么两样。测序仪作为基因科学的现代化工具虽然可以显示肠内多样性的缤纷色彩，"但是我们现在需要一种新形态的研究"，丹妮尔表示，而她指的就是厘清人类生态体系的运作机制。"真正的工作现在才正要展开。"问题是，几乎没有人拥有足够的能力承接这项急迫的任务。我们缺乏熟悉细菌培育技术的微生物学家，因为他不能光是会操作或设置测序仪；我们也找不到可以精确测量能量储备状态的专家，不论对象是实验动物还是人类。

我们甚至没有符合研究需求、配备齐全的实验室。例如丹妮尔就相当后悔在十多年前把一台生理测量仪扔出实验室，尽管这台机器仍可帮她测得人体内有多少食物确实被转换为可运用的能量，但在当时这种形态的研究明显已跟不上时代潮流。时至今日，虽然这些设备在某种程度上可算是生理研究中重新抛光的恐龙化石，却还是再次被添购回实验室里。像是美国国家卫生研究院不但再次采购这台仪器，同时也利用它进行许多繁重的研究工作。丹妮尔认为，这才是一条通往真相的正确道路，我们终于得以一窥肠道菌群实际上是如何运作的。

然而，要测量微生物的功效并不是一件简单的事，因为从理论上来说，这些效果并不如感染艰难梭菌那样显而易见。在正常菌群协力合作的大型演奏会中，单一菌种或菌属所造成的影响多是极为细致巧妙且不易察觉的，不过我们可以通过观察能量储备的情形加以推敲。举例来说，假设肠内某种菌属每日多提供20千卡的热量给人体使用——约等同于一颗方糖的热量，那么往后四十年，这些额外的热量就会在皮下囤积超过10公斤的脂肪。当然，这个例子纯粹是从理论上来说。因为个体消耗热量的平均值不可能维持不变，尤其目前已证实，热量的消耗会随着年纪产生显著改变。此外，个体也可能调整原有的饮食习惯，甚至可能出现一种控制饮食的机器，让某些人刚好减少摄取这20千卡，却一样感到饱腹。不过这个例子也同时显示，就算是微小到连现代仪器都难以测量的影响力也可能在经过好几个世纪之后才展现潜在的惊人效果。

另外，经由这个例子我们得知，极为敏锐精密的测量技术是必要的，因为只有通过这种方式我们才得以捕捉或追踪那些细微却重要的改变。这不仅关系到掌控热量的储存状态，其他像是细菌信使的数量，即便微小到难以侦测也可能造成重大效应。不过动物实验在这个范畴里可以提供的协助却有其限制，虽然它们还是保有在过往案例中为研究者指出正确线索的功能，证实细菌可能影响老鼠行为、肿瘤生长、热量的储存以及心血管疾病。但是根据这些实验数据我们无法估计菌群可能对人体造成的大规模影响。菌群在老鼠身上引发的效应规模之所以看起来比它们对人类的影响都剧烈，极有可能是因为老鼠的消化系统占去瘦小身躯的绝大比例，使得微生物群系分布的范围连带相当广泛。因此我们应该更加谨慎小心，避免直接将老鼠实验的结果直接代入人体。不少人在思考微生物群系的效应时似乎都忘了这一点。

正是上述诸多因素使得人类生态系统的探索一点儿都不简单，连带导致细菌疗法的发展显得错综复杂。但这并不表示我们应该放弃尝试，因为就执行人工干预的可能性来说，直接从细菌及其作用着手处理绝对比面对同样会影响人体健康的人类基因要容易得多——只要我们事先确知它们的运作与功能。

人类微生物群经由饮食、个体自愿或被迫身处的环境、生活水平、生活方式或是药物等不同渠道日复一日影响着我们；反之亦然，我们对微生物的影响也未曾间断。也许要了解这种彼此影响的关系最好的办法就是长时间观察人类和他们身上的微生物，好比德国就相当适合作为"微生物观测台"，戈登说，主要是由于两德统一导致社会整体及生态环境产生变化，加上"许多文化传统"汇聚合流，不断相互激荡。

## 生命联盟——全新的人类图像

这次探索之旅刚踏出第一步，还有许多未知尚待我们厘清与思考。不过可以确定的是，这一切都必须建立在一幅全新的人类图像之上。我们的自我图像另外增添了一些细节，精确地说，是好几十亿个；我们不再只是身体所有细胞的总和，还必须将其他有机体一起纳入进来。这么一来,"我"就成了一个由不同物种凭借共同生活与成长汇集而成的整体。但这并不表示我们会就此失去原有的个体性甚至是个人的身份;相反地,正是因为这些与我们共组生命联盟的细菌,我们才得以拥有今日的面貌,成为人类。

当然,我们也不见得非其不可,只不过少了它们,日子绝对不好过。通过观察在无菌环境下成长的实验鼠,我们可以大致推敲可能面临的状况。这些老鼠不但必须摄取大量饲料,才得以拥有正常体重,它们的行为举止也明显异于其他有菌动物,更不用说免疫系统根本无法正常运作;此外,无菌鼠的大脑发展也和一般鼠类截然不同。

我们生下来就注定与微生物共同存活,早在我们远古的祖先还是一块漂游在海洋中的细胞团时就是如此,未曾改变。微生物增强我们身体各部的机能,不论是消化作用还是对抗致病菌的防御力;少了它们和许多经由共生模式而另外获得的基因,我们势必将若有所失,无所适从。①

光是少了它们中的一部分就可能造成不堪设想的后果。一旦我们身上那些帮助良多的共生菌消失不见,各种被统称为文明病的病痛就会随之而来:肥胖症、糖尿病、过敏、自身免疫病。至少有越来越多的医生和科学家们是这么认为,各种直指实际情况确实如此的证据也陆续浮出水面,一次又一次显示心血管循环系统及癌症病

---

① 缺少微生物的生命从来都不在讨论范围之内,因为一旦我们离开这个世界上少数几个真正无菌的空间——好比听来有些讽刺的微生物实验室——马上就会有细菌进驻我们身体。此外,这种假设也绝对不是理想的做法,因为我们在本书当中已经提过:在出生时以及之后的第一年里,获得正确的微生物群是一件重要的事。万一有一天,一位在无菌环境下长大的成人突然不小心踏进一个无处不充斥着细菌的世界里,由于缺乏训练,他的免疫系统根本就无法适当处理致病菌和无害的细菌;另一方面,致病菌也很可能占据他身上或体内尚未有细菌定殖的空间。类似情况也会发生在实际生活中,好比艰难梭菌会在患者结束一段抗生素疗程后,趁机占地为王。

结 语

变都和细菌的有无脱不了干系。

## 细菌的需求

有什么办法可以阻止细菌死去？现代医学不但可以选择放弃使用抗生素，也有足够的后盾支持这项决定。在开列这些杀菌剂前，医生们应该审慎考虑，因为稍有不慎，就可能使抗药性的问题更加恶化。事实上，我们可以根据不同的治疗需求研发只扑杀特定菌种的新式有效成分，毕竟应该不会有人想要彻底回归抗生素问世之前的古老年代。

既然我们希望在非必要的情况下尽量避免使用化学成分攻击细菌，那么如果想要影响肠道菌，最简单的办法就是从饮食着手。假设我们想知道细菌对人类的贡献为何，势必就得先厘清我们为细菌做了些什么。或许我们还不是那么清楚应该以什么样的方式为它们做些什么，不过我们显然可以根据它们好几十万年以来的习性满足其需求。但是我们必须供应的并不是糖、白面粉或防腐剂，而最好是几乎没有加工过的食品，因为人体消化道的演化已经远远落后于食品加工业发展的脚步。按照美国考古学家利奇（Jeff Leach）的认知，石器时代的食物才是最适合人类的饮食，也就是绿色植物、根茎类，加上一些莓类、坚果类和肉类，精确来说就是鱼类。至于这些食物对微生物来说是否也算理想餐点，就连利奇本人也无法确定，也许细菌们会为了没有太多变动、几乎保持原有形态的食物感到开心。换句话说，就是要舍弃精制面粉烘烤而成的白面包，选择全麦面包；不能只取用绿芦笋前端鲜嫩的部分，而是要食用一整根，反正尾端不易消化的粗糙纤维自然会被细菌像狗啃骨头般吃干抹净。烹煮花椰菜时也是一样的道理，不能光吃美味的花球，而是连花梗也要一并下锅。纤维素没有坏处,利奇说,不过这当然不包括某些可能因食用纤维素而导致病情恶化的患者。

多吃蔬菜,其他食物则必须适量。避免糖分、精制面粉,以及任何经过高度加工的食品。如果你莫名觉得上述建议似曾相识,也不用感到困惑,因为这些就是近来被视为"健康饮食"的基本法则。事实上,这些建议早就将肠道菌群的一举一动全都纳入考虑了——就算没有人意识到这一点,甚至到今天为止还是没有人可以掌握其中细节。其实只要在饮食上稍加留心,某种程度上就算是帮了肠道菌不少忙了。

利奇尤其推荐洋葱以及其他相近的植物,因为他认为这类植物含有对健康最有帮助的菌群,而大蒜则可以抑制有害物质的成长。不喜欢葱蒜类的人或许可以找到其他同样富含果聚糖,而且对菌群有益或多少有些帮助的蔬菜取而代之。虽然目前仍然欠缺明确有力的科学证据,但这么做是好的:经过尝试人们就能找出什么东西对自己是好的,只要与过去病史不相冲突,但不要只吃单一的食物(光吃洋葱是行不通的!),就可以根据自身的喜好和心情进行这项饮食实验。

补充细菌也是一样的道理。根据流行病学的数据,平均来说,经常摄取发酵食物的人要比其他人健康。虽然这样的结果不见得是这些人从酸奶、克菲尔、酸菜或韩式泡菜里摄取了大量细菌,很可能是,但也可能只是其中一部分原因,或者也可能是这个族群的生活方式要比其他人来得健康。比方说,他们可能比较常运动,或是另外摄取其他对健康有益的营养补给品。酸奶、克菲尔或韩式泡菜对人体造成伤害的可能性几乎微乎其微,因此没有理由不去尝试这些食物。不过如果只实验个一两天是绝对不够的,在得出任何结论以前,最起码要花四个星期的时间尝试调整饮食。尽管通过基因学家的测序仪可以更快证实微生物群发生的改变，然而这项观察仍不足以说明这些变化造成了哪些我们察觉得到的效果——如果有的话。

我们无法改变与生俱来的基因，但我们应该试图让共生菌的基因变得有用，因为每个微生物基因都可能是让人变得更健康的一个契机。如果几颗洋葱或几杯克菲尔就能影响微生物基因，那么基因科技就不再有用武之地了。

为了让自己身上的共生菌们过得好一些，今日的我们可以做出的具体改变是这样的少，又或者是那么的多。

## 细菌与个人性格

先前已经提过，要了解照顾微生物群系的各项细节，同时按照个人需求予以强化并不是一件简单的事。若要研究人类和微生物这两种截然不同的生物系统，势必需要依靠分属各个不同领域的专家学者以及他们的专业知识。光靠消化道专家无法全面解释人类生态系统，他们不只需要微生物学家的协助，也必须和激素专家、基因学家以及生化学家一同合作，当然也少不了生态学家的支持。而且最后还得有人想办法统合这些知识，整理出一幅全新的人类图像。

甚至日后可能也需要道德学家、人类学家和哲学家提供他们的看法与见解。因为假设细菌对人类的重要性真的就如同我们现阶段所理解的那样，我们就不得不思考，在人们影响这些共生菌的同时，自身又会有何种程度的改变？一般接受器官捐赠或任何一个身体部位的移植手术都会有心理学家参与其中。虽然要求粪便细菌移植术患者同样接受这套医疗模式可能会显得有些奇怪，不过毕竟我们无法预期这种新式疗法后续的长期效应，很可能除了肠道健康，还会产生其他影响。也许全新的肠道菌群会改变一个人的性格，但我们应该问的是：假设益生菌真的可以让人感到心情愉快，我们又该如何定位它们？正确的微生物群是否真的可以提振人们的工作效率？如果是，道德上又是否允许？而我们又该如何确认，或至少尝试确认所有人——不论贫富或先天健全与否——都具有同等机会获得这些"增强子"（Enhancer）？

这些微生物群系又到底属于谁？假设有一名研究者无意中从一份志愿提供给科学研究使用的粪便样本中发现一种有效帮助许多患者降低血压的细菌：这名研究者能否为这些微生物申请专利，然后把它们添加进酸奶或制成胶囊贩卖？他是否必须支付权利金给捐赠者？还是说这些人类的老友将由全体人类共享，人人皆有权使用？最后一项提议听来似乎是目前符合逻辑也最具体可行的一种做法，不过这么一来，日后发现新菌群的机会或许将大幅减少。因为一旦企业的突破创新不受专利保障，厂商自然不再会有动力投入任何新品研发或相关技术的研究。

## 细菌与私有领域

撇开宿主体质不谈，其实还有其他更需要优先处理的问题。除了临床试验的受试者，另外有一批数量与日俱增的民众志愿参与名为 American Gut、uBiome 或 myMicrobes 的大众研究计划。[1] 这些志愿者会将自己的粪便样本寄给研究团队，然后支付一笔介于89美元和1000欧元之间的费用，金额多寡则主要视微生物分析的精确程度

---

[1] http://americangut.org / http://ubiome.com / http://microbes.eu。

而定，另外还会附上一张评估表，详载着个人的生活习惯、疾病、用药状况、家族病史以及诸如此类的数据。凭借这张表格，研究人员得以获悉更多关于志愿者个人及其微生物群的信息，以及哪些生活方式或疾病可能与哪些细菌的出现有关。

这类咨询服务引起了极大反响，可能是由于患有肠疾的民众都希望借此改善长期以来的困扰。为了避免造成误解，上述三家机构都表明无力为患者做出任何诊断，因为根据他们现有的专业能力确实还不足以提供这样的医疗服务。不过参与计划的志愿者只要在各机构官网输入密码，就可以得知自己和他人的微生物群系有何差异。至于这些庞大的数据库是否具有任何科学研究的价值，则仍待专家学者进一步厘清与讨论。但可以确定的是，志愿者在填写问卷的过程中势必会掩盖或修饰掉不少重要细节。此外，三家机构亦各有一套处理生物样本的方法。MyMicrobes会要求参与计划者以冷冻方式寄送粪便样本，其他两家则舍弃这种保存方式，只要以一般邮寄的方式交付封装在塑料管里的样本即可。

对执行这些计划的研究团队来说，所有参与其中的志愿捐赠者都是无价的；另外，从参与计划的民众的角度来看，这其实就和接受私人机构的基因检测没有两样，同样必须承担类似风险，而这个问题在先前已经讨论过了。在所有提供基因检测服务的公司中，美国的23andMe大概是最广为人知的。只要把少许唾液装进一只塑料管里，再汇款99美元，这家公司的基因分析师就会替你解读隐藏在个人基因里的遗传信息。之后只要登入某个网页，就能得知自己是否属于容易罹患阿尔茨海默病或乳腺癌的高危人群。然而2013年年底，美国食品与药品监督管理局要求这家公司在有能力为预测结果提供可靠的证据之前，不得再提供类似的诊断报告。这道禁令如同为23andMe设下了一道难以跨越的关卡，因为绝大多数的案例几乎都不具备任何有效论据。①

我们可以轻易想象,如果有人从基因检测的报告里得知自己可能属于罹患癌症的高风险群,他会感到多么震惊,就算马上有人告诉他这份报告根本不值得参考。

基于同样的理由,我们也不建议神经衰弱的族群尝试微生物群系检测。当你从一份经由计算机程序分析的报告得知自己身上的变形菌门细菌远高于正常值,可能因此引发慢性发炎、心血管疾病以及癌症等问题,那么除了陷入恐慌,你还能做出什么反应?

然而,每个人要如何应对这些信息只不过是其中一个方面。如果这些属于私人的信息遭到公开,又意味着什么?保险业者会基于特殊风险而拒绝受理?雇主会因可预期的疾病而予以解聘?这些都是现阶段受到热烈讨论的议题。不过人们必须清楚,一旦接受细菌检测的分析,就等于公开大量关于自己的信息。尽管所有相关业者一再保证他们绝对会严密保护个人资料,但是数据一旦经过提取就可能落入某些人的手里,引发不堪设想的后果。不过就算这些检测服务目前确实不具特别的参考价值,并不表示未来几年不会发生快速剧烈的改变。②

---

① 在当局的强烈要求下,美国23andMe公司在本书付印之际停止了这项服务,不过你还是可以到这家公司接受基因检测分析,之后同样可经由另一个渠道,从线上得到一份类似诊断书的结果报告。

② 由于分子生物学的分析技术持续不断获得改善,有越来越多的罪犯深刻体验到这项技术溯及既往的神奇功力。过去,这些恶人都曾在犯罪现场留下了不足为证的信息,也就是他们的DNA。不过,到了今天,这些线索却成为让他们百口莫辩的有力罪证。如果将这些数据全数保存下来,以我们所举的例子来说,就是犯罪现场的证物,我们就能在今日将这些罪犯逮捕到案。假设某人所处的年代尚未具备足够能力判读微生物群系的数据,但是只要他将自己的数据留给另一个人,就代表它们有机会在未来的某一天——一旦分析技术成熟时——派上用场。

结 语

## 体内的园丁

人类微生物群系的研究是生物学在21世纪所面临的一项艰巨任务，因为它不只和每个人有关，也牵涉人性的整体。在各种关于共生菌的新知不断累积之际，也为全体人类带来了全新契机。至于该如何利用这个机会，则取决于我们自己。我们，可以是许多单一的个体，也可以作为一个社会整体。好几个世纪以来，道德学家和哲学家致力钻研分子生物学、基因科技与基因组学之间蕴含的关系、机会与风险；同样的道理，我们也必须从道德和人类学的角度为微生物学提供解释。此外，除了相关领域的专家学者，我们也应该广邀各个社会阶层的群众参与这项议题的讨论，听听他们对于自己肚子里的世界有何见解，以及从彼端看待这个内在世界的感想。不论是我们体内或身上的微生物，还是我们与共生菌的互动往来，全都必须被纳入生物政治的考虑与决策过程。我们不该只是在一片迷雾中从偏颇的个人视角理解细菌，而是应该提升并扩展我们的视野：我们想要怎么利用那些既有的，以及有待发现的研究成果，好让每个人变得更健康，或者彻底摆脱疾病的困扰，让贫困世界的人们获得更好、更健康的饮食，甚或让这颗星球上的资源永续保存？

微生物本身就是这些宝贵的资源之一。维护地球上各种动植物的续存不但是我们的责任，也是人类的志趣所在。因此，我们也应该试图确保人类微生物的延续。倘若世界上还存有某种程度上尚未受到破坏的正常菌群，一旦发现了它们，也许我们就应该尽可能将它们集中到人烟稀少的偏远角落，为未来的人们留下一艘备用的细菌方舟。不过要在人体之外打造储存细菌的冷冻柜或保存箱是相当困难的，每个人就只能想方设法地处理属于自己的那部分。

这里的重点并不在于要恢复前工业化时期的生活模式，因为我们很有可能根本无法顺利地替每个人重建原始、未受现代化药物及养分影响的微生物群。人们当然可以质疑这种做法是否具有任何意义，毕竟今日的我们无论吃住都已经有别于拥有古老微生物群的先祖了，而且就人性来说，也不可能再次回归到如此原始的生活模式。但或许还有另一种可行的办法，甚至还更有意义：把我们体内的生态系统当成一座花园来培育，细心地用双手调整养分；万一行不通，还可以举起十字镐栽种新的细菌。

就算文化景观并非浑然天成，而是由人类一手打造，仍旧可被视为一个富有价值、功能完整的生态系统，例如多数的石楠花景观或是果园都属于这类生态环境。那么为什么我们不能以同样的方式经营肠道呢？

而"经营"实际上又该如何进行呢？我们可以从所有的资料、经验、基因测序，以及元分析里逐渐看到照亮出路的曙光。在本书当中，我们试图呈现当前各种与人类微生物相关的知识发展状况，以及这项议题受到关注的情形。诸如"这10种微生物可以让你变得漂亮又健康"这类的终极解决方案或诀窍并不存在，虽然难免让人感到遗憾，但如果现在有人跳出来宣称某些做法不但可行而且有效，显然都只是吹嘘。

不过，或许很快就会有另一番新局出现。至于为什么有这样的可能性，以及面对多样复杂的人类生态系统，人们在抽丝剥茧的研究过程中面临无数挑战的同时，为什么可以持续抱持乐观态度？我们也在这本书里一一做了解释与说明。

## 为什么细菌是我们的朋友？

有一件事是肯定的，我们把细菌错当敌人看待已经太久太久了。我们想方设法将它们赶尽杀绝，不分青红皂白地把许多友善的益菌一并当作坏细菌处理。我们应该学着把它们视为我们的一部分，将它们当作伙伴般敬重。虽然不断有人发出警告，不该将其他物种人性化。但我们不仅应该接受和敬重那些陪伴我们的无害益菌，把它们视为与我们互利共生的活物，甚至如同我们的朋友一般。不过这种赋予细菌人性的做法很可能招来批评。"人性化"这个字眼儿通常被用来形容一条忠心耿耿的狗、一只聪明的海豚或是一台有手有脚还会开口说话的扫地机器人，然而我们却无法从细菌的行为举止中发现任何带有人性之处。但实际状况是，它们比我们想象的还要更"富有人性"，因为它们就是人类的一部分，是每个独立个体的"细菌我"，也是人性的细菌社会。

它们是人类的亲密好友，因为它们一直守在我们身边；是值得信赖的挚友，除非我们以恶劣至极的态度相待，否则它们不会轻易离去或是反过来咬我们一口；是惠我良多的益友，因为一旦少了它们的活跃，我们的日子就会很难过；是久远的老友，因为我们从很久很久以前就一直和它们搅和在一块儿；是把酒言欢的饭友，因为我们总是一同吃吃喝喝。正因如此，它们是独一无二的朋友，因为它们总是在一旁含蓄低调地默默付出，沉默到，直到不久前我们才终于留意到它们的存在。

# 新知文库

01 《证据：历史上最具争议的法医学案例》[美]科林·埃文斯 著　毕小青 译
02 《香料传奇：一部由诱惑衍生的历史》[澳]杰克·特纳 著　周子平 译
03 《查理曼大帝的桌布：一部开胃的宴会史》[英]尼科拉·弗莱彻 著　李响 译
04 《改变西方世界的26个字母》[英]约翰·曼 著　江正文 译
05 《破解古埃及：一场激烈的智力竞争》[英]莱斯利·罗伊·亚京斯 著　黄中宪 译
06 《狗智慧：它们在想什么》[加]斯坦利·科伦 著　江天帆、马云霏 译
07 《狗故事：人类历史上狗的爪印》[加]斯坦利·科伦 著　江天帆 译
08 《血液的故事》[美]比尔·海斯 著　郎可华 译　张铁梅 校
09 《君主制的历史》[美]布伦达·拉尔夫·刘易斯 著　荣予、方力维 译
10 《人类基因的历史地图》[美]史蒂夫·奥尔森 著　霍达文 译
11 《隐疾：名人与人格障碍》[德]博尔温·班德洛 著　麦湛雄 译
12 《逼近的瘟疫》[美]劳里·加勒特 著　杨岐鸣、杨宁 译
13 《颜色的故事》[英]维多利亚·芬利 著　姚芸竹 译
14 《我不是杀人犯》[法]弗雷德里克·肖索依 著　孟晖 译
15 《说谎：揭穿商业、政治与婚姻中的骗局》[美]保罗·埃克曼 著　邓伯宸 译　徐国强 校
16 《蛛丝马迹：犯罪现场专家讲述的故事》[美]康妮·弗莱彻 著　毕小青 译
17 《战争的果实：军事冲突如何加速科技创新》[美]迈克尔·怀特 著　卢欣渝 译
18 《最早发现北美洲的中国移民》[加]保罗·夏亚松 著　暴永宁 译
19 《私密的神话：梦之解析》[英]安东尼·史蒂文斯 著　薛绚 译
20 《生物武器：从国家赞助的研制计划到当代生物恐怖活动》[美]珍妮·吉耶曼 著　周子平 译
21 《疯狂实验史》[瑞士]雷托·U. 施奈德 著　许阳 译
22 《智商测试：一段闪光的历史，一个失色的点子》[美]斯蒂芬·默多克 著　卢欣渝 译
23 《第三帝国的艺术博物馆：希特勒与"林茨特别任务"》[德]哈恩斯－克里斯蒂安·罗尔 著　孙书柱、刘英兰 译
24 《茶：嗜好、开拓与帝国》[英]罗伊·莫克塞姆 著　毕小青 译
25 《路西法效应：好人是如何变成恶魔的》[美]菲利普·津巴多 著　孙佩妏、陈雅馨 译
26 《阿司匹林传奇》[英]迪尔米德·杰弗里斯 著　暴永宁、王惠 译

27 《美味欺诈：食品造假与打假的历史》[英]比·威尔逊 著  周继岚 译
28 《英国人的言行潜规则》[英]凯特·福克斯 著  姚芸竹 译
29 《战争的文化》[以]马丁·范克勒韦尔德 著  李阳 译
30 《大背叛：科学中的欺诈》[美]霍勒斯·弗里兰·贾德森 著  张铁梅、徐国强 译
31 《多重宇宙：一个世界太少了？》[德]托比阿斯·胡阿特、马克斯·劳讷 著  车云 译
32 《现代医学的偶然发现》[美]默顿·迈耶斯 著  周子平 译
33 《咖啡机中的间谍：个人隐私的终结》[英]吉隆·奥哈拉、奈杰尔·沙德博尔特 著  毕小青 译
34 《洞穴奇案》[美]彼得·萨伯 著  陈福勇、张世泰 译
35 《权力的餐桌：从古希腊宴会到爱丽舍宫》[法]让－马克·阿尔贝 著  刘可有、刘惠杰 译
36 《致命元素：毒药的历史》[英]约翰·埃姆斯利 著  毕小青 译
37 《神祇、陵墓与学者：考古学传奇》[德]C.W.策拉姆 著  张芸、孟薇 译
38 《谋杀手段：用刑侦科学破解致命罪案》[德]马克·贝内克 著  李响 译
39 《为什么不杀光？种族大屠杀的反思》[美]丹尼尔·希罗、克拉克·麦考利 著  薛绚 译
40 《伊索尔德的魔汤：春药的文化史》[德]克劳迪娅·米勒－埃贝林、克里斯蒂安·拉奇 著  王泰智、沈惠珠 译
41 《错引耶稣：〈圣经〉传抄、更改的内幕》[美]巴特·埃尔曼 著  黄恩邻 译
42 《百变小红帽：一则童话中的性、道德及演变》[美]凯瑟琳·奥兰丝汀 著  杨淑智 译
43 《穆斯林发现欧洲：天下大国的视野转换》[英]伯纳德·刘易斯 著  李中文 译
44 《烟火撩人：香烟的历史》[法]迪迪埃·努里松 著  陈睿、李欣 译
45 《菜单中的秘密：爱丽舍宫的飨宴》[日]西川惠 著  尤可欣 译
46 《气候创造历史》[瑞士]许靖华 著  甘锡安 译
47 《特权：哈佛与统治阶层的教育》[美]罗斯·格雷戈里·多塞特 著  珍栎 译
48 《死亡晚餐派对：真实医学探案故事集》[美]乔纳森·埃德罗 著  江孟蓉 译
49 《重返人类演化现场》[美]奇普·沃尔特 著  蔡承志 译
50 《破窗效应：失序世界的关键影响力》[美]乔治·凯林、凯瑟琳·科尔斯 著  陈智文 译
51 《违童之愿：冷战时期美国儿童医学实验秘史》[美]艾伦·M.霍恩布鲁姆、朱迪斯·L.纽曼、格雷戈里·J.多贝尔 著  丁立松 译
52 《活着有多久：关于死亡的科学和哲学》[加]理查德·贝利沃、丹尼斯·金格拉斯 著  白紫阳 译
53 《疯狂实验史Ⅱ》[瑞士]雷托·U.施奈德 著  郭鑫、姚敏多 译
54 《猿形毕露：从猩猩看人类的权力、暴力、爱与性》[美]弗朗斯·德瓦尔 著  陈信宏 译
55 《正常的另一面：美貌、信任与养育的生物学》[美]乔丹·斯莫勒 著  郑嬿 译

56 《奇妙的尘埃》[美]汉娜·霍姆斯 著　陈芝仪 译

57 《卡路里与束身衣：跨越两千年的节食史》[英]路易丝·福克斯克罗夫特 著　王以勤 译

58 《哈希的故事：世界上最具暴利的毒品业内幕》[英]温斯利·克拉克森 著　珍栎 译

59 《黑色盛宴：嗜血动物的奇异生活》[美]比尔·舒特 著　帕特里曼·J.温 绘图　赵越 译

60 《城市的故事》[美]约翰·里德 著　郝笑丛 译

61 《树荫的温柔：亘古人类激情之源》[法]阿兰·科尔班 著　苜蓿 译

62 《水果猎人：关于自然、冒险、商业与痴迷的故事》[加]亚当·李斯·格尔纳 著　于是 译

63 《囚徒、情人与间谍：古今隐形墨水的故事》[美]克里斯蒂·马克拉奇斯 著　张哲、师小涵 译

64 《欧洲王室另类史》[美]迈克尔·法夸尔 著　康怡 译

65 《致命药瘾：让人沉迷的食品和药物》[美]辛西娅·库恩等 著　林慧珍、关莹 译

66 《拉丁文帝国》[法]弗朗索瓦·瓦克 著　陈绮文 译

67 《欲望之石：权力、谎言与爱情交织的钻石梦》[美]汤姆·佐尔纳 著　麦慧芬 译

68 《女人的起源》[英]伊莲·摩根 著　刘筠 译

69 《蒙娜丽莎传奇：新发现破解终极谜团》[美]让－皮埃尔·伊斯鲍茨、克里斯托弗·希斯·布朗 著　陈薇薇 译

70 《无人读过的书：哥白尼〈天体运行论〉追寻记》[美]欧文·金格里奇 著　王今、徐国强 译

71 《人类时代：被我们改变的世界》[美]黛安娜·阿克曼 著　伍秋玉、澄影、王丹 译

72 《大气：万物的起源》[英]加布里埃尔·沃克 著　蔡承志 译

73 《碳时代：文明与毁灭》[美]埃里克·罗斯顿 著　吴妍仪 译

74 《一念之差：关于风险的故事与数字》[英]迈克尔·布拉斯兰德、戴维·施皮格哈尔特 著　威治 译

75 《脂肪：文化与物质性》[美]克里斯托弗·E.福思、艾莉森·利奇 编著　李黎、丁立松 译

76 《笑的科学：解开笑与幽默感背后的大脑谜团》[美]斯科特·威姆斯 著　刘书维 译

77 《黑丝路：从里海到伦敦的石油溯源之旅》[英]詹姆斯·马里奥特、米卡·米尼奥－帕卢埃洛 著　黄煜文 译

78 《通向世界尽头：跨西伯利亚大铁路的故事》[英]克里斯蒂安·沃尔玛 著　李阳 译

79 《生命的关键决定：从医生做主到患者赋权》[美]彼得·于贝尔 著　张琼懿 译

80 《艺术侦探：找寻失踪艺术瑰宝的故事》[英]菲利普·莫尔德 著　李欣 译

81 《共病时代：动物疾病与人类健康的惊人联系》[美]芭芭拉·纳特森－霍洛威茨、凯瑟琳·鲍尔斯 著　陈筱婉 译

82 《巴黎浪漫吗？——关于法国人的传闻与真相》[英]皮乌·玛丽·伊特韦尔 著　李阳 译

83 《时尚与恋物主义：紧身褡、束腰术及其他体形塑造法》［美］戴维·孔兹 著　珍栎 译

84 《上穷碧落：热气球的故事》［英］理查德·霍姆斯 著　暴永宁 译

85 《贵族：历史与传承》［法］埃里克·芒雄-里高 著　彭禄娴 译

86 《纸影寻踪：旷世发明的传奇之旅》［英］亚历山大·门罗 著　史先涛 译

87 《吃的大冒险：烹饪猎人笔记》［美］罗布·沃乐什 著　薛绚 译

88 《南极洲：一片神秘的大陆》［英］加布里埃尔·沃克 著　蒋功艳、岳玉庆 译

89 《民间传说与日本人的心灵》［日］河合隼雄 著　范作申 译

90 《象牙维京人：刘易斯棋中的北欧历史与神话》［美］南希·玛丽·布朗 著　赵越 译

91 《食物的心机：过敏的历史》［英］马修·史密斯 著　伊玉岩 译

92 《当世界又老又穷：全球老龄化大冲击》［美］泰德·菲什曼 著　黄煜文 译

93 《神话与日本人的心灵》［日］河合隼雄 著　王华 译

94 《度量世界：探索绝对度量衡体系的历史》［美］罗伯特·P. 克里斯 著　卢欣渝 译

95 《绿色宝藏：英国皇家植物园史话》［英］凯茜·威利斯、卡罗琳·弗里 著　珍栎 译

96 《牛顿与伪币制造者：科学巨匠鲜为人知的侦探生涯》［美］托马斯·利文森 著　周子平 译

97 《音乐如何可能？》［法］弗朗西斯·沃尔夫 著　白紫阳 译

98 《改变世界的七种花》［英］詹妮弗·波特 著　赵丽洁、刘佳 译

99 《伦敦的崛起：五个人重塑一座城》［英］利奥·霍利斯 著　宋美莹 译

100 《来自中国的礼物：大熊猫与人类相遇的一百年》［英］亨利·尼科尔斯 著　黄建强 译

101 《筷子：饮食与文化》［美］王晴佳 著　汪精玲 译

102 《天生恶魔？：纽伦堡审判与罗夏墨迹测验》［美］乔尔·迪姆斯代尔 著　史先涛 译

103 《告别伊甸园：多偶制怎样改变了我们的生活》［美］戴维·巴拉什 著　吴宝沛 译

104 《第一口：饮食习惯的真相》［英］比·威尔逊 著　唐海娇 译

105 《蜂房：蜜蜂与人类的故事》［英］比·威尔逊 著　暴永宁 译

106 《过敏大流行：微生物的消失与免疫系统的永恒之战》［美］莫伊塞斯·贝拉斯克斯-曼诺夫 著　李黎、丁立松 译

107 《饭局的起源：我们为什么喜欢分享食物》［英］马丁·琼斯 著　陈雪香 译　方辉 审校

108 《金钱的智慧》［法］帕斯卡尔·布吕克内 著　张叶、陈雪乔 译　张新木 校

109 《杀人执照：情报机构的暗杀行动》［德］埃格蒙特·科赫 著　张芸、孔令逊 译

110 《圣安布罗焦的修女们：一个真实的故事》［德］胡贝特·沃尔夫 著　徐逸群 译

111 《细菌》［德］汉诺·夏里修斯 里夏德·弗里贝 著　许嫚红 译